"十三五"高等院校
数字艺术精品课程规划教材

Photoshop CC 新媒体图形图像设计与制作

课版

周建国 主编 / 程雯雯 严飞 副主编

人 民 邮 电 出 版 社
北 京

图书在版编目（CIP）数据

Photoshop CC新媒体图形图像设计与制作 : 全彩慕课版 / 周建国主编. -- 北京 : 人民邮电出版社, 2020.8（2024.6 重印）
“十三五”高等院校数字艺术精品课程规划教材
ISBN 978-7-115-53442-2

Ⅰ. ①P… Ⅱ. ①周… Ⅲ. ①图象处理软件－高等学校－教材 Ⅳ. ①TP391.413

中国版本图书馆CIP数据核字(2020)第060478号

内 容 提 要

本书全面系统地介绍了Photoshop CC的基本操作方法、图形图像处理技巧和在新媒体领域中的应用，包括初识Photoshop、Photoshop基础知识、常用工具的使用、抠图、修图、调色、合成、特效和商业案例实战等内容。

全书内容介绍均以课堂案例为主线，每个案例都有详细的操作步骤及实际应用环境展示，读者通过实际操作可以快速熟悉软件功能并领会设计思路。每章的软件功能解析部分使读者能够深入学习软件功能和制作特色。主要章节的最后还安排了课堂练习和课后习题，可以检验读者对软件的实际应用能力。综合设计实训可以帮助读者快速掌握商业图形图像的设计理念和设计元素，顺利达到实战水平。

本书可作为高等院校、高职高专院校相关专业课程的教材，也可供初学者自学参考。

◆ 主　　编　周建国
副 主 编　程雯雯　严　飞
责任编辑　桑　珊
责任印制　王　郁　马振武
◆ 人民邮电出版社出版发行　　北京市丰台区成寿寺路11号
邮编　100164　　电子邮件　315@ptpress.com.cn
网址　https://www.ptpress.com.cn
北京博海升彩色印刷有限公司印刷
◆ 开本：787×1092　1/16
印张：13　　　　2020年8月第1版
字数：323千字　　　　2024年6月北京第13次印刷

定价：69.80元

读者服务热线：(010)81055256　印装质量热线：(010)81055316
反盗版热线：(010)81055315
广告经营许可证：京东市监广登字20170147号

FOREWORD 前言

Photoshop 简介

Photoshop 是由 Adobe 公司开发的图形图像处理和编辑软件。它在电商设计、微信公众号设计、App 设计、H5 设计等领域都有广泛的应用，功能强大、易学易用，深受图形图像处理爱好者和平面设计人员的喜爱。目前，我国很多院校的艺术设计类专业，都将 Photoshop 作为一门重要的专业课程。本书邀请行业、企业专家和几位长期从事 Photoshop 教学的教师一起，从人才培养目标方面做好整体设计，明确专业课程标准，强化专业技能培养，安排教学内容；根据岗位技能要求，引入了企业真实案例，通过"慕课"等立体化的教学手段来支撑课堂教学。同时在内容编写方面，本书全面贯彻党的二十大精神，以社会主义核心价值观为引领，传承中华优秀传统文化，坚定文化自信，使内容更好体现时代性、把握规律性、富于创造性。

作者团队

新架构互联网设计教育研究院由商业设计师和院校教授创立，立足数字艺术教育 18 年，出版图书 270 余种，畅销 370 万册。其中，《中文版 Photoshop 基础培训教程》销量超 30 万册，书中拥有海量专业案例、丰富配套资源、行业操作技巧、软件核心功能、细腻学习安排，为学习者提供足量的知识、实用的方法、有价值的经验，助力学习者不断成长；同时为教师提供课程标准、授课计划、教案、PPT、案例、视频、题库、实训项目等资源和一站式教学解决方案。

如何使用本书

Step1 精选基础知识，快速上手 Photoshop

Step2 课堂案例 + 软件功能解析，边做边学软件功能，熟悉设计思路

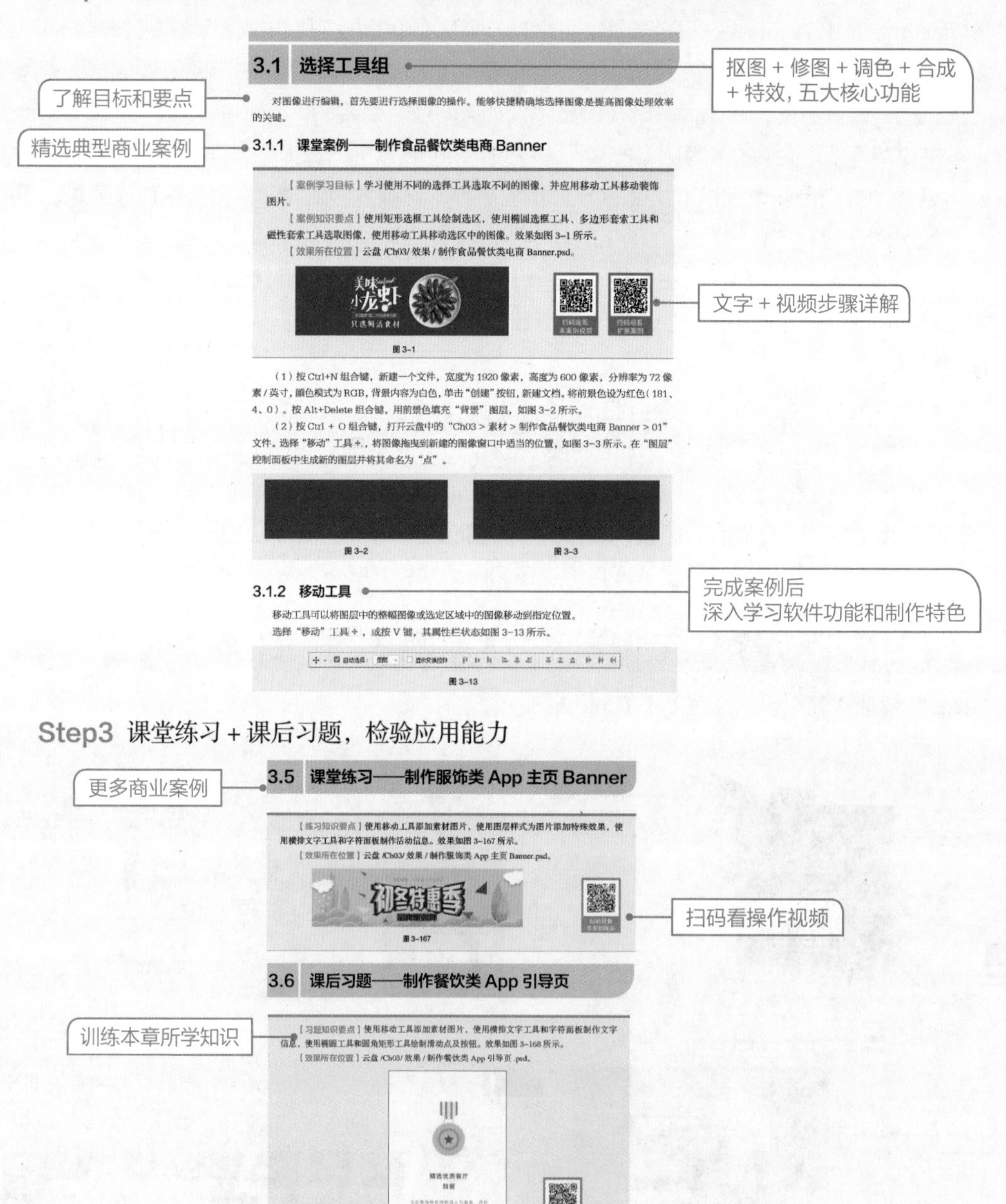

Step3 课堂练习 + 课后习题，检验应用能力

FOREWORD 前言

Step4 综合实战，演练真实商业项目制作过程

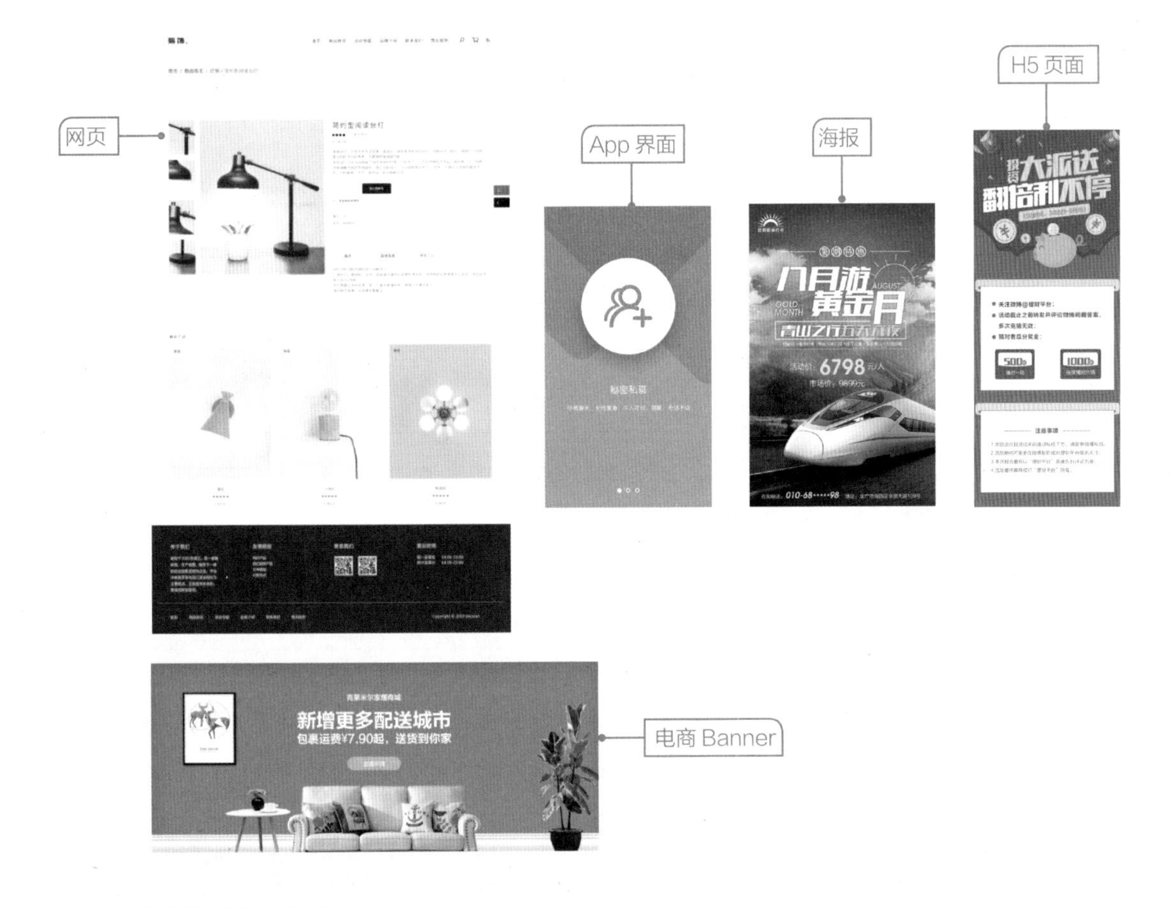

配套资源及获取方式

- 所有案例的素材及最终效果文件。
- 案例操作视频，扫描书中二维码即可观看。
- 扩展案例，扫描书中二维码，即可查看扩展案例操作步骤。
- 设计基础知识 + 设计应用知识，扩展阅读资源。
- 常用工具速查表、常用快捷键速查表。
- 全书 9 章 PPT 课件。
- 教学大纲。

● 教学教案。

全书配套资源，读者可登录人邮教育社区（www.ryjiaoyu.com），在本书页面中免费下载使用。

全书慕课视频，可登录人邮学院网站（www.rymooc.com）或扫描封面上的二维码，使用手机号码完成注册，在首页右上角单击“学习卡”选项，输入封底刮刮卡中的激活码，即可在线观看视频。扫描书中二维码也可以使用手机观看视频。

教学指导

本书的参考学时为 64 学时，其中实训环节为 34 学时，各章的参考学时参见下面的学时分配表。

章	课程内容	学时分配	
		讲授	实训
第 1 章	初识 Photoshop	2	
第 2 章	Photoshop 基础知识	2	2
第 3 章	常用工具的使用	2	4
第 4 章	抠图	4	4
第 5 章	修图	4	4
第 6 章	调色	4	4
第 7 章	合成	4	4
第 8 章	特效	4	4
第 9 章	商业案例实战	4	8
学时总计		30	34

本书约定

本书案例素材所在位置：章号 / 素材 / 案例名，如 Ch09/ 素材 / 制作食品餐饮行业产品营销 H5 页面。

本书案例效果文件所在位置：章号 / 效果 / 案例名，如 Ch09/ 效果 / 制作食品餐饮行业产品营销 H5 页面 .psd。

本书中关于颜色设置的表述，如蓝色（232、239、248），括号中的数字分别为其 R、G、B 的值。

由于作者水平有限，书中难免存在疏漏和不妥之处，敬请广大读者批评指正。

编　者

2023 年 5 月

课程介绍

CONTENTS

目录

—01—

第1章 初识Photoshop… 1

—02—

第2章 Photoshop基础知识

Photoshop

—03—

第 3 章 常用工具的使用

—04—

第 4 章 抠图

CONTENTS 目录

—05—

第 5 章 修图

Photoshop

—06—

第 6 章　调色

—07—

第 7 章　合成

CONTENTS 目录

—08—

第 8 章 特效

Photoshop

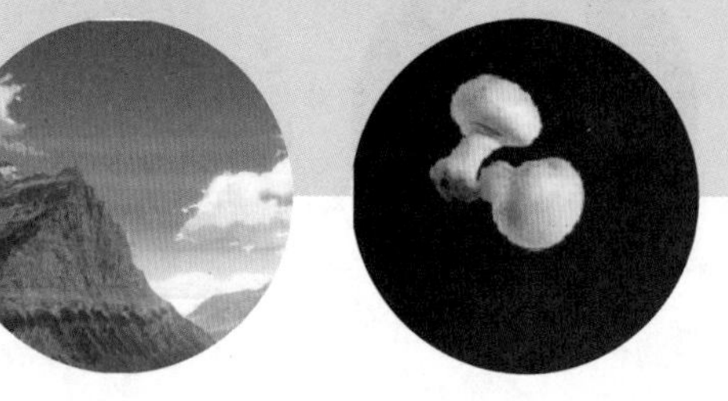

09

第 9 章 商业案例实战

CONTENTS 目录

01

第1章 初识 Photoshop

本章介绍

在学习 Photoshop 软件之前，首先要认识 Photoshop。本章详细讲解了 Photoshop 的基本概念、历史和新媒体应用领域。通过本章的学习，读者可以了解和掌握 Photoshop 的特色和应用，为后面的学习打下基础。

学习目标

- Photoshop 的基本概念。
- Photoshop 的诞生和发展。
- Photoshop 新媒体的应用领域。

初识 Photoshop

1.1 Photoshop 概述

Adobe Photoshop，简称“PS”，是一款专业的数字图像处理软件，深受创意设计人员和图像处理爱好者的喜爱。PS 拥有强大的绘图和编辑工具，可以对图像、图形、文字、视频等进行编辑，完成抠图、修图、调色、合成、特效制作、3D、视频编辑等工作。

Photoshop 是目前最强大的图像处理软件，人们常说的“P 图”，就是从 Photoshop 而来。作为设计师，无论身处哪个领域，如平面、网页、动画和影视等，都需要熟练掌握 Photoshop。

1.2 Photoshop 的历史

1.2.1 Photoshop 的诞生

在启动 Photoshop 时，启动界面中有一个名单，排在第一位的是对 Photoshop 最重要的人 Thomas Knoll（托马斯・诺尔），如图 1-1 所示。

图 1-1

1987 年，美国密歇根大学的博士生 Thomas Knoll 在完成毕业论文的时候，发现苹果计算机黑白位图显示器上无法显示带灰阶的黑白图像，如图 1-2 所示。于是他动手编写了一个叫 Display 的程序，如图 1-3 所示，可以在黑白位图显示器上显示带灰阶的黑白图像，如图 1-4 所示。

图 1-2

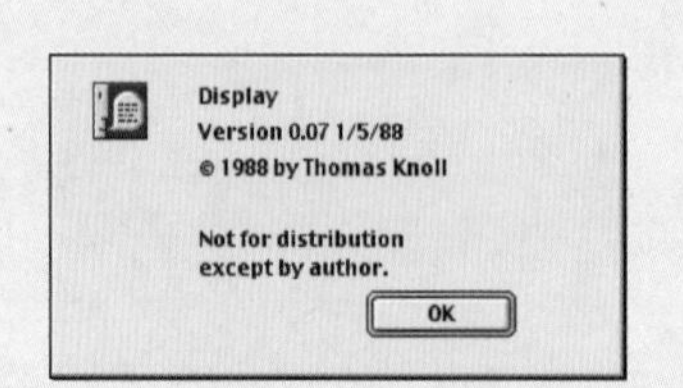

图 1-3

图 1-4

后来他又和哥哥 John Knoll（约翰·诺尔）一起在 Display 中增加了色彩调整、羽化等功能，并将 Display 更名为 Photoshop，如图 1-5 所示。后来，软件巨头 Adobe 公司花了 3450 万美元买下了 Photoshop。

Thomas Knoll

John Knoll

图 1-5

1.2.2 Photoshop 的发展

Adobe 公司于 1990 年推出了 Photoshop 1.0，之后不断优化 Photoshop。随着版本的升级，Photoshop 的功能越来越强大。Photoshop 的图标设计也在不断地变化，直到 2002 年推出了 Photoshop 7.0，如图 1-6 所示。

Photoshop 1.0

Photoshop 2.0

Photoshop 2.5

Photoshop 3.0

Photoshop 4.0

Photoshop 5.0

Photoshop 6.0

Photoshop 7.0

图 1-6

2003 年，Adobe 整合了公司旗下的设计软件，推出了 Adobe Creative Suit（Adobe 创意套装），如图 1-7 所示，简称 Adobe CS。Photoshop 也被命名为 Photoshop CS。之后 Adobe 公司陆续推出了 Photoshop CS2、CS3、CS4、CS5，2012 年推出了 Photoshop CS6，如图 1-8 所示。

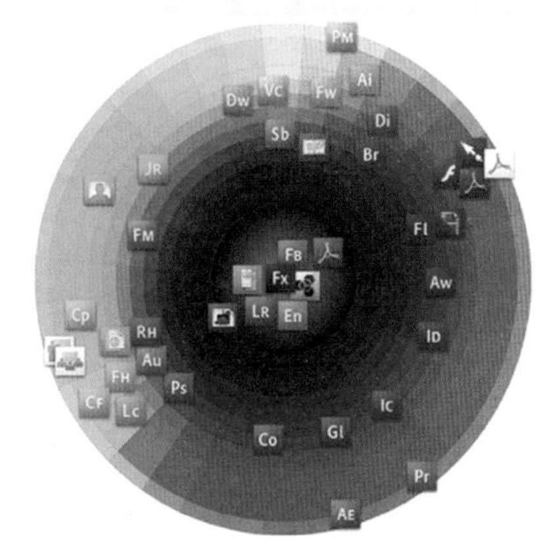

Adobe Creative Suit（也就是Adobe创意套装），简称Adobe CS

图 1-7

Photoshop CS

Photoshop CS2

Photoshop CS3

Photoshop CS4

Photoshop CS5

Photoshop CS6

图 1-8

2013 年，Adobe 公司推出了 Adobe Creative Cloud（Adobe 创意云），简称 Adobe CC。Photoshop 也被命名为 Photoshop CC，如图 1-9 所示。2019 年，Adobe 公司推出了 Photoshop CC 2019，是目前 Photoshop 的最新版本。

Adobe Creative Cloud（也就是Adobe创意云），简称Adobe CC

Photoshop CC

图 1-9

扩展： Adobe 公司创建于 1982 年，是世界领先的数字媒体和在线营销方案的供应商。

1.3 新媒体应用领域

新媒体应用领域

Photoshop 在新媒体应用领域主要体现在电商设计、微信公众号设计、App 设计和 H5 设计等方面。

1.3.1 电商设计

电商设计即针对电子商务网站进行相关的美化设计。运用 Photoshop 进行电商设计，可以更好地进行页面优化，促进客户转化。设计师通常使用 Photoshop 设计电子商务网站的首页、详情页、专题页和 Banner 等。如图 1-10 所示，左侧为电子商务网站首页，中间为印度设计师 Prashanth G 设计的电子商务网站详情页，右侧为水密码专题页。

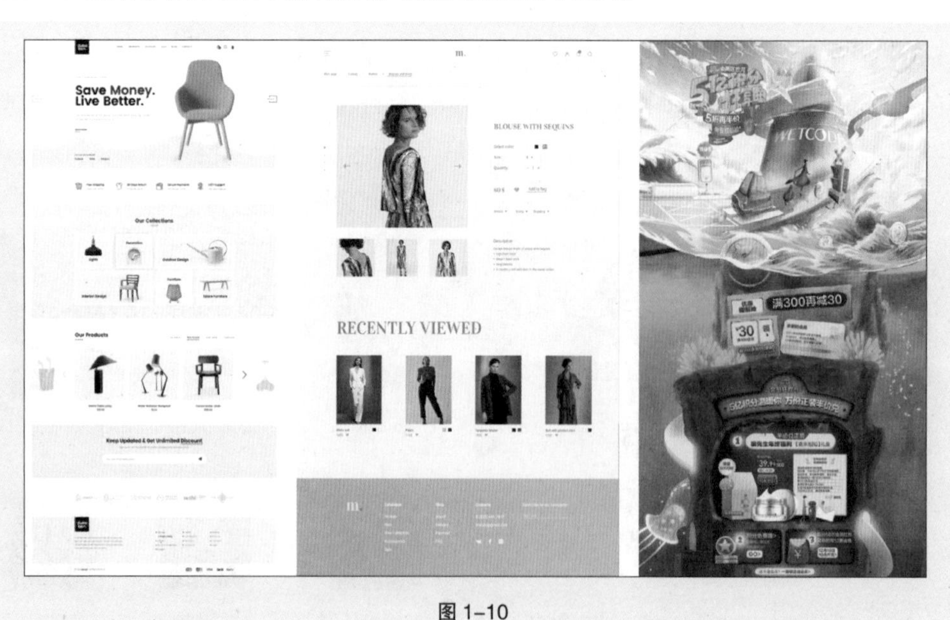

图 1-10

1.3.2 微信公众号设计

微信公众号设计即针对微信公众号中的图片及页面进行的相关美化设计。运用 Photoshop 进行微信公众号设计，可以更好地进行品牌宣传，增强传播力度。设计师通常使用 Photoshop 设计微信公众号的头图、文章配图及页面长图等。如图 1-11 所示，左侧为瑞幸咖啡微信公众号头图，中间为新媒体课堂微信公众号的文章配图，右侧为网易哒哒微信公众号页面长图的部分截图。

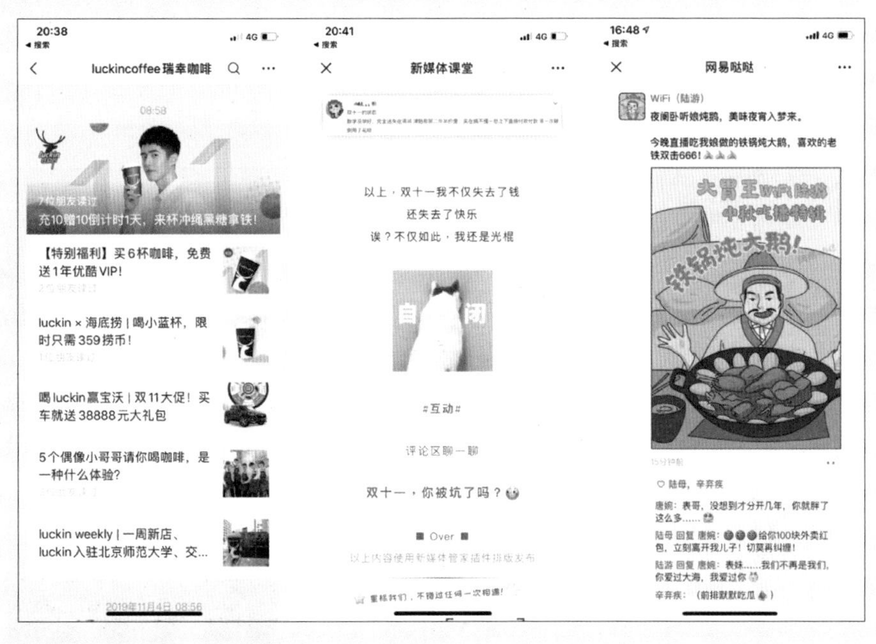

图 1-11

1.3.3 App 设计

App 设计即针对应用程序（Application）中的页面及图片进行的相关美化设计。运用 Photoshop 进行 App 设计，可以更好地加强产品功能，提升用户体验。设计师通常使用 Photoshop 设计 App 的闪屏页、引导页及活动页等。如图 1-12 所示，左侧为 QQ 浏览器闪屏页，中间为携程旅行 App 引导页，右侧为网易云音乐发现页截取。

图 1-12

1.3.4　H5 设计

H5 设计即针对移动端上基于 HTML5 技术的交互动态网页进行的相关美化设计。运用 Photoshop 进行 H5 设计，可以更好地提高页面美感，加强品牌宣传。设计师通常使用 Photoshop 设计整套 H5 的所有页面等。如图 1-13 所示，左侧为网易云音乐的“你的荣格心理原型”H5 页面，中间为网易新闻的“非正常人类研究白皮书”H5 页面，右侧为腾讯的“穿越未来来看你”H5 页面。

图 1-13

02

第2章 Photoshop 基础知识

本章介绍

本章对 Photoshop CC 的基本功能和图像处理的基础知识进行讲解。通过本章的学习，读者可以对 Photoshop CC 的多种功能有一个大体的、全方位的了解，有助于在制作图像的过程中快速地定位，应用相应的知识点完成图像的制作任务。

学习目标

- 了解软件的工作界面。
- 熟练掌握新建和打开图像的方法。
- 熟练掌握保存和关闭图像的技巧。
- 掌握恢复操作的应用。
- 了解位图、矢量图和分辨率。
- 了解常用的图像色彩模式。
- 了解常用的图像文件格式。

Photoshop
基础知识

2.1 工作界面

熟悉工作界面是学习Photoshop CC的基础。熟练掌握工作界面的内容，有助于初学者日后得心应手地驾驭软件。Photoshop CC的工作界面主要由菜单栏、工具箱、属性栏、状态栏和控制面板组成，如图2-1所示。

图 2-1

菜单栏：菜单栏中共包含11个菜单命令。利用菜单命令可以完成图像的编辑、色彩调整、添加滤镜效果等操作。

工具箱：工具箱中包含了多种工具。利用不同的工具可以完成图像的绘制、观察、测量等操作。

属性栏：属性栏是工具箱中各个工具的功能扩展。通过在属性栏中设置不同的选项，可以快速完成多样化的操作。

控制面板：控制面板是Photoshop CC的重要组成部分。通过不同的功能面板，可以完成在图像中填充颜色、设置图层、添加样式等操作。

状态栏：状态栏可以提供当前文件的显示比例、文档大小、当前工具、暂存盘大小等提示信息。

2.1.1 菜单栏

菜单分类：Photoshop CC的菜单栏依次分为“文件”菜单、“编辑”菜单、“图像”菜单、“图层”菜单、“文字”菜单、“选择”菜单、“滤镜”菜单、“3D”菜单、“视图”菜单、“窗口”菜单及“帮助”菜单，如图2-2所示。

文件(F) 编辑(E) 图像(I) 图层(L) 文字(Y) 选择(S) 滤镜(T) 3D(D) 视图(V) 窗口(W) 帮助(H)

图 2-2

“文件”菜单包含了各种文件操作命令。“编辑”菜单包含了各种编辑文件的操作命令。“图像”

菜单包含了各种改变图像的大小、颜色等的操作命令。“图层”菜单包含了各种调整图像中图层的操作命令。“文字”菜单包含了各种对文字的编辑和调整功能。“选择”菜单包含了各种关于选区的操作命令。“滤镜”菜单包含了各种添加滤镜效果的操作命令。“3D”菜单包含了创建 3D 模型、编辑 3D 属性、调整纹理及编辑光线等命令。“视图”菜单包含了各种对视图进行设置的操作命令。“窗口”菜单包含了各种显示或隐藏控制面板的命令。“帮助”菜单包含了各种帮助信息。

菜单命令的不同状态：有些菜单命令中包含了更多相关的菜单命令。包含子菜单的菜单命令，其右侧会显示黑色的三角形▸。单击带有三角形的菜单命令，就会显示出其子菜单，如图 2–3 所示。当菜单命令不符合运行的条件时，就会显示为灰色，即不可执行状态。例如，在 CMYK 模式下，滤镜菜单中的部分菜单命令将变为灰色，不能使用。当菜单命令后面显示有“…”时，如图 2–4 所示，表示单击此菜单，可以弹出相应的对话框，用户可以在对话框中进行相应的设置。

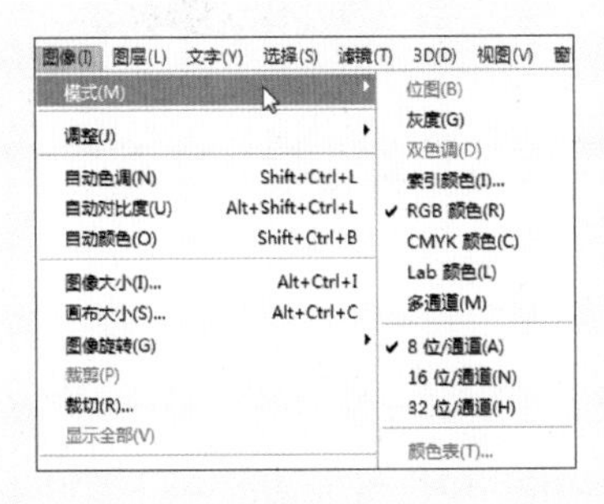

图 2–3

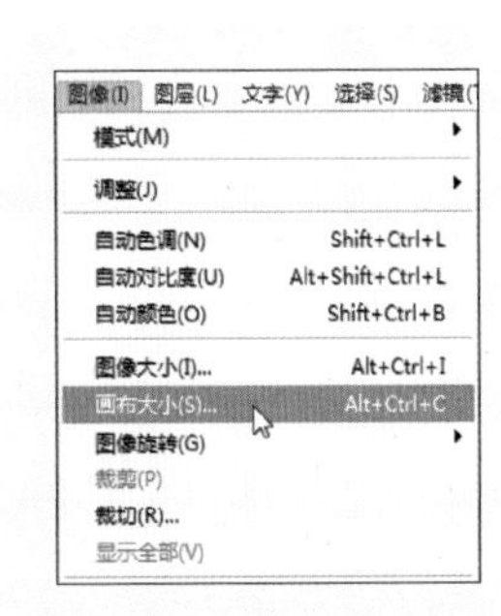

图 2–4

键盘快捷键和菜单命令：选择“窗口 > 工作区 > 键盘快捷键和菜单”命令，弹出“键盘快捷键和菜单”对话框，如图 2–5 所示。可以根据操作需要隐藏或显示指定的菜单命令，如图 2–6 所示。也可以为不同的菜单命令设置不同的颜色，如图 2–7 所示。还可以自定义和保存键盘快捷键，如图 2–8 所示。

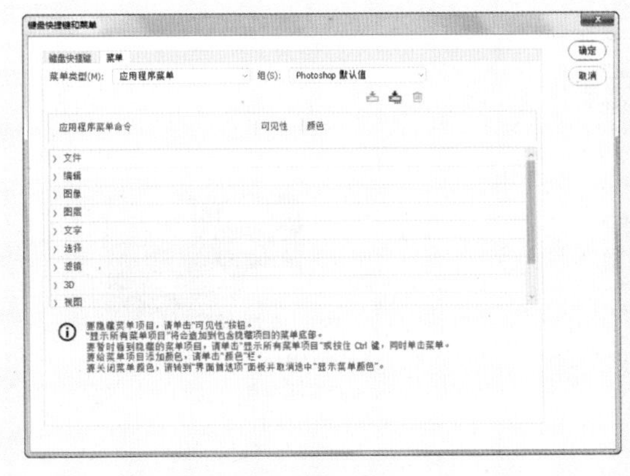

图 2–5

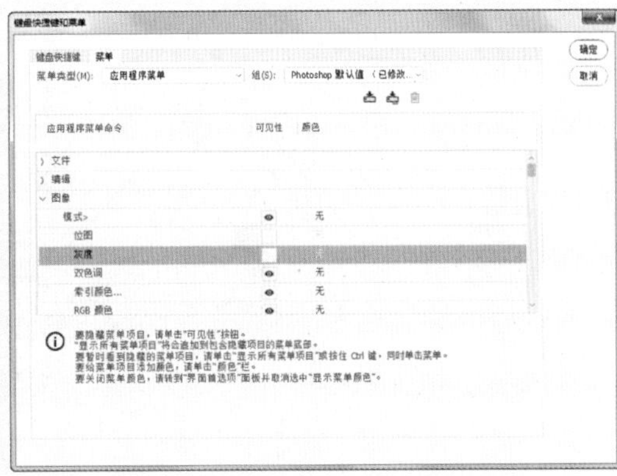

图 2–6

2.1.2 工具箱

Photoshop CC 的工具箱包括选择工具、绘图工具、填充工具、编辑工具、颜色选择工具、屏幕视图工具、快速蒙版工具等，如图 2–9 所示。要了解每个工具的具体名称，可以将鼠标指针放置在具体工具的上方，此时会出现一个演示图框，上面会显示该工具的具体名称和基本操作演示，如图 2-10 所示。工具名称后面括号中的字母代表选择此工具的快捷键，只要在键盘上按该字母键，就可以快速切换到相应的工具上。

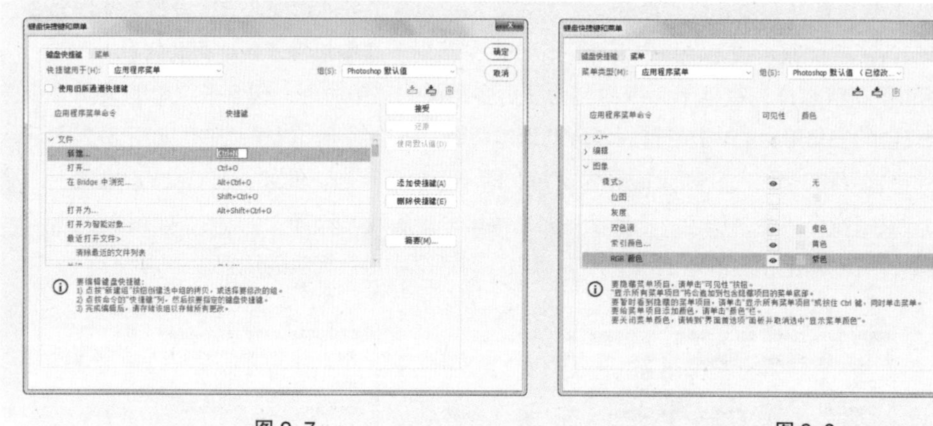

图 2-7　　　　图 2-8

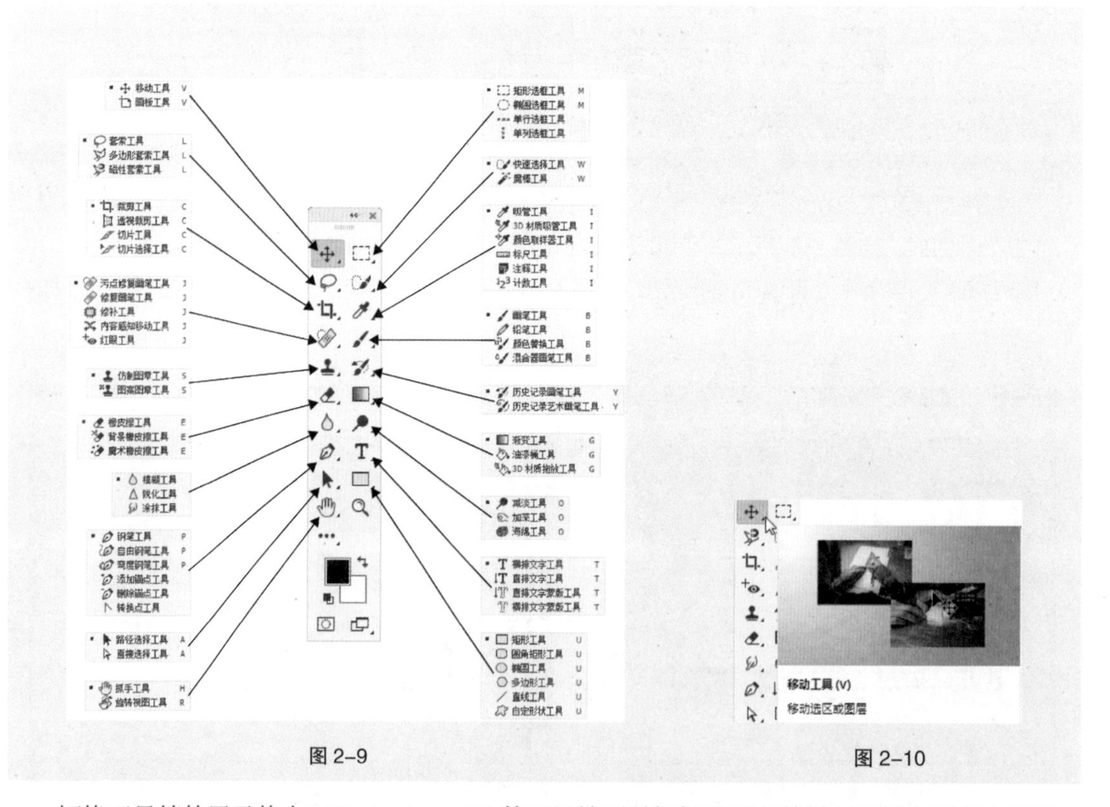

图 2-9　　　　图 2-10

切换工具箱的显示状态：Photoshop CC 的工具箱可以根据需要在单栏与双栏之间自由切换。当工具箱显示为双栏时，如图 2-11 所示，单击工具箱上方的双箭头图标，工具箱即可转换为单栏，节省工作空间，如图 2-12 所示。

显示隐藏工具箱：在工具箱中，部分工具图标的右下方有一个黑色的小三角，表示在该工具下还有隐藏的工具。用鼠标在工具箱中有小三角的工具图标上单击，并按住鼠标不放，弹出隐藏工具选项，如图 2-13 所示。将鼠标指针移动到需要的工具图标上，即可选择该工具。

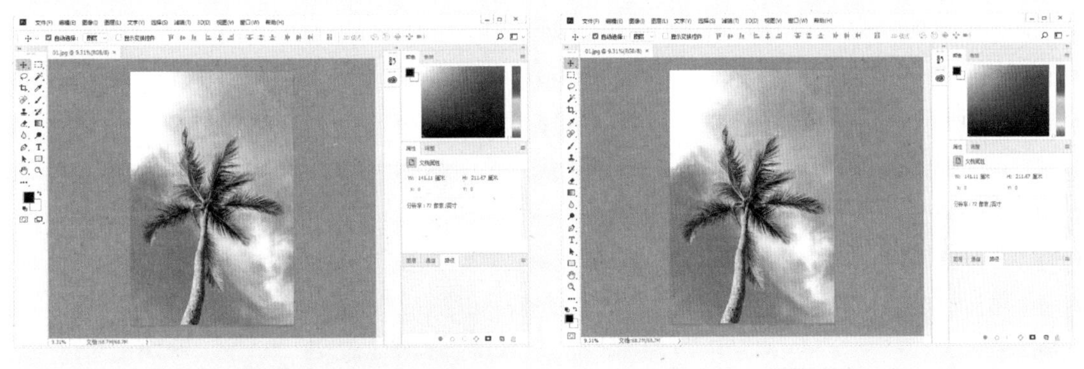

图 2-11　　　　图 2-12

恢复工具箱的默认设置：要想恢复工具默认的设置，可以选择该工具，在相应的工具属性栏中，用鼠标右键单击工具图标，在弹出的菜单中选择“复位工具”命令，如图 2-14 所示。

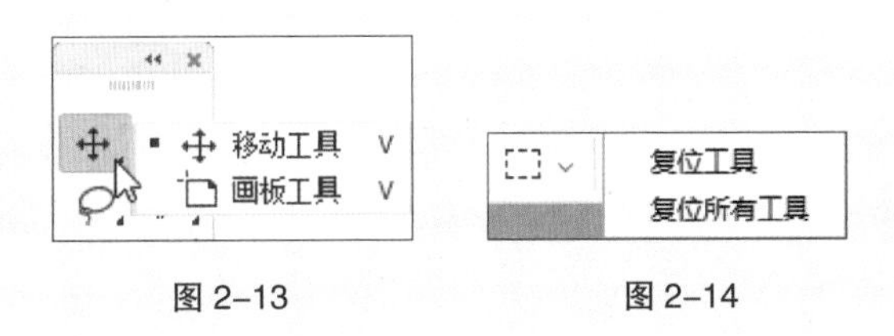

图 2-13　　　　图 2-14

光标的显示状态：当选择工具箱中的工具后，图像中的光标就变为工具图标。例如，选择“裁剪”工具，图像窗口中的光标也随之显示为裁剪工具的图标，如图 2-15 所示。

选择“画笔”工具，光标显示为画笔工具的对应图标，如图 2-16 所示。按 Caps Lock 键，光标转换为精确的十字形图标，如图 2-17 所示。

图 2-15

图 2-16

图 2-17

2.1.3　属性栏

当选择某个工具后，会出现相应的工具属性栏，可以通过属性栏对工具进行进一步的设置。例如，当选择“魔棒”工具时，工作界面的上方会出现相应的魔棒工具属性栏，可以应用属性栏中的各个命令对工具做进一步的设置，如图 2-18 所示。

图 2-18

2.1.4 状态栏

打开一幅图像时，图像的下方会出现该图像的状态栏，如图 2-19 所示。状态栏的左侧显示当前图像缩放显示的百分比数，在文本框中输入数值可改变图像窗口的显示比例。右侧显示当前图像的文件信息，单击›图标，在弹出的菜单中可以选择当前图像的相关信息，如图 2-20 所示。

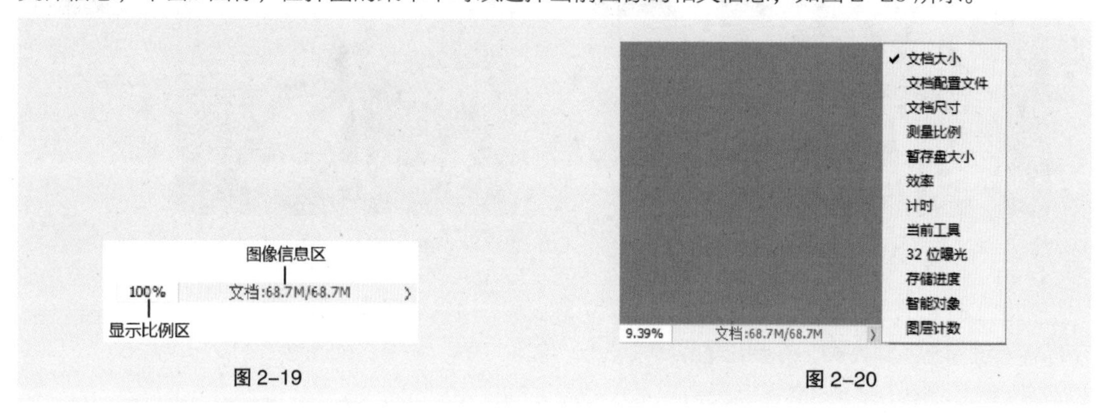

图 2-19　　图 2-20

2.1.5 控制面板

控制面板是处理图像时另一个不可或缺的部分。Photoshop CC 界面为用户提供了多个控制面板组。

收缩与扩展控制面板：控制面板可以根据需要进行伸缩。控制面板的展开状态如图 2-21 所示。单击控制面板上方的双箭头图标 ››，可以将控制面板收缩，如图 2-22 所示。如果要展开某个控制面板，可以直接单击其选项卡，相应的控制面板会自动弹出，如图 2-23 所示。

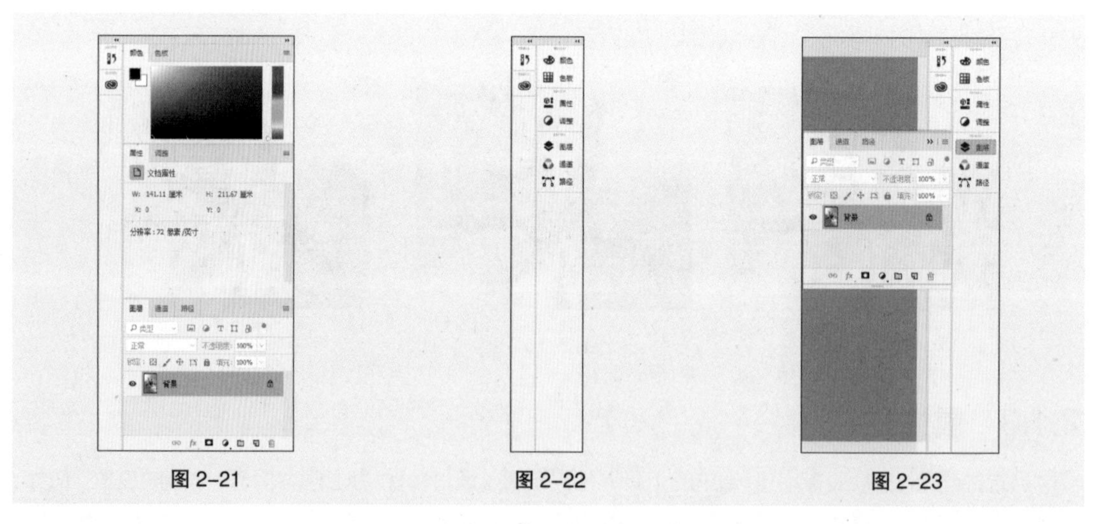
图 2-21　　图 2-22　　图 2-23

拆分控制面板：若需单独拆分出某个控制面板，可用鼠标选中该控制面板的选项卡并向工作区拖曳，如图 2-24 所示。选中的控制面板将被单独地拆分出来，如图 2-25 所示。

组合控制面板：可以根据需要将两个或多个控制面板组合到一个面板组中，这样可以节省操作的空间。要组合控制面板，可以选中外部控制面板的选项卡，用鼠标将其拖曳到要组合的面板组中，面板组周围出现蓝色的边框，如图 2-26 所示。释放鼠标，控制面板将组合到面板组中，如图 2-27 所示。

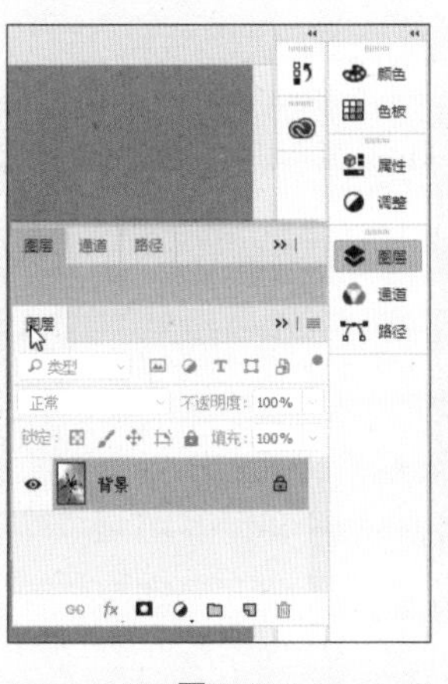

图 2-24

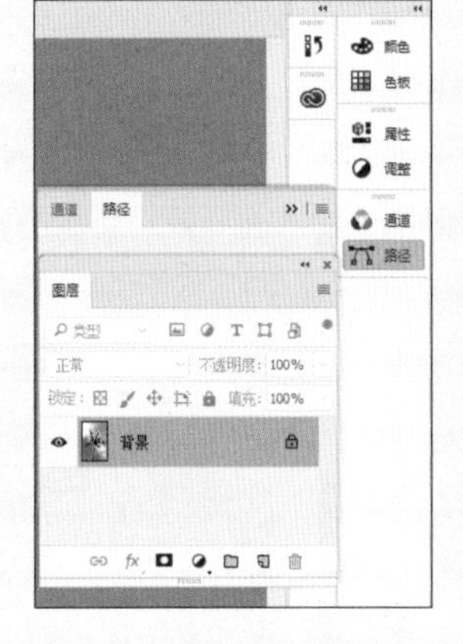

图 2-25

控制面板弹出式菜单：单击控制面板右上方的图标 ≡，可以弹出控制面板的相关命令菜单，应用这些命令可以提高控制面板的功能性，如图 2-28 所示。

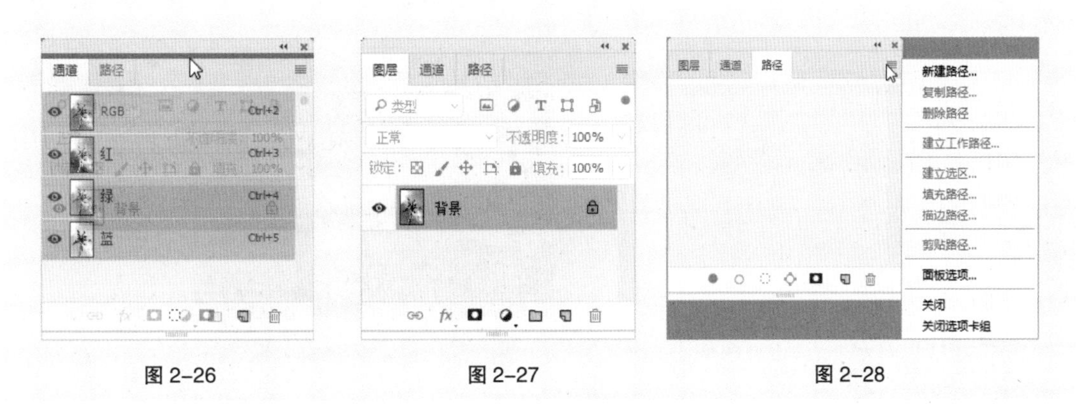

图 2-26　　图 2-27　　图 2-28

隐藏与显示控制面板：按 Tab 键，可以隐藏工具箱和控制面板；再次按 Tab 键，可以显示出隐藏的部分。按 Shift+Tab 组合键，可以隐藏控制面板；再次按 Shift+Tab 组合键，可以显示出隐藏的部分。

2.2 新建和打开

2.2.1 新建文件

选择“文件 > 新建”命令，或按 Ctrl+N 组合键，弹出“新建文档”对话框，如图 2-29 所示。在对话框中可以设置新建的图像名称、宽度和高度、分辨率、颜色模式等选项。设置完成后单击“创建”按钮，即可完成新建图像，如图 2-30 所示。

2.2.2 打开图像

如果要对照片或图片进行修改和处理，就要在 Photoshop CC 中打开需要的图像。

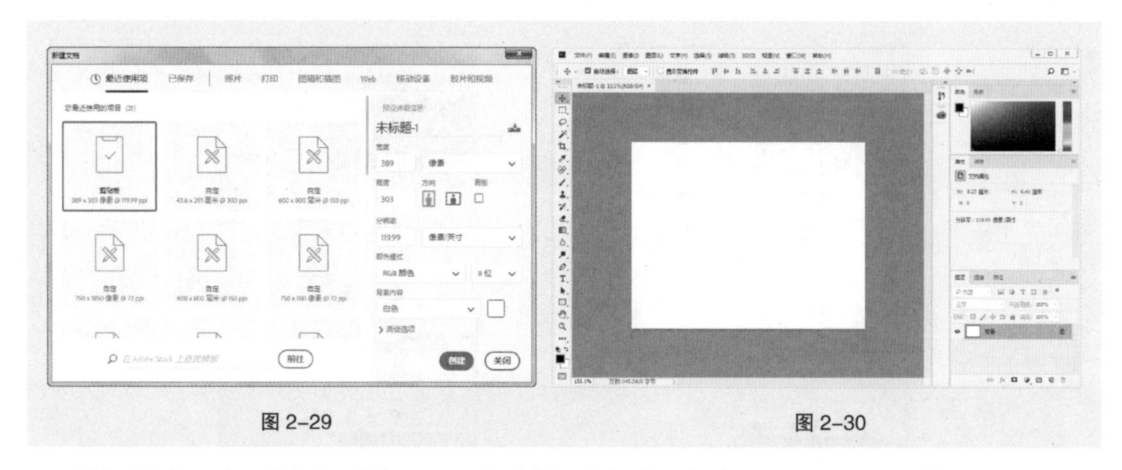

图 2-29　　图 2-30

选择“文件 > 打开”命令，或按Ctrl+O组合键，弹出“打开”对话框，在对话框中搜索路径和文件，确认文件类型和名称，通过Photoshop CC提供的预览图标选择文件，如图2-31所示。然后单击“打开”按钮，或直接双击文件，即可打开所指定的图像文件，如图2-32所示。

图 2-31　　图 2-32

2.3 保存和关闭

2.3.1 保存文件

编辑和制作完图像后，就需要将图像进行保存，以便于下次打开继续操作。

选择“文件 > 存储”命令，或按Ctrl+S组合键，可以存储文件。当设计好的作品进行第一次存储时，选择“文件 > 存储”命令，将弹出“另存为”对话框，如图2-33所示。在对话框中输入文件名、选择文件格式后，单击“保存”按钮，即可将图像保存。

当对已存储过的图像文件进行各种编辑操作后，选择“存储”命令，将不弹出“另存为”对话框，计算机会直接保存最终确认的结果，并覆盖原始文件。

2.3.2 关闭图像

图像存储完毕后，可以选择将其关闭。选择“文件 > 关闭”命令，或按 Ctrl+W 组合键，即可关闭文件。关闭图像时，若当前文件被修改过或是新建的文件，则会弹出提示框，如图 2-34 所示。单击“是”按钮即可存储并关闭图像。

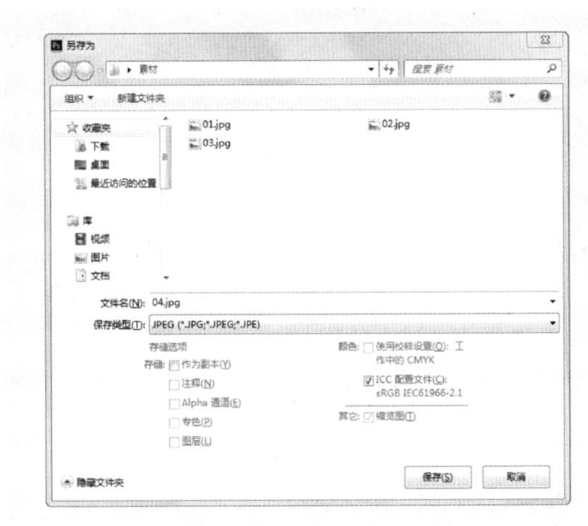

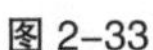
图 2-33

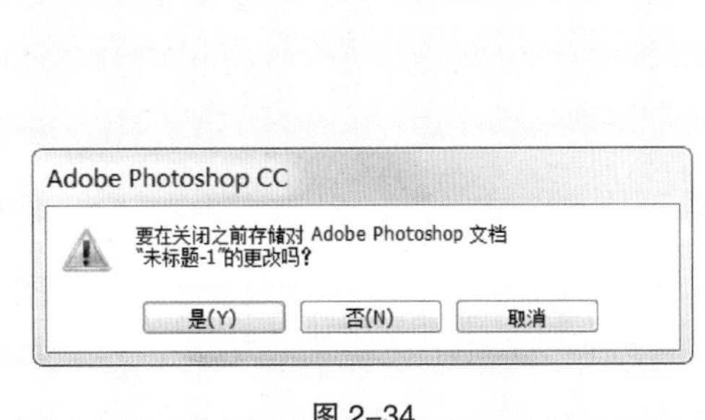

图 2-34

2.4 恢复操作的应用

2.4.1 恢复到上一步的操作

在编辑图像的过程中，可以随时将操作返回到上一步，也可以还原图像到恢复前的效果。选择“编辑 > 还原”命令，或按 Ctrl+Z 组合键，可以恢复到图像的上一步操作。如果想还原图像到恢复前的效果，再按 Ctrl+Z 组合键即可。

2.4.2 中断操作

当 Photoshop CC 正在进行图像处理时，想中断这次正在进行的操作，按 Esc 键即可。

2.4.3 恢复到操作过程的任意步骤

“历史记录”控制面板可以将进行过多次处理操作的图像恢复到任一步操作时的状态，即所谓的“多次恢复功能”。选择“窗口 > 历史记录”命令，弹出“历史记录”控制面板，如图 2-35 所示。

控制面板下方的按钮从左至右依次为“从当前状态创建新文档”按钮 、“创建新快照”按钮 、“删除当前状态”按钮 。

单击控制面板右上方的图标 ≡，弹出“历史记录”控制面板的下拉命令菜单，如图 2-36 所示。“前进一步”命令用于将滑块向下移动一位，“后退一步”命令用于将滑块向上移动一位，“新建快照”命令用于根据当前滑块所指的操作记录建立新的快照，“删除”命令用于删除控制面板中滑块所指的操作记录，“清除历史记录”命令用于清除控制面板中除最后一条记录外的所有记录，“新建文档”

命令用于由当前状态或者快照建立新的文件，“历史记录选项”命令用于设置“历史记录”控制面板，“关闭”和“关闭选项卡组”命令用于关闭“历史记录”控制面板和控制面板所在的选项卡组。

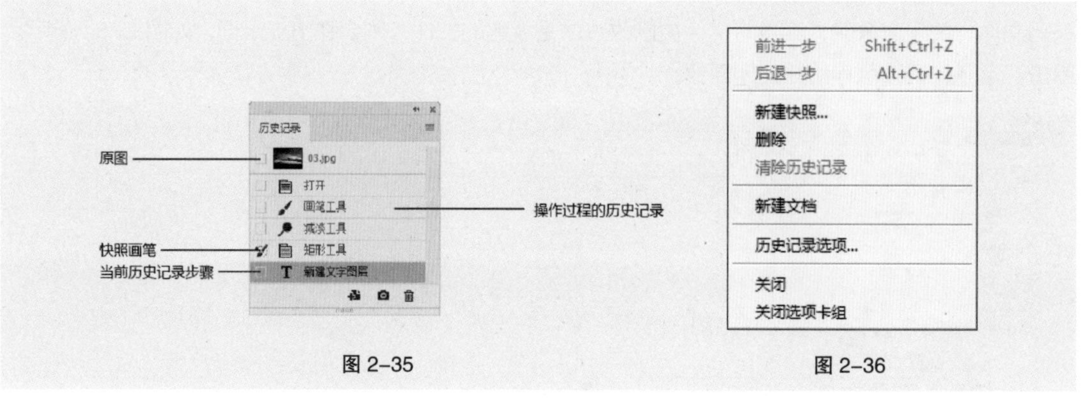

图 2-35　图 2-36

2.5 位图和矢量图

2.5.1 位图

位图图像也叫点阵图像，它是由许多单独的小方块组成的。这些小方块又被称为像素点。每个像素点都有特定的位置和颜色值。位图图像的显示效果与像素点是紧密联系在一起的，不同排列和着色的像素点组合在一起构成了一幅色彩丰富的图像。像素点越多，图像的分辨率越高；相应地，图像的文件大小也会随之增大。

一幅位图图像的原始效果如图 2-37 所示。使用放大工具放大后，可以清晰地看到像素的小方块形状与不同的颜色，效果如图 2-38 所示。

图 2-37　图 2-38

位图与分辨率有关，如果在屏幕上以较大的倍数放大显示图像，或以低于创建时的分辨率打印图像，图像就会出现锯齿状的边缘，并且会丢失细节。

2.5.2 矢量图

矢量图也叫向量图，它是用一种基于图形的几何特性来描述的图像。矢量图中的各种图形元素被称为对象。每一个对象都是独立的个体，都具有大小、颜色、形状、轮廓等属性。

矢量图与分辨率无关，可以将它设置为任意大小，其清晰度不会改变，也不会出现锯齿状的边缘。在任何分辨率下显示或打印，都不会损失细节。一幅矢量图的原始效果如图 2-39 所示。使用放大工具放大后，其清晰度不变，效果如图 2-40 所示。

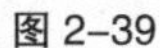

图 2-39

图 2-40

矢量图所占的容量较少，但其缺点是不易制作色调丰富的图像，而且绘制出来的图形无法像位图那样精确地描绘各种绚丽的景象。

2.6 分辨率

2.6.1 图像分辨率

在 Photoshop CC 中，图像中每单位长度上的像素数目，称为图像的分辨率，其单位为像素 / 英寸或像素 / 厘米。

在相同尺寸的两幅图像中，高分辨率的图像包含的像素比低分辨率的图像包含的像素多。例如，一幅尺寸为 1 英寸 ×1 英寸的图像，其分辨率为 72 像素 / 英寸，这幅图像包含 5184 个像素（72×72 = 5184）。同样尺寸，分辨率为 300 像素 / 英寸的图像，图像包含 90 000 个像素。相同尺寸下，分辨率为 72 像素 / 英寸的图像效果如图 2-41 所示，分辨率为 10 像素 / 英寸的图像效果如图 2-42 所示。由此可见，在相同尺寸下，高分辨率的图像能更清晰地表现图像内容。

图 2-41

图 2-42

2.6.2 屏幕分辨率

屏幕分辨率是显示器上每单位长度显示的像素数目。屏幕分辨率取决于显示器大小及其像素设置。PC 显示器的分辨率一般约为 96 像素 / 英寸，Mac 显示器的分辨率一般约为 72 像素 / 英寸。在 Photoshop CC 中，图像像素被直接转换成显示器屏幕像素，当图像分辨率高于屏幕分辨率时，屏幕中显示的图像比实际尺寸大。

2.6.3　输出分辨率

输出分辨率是照排机或激光打印机等输出设备产生的每英寸的油墨点数(dpi)。为获得好的效果，使用的图像分辨率应与打印机分辨率成正比。

2.7　图像的色彩模式

2.7.1　CMYK 模式

CMYK 代表了印刷中常用的 4 种油墨颜色：C 代表青色，M 代表洋红色，Y 代表黄色，K 代表黑色。CMYK 颜色控制面板如图 2-43 所示。

CMYK 模式在印刷时应用了色彩学中的减法混合原理，即减色色彩模式。它是图片、插图和其他 Photoshop 作品中最常用的一种印刷方式。因为在印刷中通常都要进行四色分色，出四色胶片，然后进行印刷。

2.7.2　RGB 模式

与 CMYK 模式不同的是，RGB 模式是一种加色模式。它通过红、绿、蓝 3 种色光相叠加而形成更多的颜色。RGB 是色光的彩色模式，一幅 24bit 的 RGB 图像有 3 个色彩信息的通道：红色（R）、绿色（G）和蓝色（B）。RGB 颜色控制面板如图 2-44 所示。

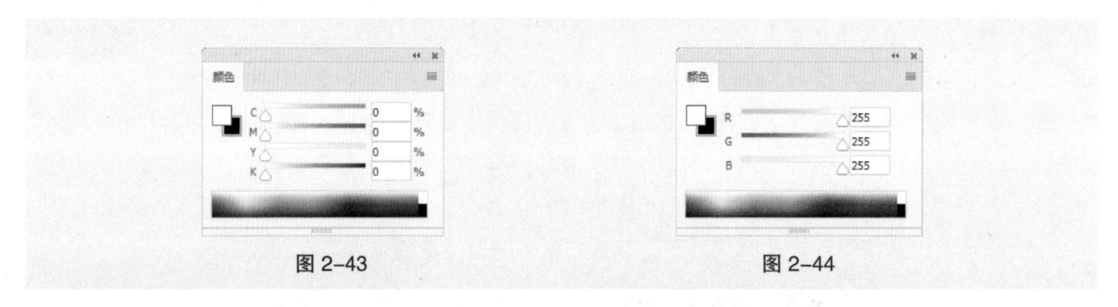

图 2-43　　　　图 2-44

每个通道都有 8 bit 的色彩信息—— 一个 0 ~ 255 的亮度值色域。也就是说，每一种色彩都有 256 个亮度水平级。3 种色彩相叠加，可以有 256×256×256 ≈ 1678 万种可能的颜色。这 1678 万种颜色足以表现出绚丽多彩的世界。

在 Photoshop CC 中编辑图像时，RGB 模式应是最佳的选择。因为它可以提供全屏幕的多达 24bit 的色彩范围，一些计算机领域的色彩专家称之为“True Color”（真色彩）显示。

2.7.3　Lab 模式

Lab 是 Photoshop 中的一种国际色彩标准模式，它由 3 个通道组成：一个通道是透明度，即 L；其他两个是色彩通道，即色相和饱和度，用 a 和 b 表示。a 通道包括的颜色值从深绿到灰，再到亮粉红色；b 通道是从亮蓝色到灰，再到焦黄色。这种色彩混合后将产生明亮的色彩。Lab 颜色控制面板如图 2-45 所示。

Lab 模式在理论上包括了人眼可见的所有色彩，它弥补了 CMYK 模式和 RGB 模式的不足。在这种模式下，图像的处理速度比在 CMYK 模式下快数倍，与 RGB 模式的速度相仿。而且在把 Lab

模式转成CMYK模式的过程中，所有的色彩不会丢失或被替换。事实上，当Photoshop CC将RGB模式转换成CMYK模式时，Lab模式一直扮演着中介者的角色。也就是说，RGB模式先转成Lab模式，再转成CMYK模式。

2.7.4 HSB模式

HSB模式只有在颜色吸取窗口中才会出现。H代表色相，S代表饱和度，B代表亮度。色相的意思是纯色，即组成可见光谱的单色。红色为0度，绿色为120度，蓝色为240度。饱和度代表色彩的纯度，饱和度为零时即为灰色。黑、白、灰3种色彩没有饱和度。亮度是色彩的明亮程度，最大亮度是色彩最鲜明的状态，黑色的亮度为0。HSB颜色控制面板如图2-46所示。

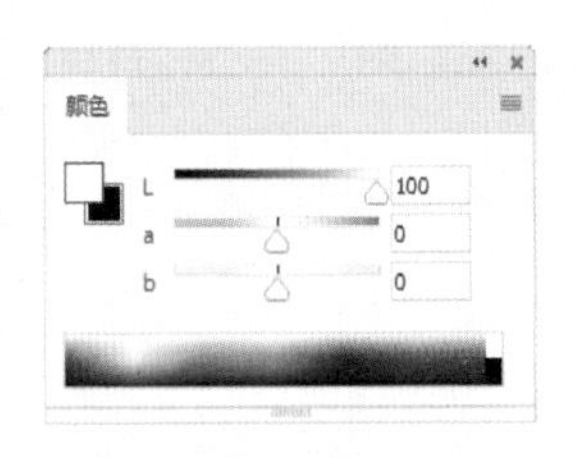

图2-45

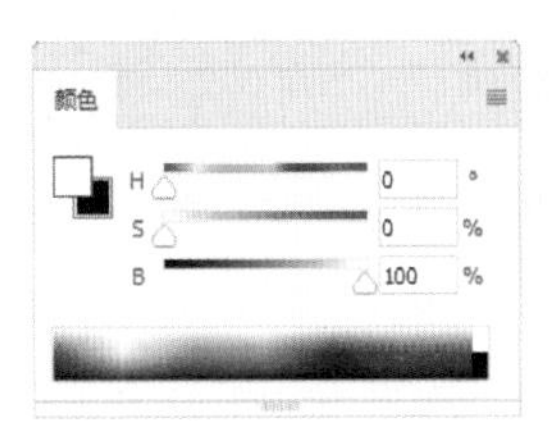

图2-46

2.7.5 灰度模式

灰度模式的灰度图又叫8 bit深度图。每个像素用8个二进制位表示，能产生2^8（即256）级灰色调。当一个彩色文件被转换为灰度模式文件时，所有的颜色信息都将丢失。尽管Photoshop CC允许将一个灰度文件转换为彩色模式文件，但不可能将原来的颜色完全还原。所以，当要转换成灰度模式时，应先做好图像的备份。

与黑白照片一样，一个灰度模式的图像只有明暗值，没有色相和饱和度这两种颜色信息。0%代表白，100%代表黑。灰度颜色控制面板如图2-47所示，其中的K值用于衡量黑色油墨用量。

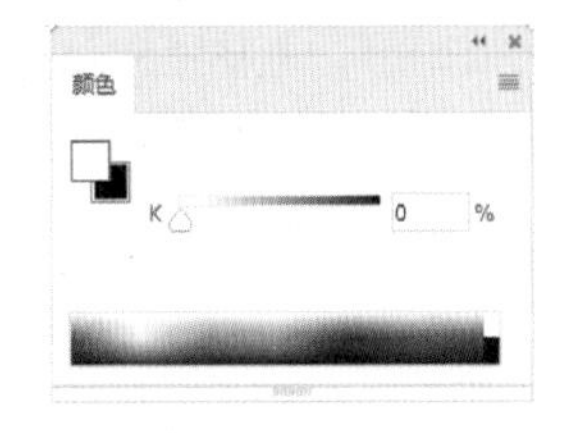

图2-47

2.8 常用的图像文件格式

2.8.1 PSD格式和PDD格式

PSD格式和PDD格式是Photoshop自身专用的文件格式，能够支持从线图到CMYK的所有图像类型，但由于在一些图形处理软件中没有得到很好的支持，所以其通用性不强。PSD格式和PDD格式能够保存图像数据的细节部分，如图层、附加的蒙版通道等Photoshop对图像进行特殊处理的信息。在没有最终决定图像存储的格式前，最好先以这两种格式存储。另外，Photoshop打开和存储这两种格式的文件比其他格式更快。但是这两种格式也有缺点，就是它们所存储的图像文件容量大，占用磁盘空间较多。

2.8.2 TIF 格式

TIF 格式是标签图像格式。TIF 格式对于色彩通道图像来说是最有用的格式，具有很强的可移植性，它可以用于 PC、Macintosh 和 UNIX 工作站三大平台，是这三大平台上使用最广泛的绘图格式。

用 TIF 格式存储时应考虑到文件的大小，因为 TIF 格式的结构要比其他格式更复杂。但 TIF 格式支持 24 个通道，能存储多于 4 个通道的文件格式。TIF 格式还允许使用 Photoshop CC 中的复杂工具和滤镜特效处理。TIF 格式非常适合于印刷和输出。

2.8.3 GIF 格式

GIF 是 Graphics Interchange Format 的缩写。GIF 格式的图像文件容量比较小，它形成一种压缩的 8 bit 图像文件。正因为这样，一般这种格式的文件可缩短图形的加载时间。如果在网络中传送图像文件，GIF 格式的图像文件的处理要比其他格式的图像文件快得多。

2.8.4 JPEG 格式

JPEG 是 Joint Photographic Experts Group 的缩写，中文意思为联合图片专家组。JPEG 格式既是 Photoshop CC 支持的一种文件格式，也是一种压缩方案。它是 Macintosh 上常用的一种图片存储类型。JPEG 格式是压缩格式中的“佼佼者”，与 TIF 文件格式采用的 LIW 无损压缩相比，它的压缩比例更大。但它使用的有损压缩会丢失部分数据。用户可以在存储前选择图像的最高质量，这就能控制数据的损失程度了。

2.8.5 EPS 格式

EPS 是 Encapsulated Post Script 的缩写。EPS 格式是 Illustrator CC 和 Photoshop CC 之间可交换的文件格式。Illustrator 软件制作出来的流动曲线、简单图形和专业图像一般都存储为 EPS 格式。Photoshop 可以处理这种格式的文件。在 Photoshop CC 中，也可以把其他图形文件存储为 EPS 格式，在排版类的 PageMaker 和绘图类的 Illustrator 等其他软件中使用。

2.8.6 PNG 格式

PNG 格式是用于无损压缩和在 Web 上显示图像的文件格式，是 GIF 格式的无专利替代品。它支持 24 位图像且能产生无锯齿状边缘的背景透明度；还支持无 Alpha 通道的 RGB、索引颜色、灰度和位图模式的图像。某些 Web 浏览器不支持 PNG 图像。

2.8.7 选择合适的图像文件存储格式

用户可以根据工作任务的需要选择适合的图像文件存储格式。下面我们就根据图像的不同用途介绍应该选择的图像文件存储格式。

用于印刷：TIF、EPS。

用于网络图像：GIF、JPEG、PNG。

用于 Photoshop CC 软件：PSD、PDD、TIF。

03

第3章 常用工具的使用

本章介绍

要想开始图像的编辑和处理，就必须掌握 Photoshop CC 常用工具的使用方法。本章详细讲解了选择图像、绘画和绘图的方法以及文字工具的使用技巧。通过本章的学习，读者可以快速地选择和绘制规则与不规则的图形，并添加适当的文字，完成初级的设计任务。

学习目标

- 熟练掌握选择工具组的使用方法。
- 掌握绘画工具组的应用方法。
- 掌握文字工具组的应用方法。
- 熟练掌握绘图工具组的应用方法。

技能目标

- 掌握“食品餐饮类电商 Banner”的制作方法。
- 掌握“珠宝网站详情页主图”的制作方法。
- 掌握“家装类公众号首图”的制作方法。
- 掌握“箱包类促销公众号封面首图”的制作方法。

3.1 选择工具组

对图像进行编辑，首先要进行选择图像的操作。能够快捷精确地选择图像是提高图像处理效率的关键。

3.1.1 课堂案例——制作食品餐饮类电商 Banner

【案例学习目标】学习使用不同的选择工具选取不同的图像，并应用移动工具移动装饰图片。

【案例知识要点】使用矩形选框工具绘制选区，使用椭圆选框工具、多边形套索工具和磁性套索工具选取图像，使用移动工具移动选区中的图像。效果如图 3–1 所示。

【效果所在位置】云盘 /Ch03/ 效果 / 制作食品餐饮类电商 Banner.psd。

图 3–1

（1）按 Ctrl+N 组合键，新建一个文件，宽度为 1920 像素，高度为 600 像素，分辨率为 72 像素 / 英寸，颜色模式为 RGB，背景内容为白色，单击“创建”按钮，新建文档。将前景色设为红色（181、4、0）。按 Alt+Delete 组合键，用前景色填充“背景”图层，如图 3–2 所示。

（2）按 Ctrl + O 组合键，打开云盘中的“Ch03 > 素材 > 制作食品餐饮类电商 Banner > 01”文件。选择“移动”工具，将图像拖曳到新建的图像窗口中适当的位置，如图 3–3 所示。在“图层”控制面板中生成新的图层并将其命名为“点”。

图 3–2

图 3–3

（3）按 Ctrl + O 组合键，打开云盘中的“Ch03 > 素材 > 制作食品餐饮类电商 Banner > 02”文件。选择“椭圆选框”工具，按住 Shift 键的同时，在 02 图像窗口中绘制圆形选区，如图 3–4 所示。

（4）选择“移动”工具，将选区中的图像拖曳到新建的图像窗口中适当的位置，如图 3–5 所示。在“图层”控制面板中生成新的图层并将其命名为“小龙虾”。

（5）按 Ctrl + O 组合键，打开云盘中的“Ch03 > 素材 > 制作食品餐饮类电商 Banner > 03”文件。选择“多边形套索”工具，在 03 图像窗口中沿着叶子边缘拖曳鼠标，图像周围生成选区，如图 3-6 所示。

图 3-4

图 3-5

（6）选择“移动”工具 ，将选区中的图像拖曳到新建的图像窗口中适当的位置，如图 3-7 所示。在“图层”控制面板中生成新的图层并将其命名为“叶子”。

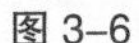

图 3-6

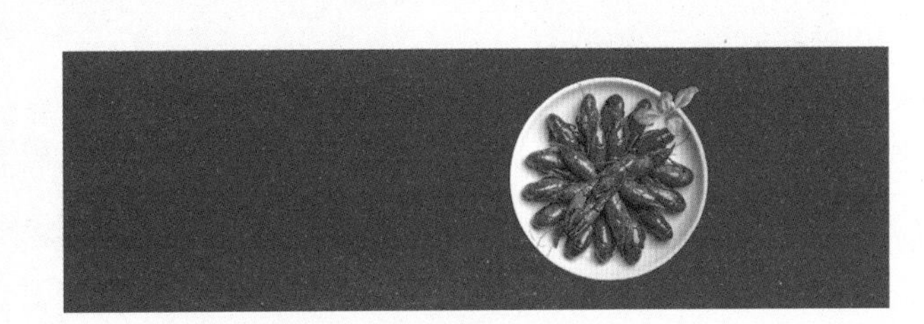

图 3-7

（7）按 Ctrl + O 组合键，打开云盘中的“Ch03 > 素材 > 制作食品餐饮类电商 Banner > 04”文件。选择“移动”工具 ，将图像拖曳到新建的图像窗口中适当的位置，如图 3-8 所示。在“图层”控制面板中生成新的图层并将其命名为“文字 1”。

图 3-8

（8）按 Ctrl + O 组合键，打开云盘中的“Ch03 > 素材 > 制作食品餐饮类电商 Banner > 05”文件。选择“矩形选框”工具 ，在 05 图像窗口中绘制矩形选区，如图 3-9 所示。

（9）选择“移动”工具 ，将选区中的图像拖曳到新建的图像窗口中适当的位置，如图 3-10 所示。在“图层”控制面板中生成新的图层并将其命名为“文字 2”。

（10）按 Ctrl + O 组合键，打开云盘中的“Ch03 > 素材 > 制作食品餐饮类电商 Banner > 06”文件。选择“磁性套索”工具 ，在 06 图像窗口中沿着辣椒边缘拖曳鼠标，图像周围生成选区，如图 3-11 所示。

图 3-9　　图 3-10

（11）选择“移动”工具，将选区中的图像拖曳到新建的图像窗口中适当的位置。在“图层”控制面板中生成新的图层并将其命名为“辣椒 1”。

（12）用上述的方法抠选 07 图像并将其拖曳到新建的图像窗口中适当的位置，制作出图 3-12 所示的效果。食品餐饮类电商 Banner 制作完成。

图 3-11　　图 3-12

3.1.2 移动工具

移动工具可以将图层中的整幅图像或选定区域中的图像移动到指定位置。

选择“移动”工具，或按 V 键，其属性栏状态如图 3-13 所示。

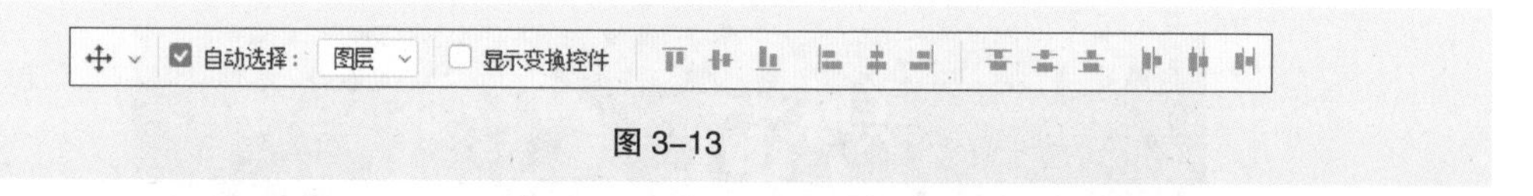

图 3-13

3.1.3 矩形选框工具

选择“矩形选框”工具，或反复按 Shift+M 组合键，其属性栏状态如图 3-14 所示。

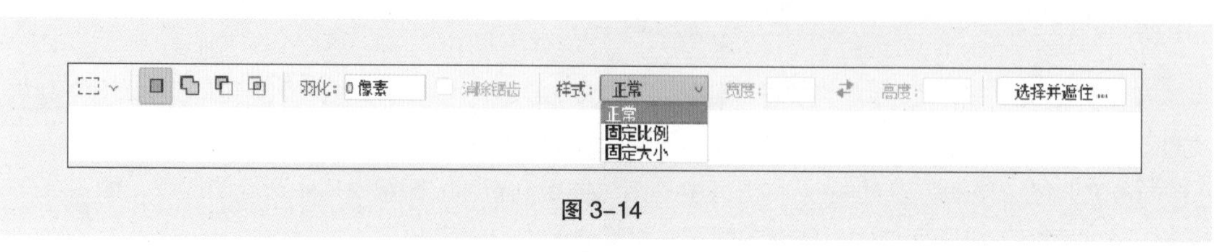

图 3-14

新选区：去除旧选区，绘制新选区。添加到选区：在原有选区的上面增加新的选区。从选区减去：在原有选区上减去新选区的部分。与选区交叉：选择新旧选区重叠的部分。羽化：用于设定选区边界的羽化程度。消除锯齿：用于清除选区边缘的锯齿。样式：用于选择类型。

选择“矩形选框”工具，在图像中适当的位置单击并按住鼠标不放，向右下方拖曳鼠标绘制选区；松开鼠标，矩形选区绘制完成，如图 3-15 所示。按住 Shift 键，在图像中可以绘制出正方形选区，如图 3-16 所示。

图 3-15　　　　图 3-16

在属性栏中的“样式”选项下拉列表中选择“固定比例”，将“宽度”项设为 1，“高度”项设为 3，如图 3-17 所示。在图像中绘制固定比例的选区，效果如图 3-18 所示。单击“高度和宽度互换”按钮 ⇄，可以快速将宽度和高度的数值互相置换。互换后绘制的选区效果如图 3-19 所示。

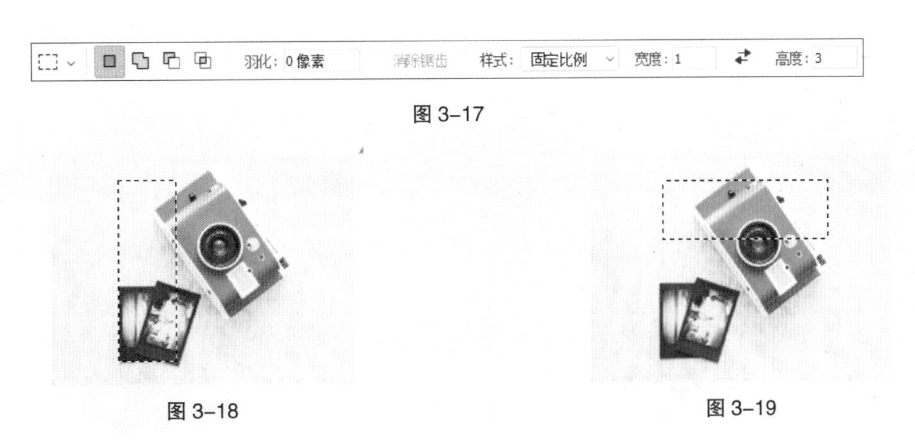

图 3-17

图 3-18　　　　图 3-19

在属性栏中的“样式”选项下拉列表中选择“固定大小”，在“宽度”和“高度”项中输入数值，如图 3-20 所示。绘制固定大小的选区，效果如图 3-21 所示。单击“高度和宽度互换”按钮 ⇄，可以快速地将宽度和高度的数值互相置换，互换后绘制的选区效果如图 3-22 所示。

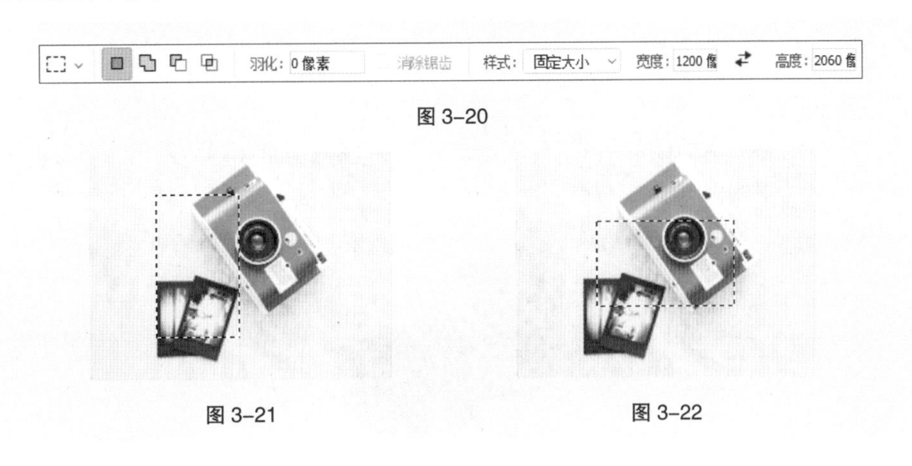

图 3-20

图 3-21　　　　图 3-22

3.1.4 椭圆选框工具

选择“椭圆选框”工具，在图像中适当的位置单击并按住鼠标左键，拖曳鼠标绘制出需要的选区。松开鼠标左键，椭圆选区绘制完成，如图 3-23 所示。按住 Shift 键，在图像中可以绘制出圆形选区，如图 3-24 所示。

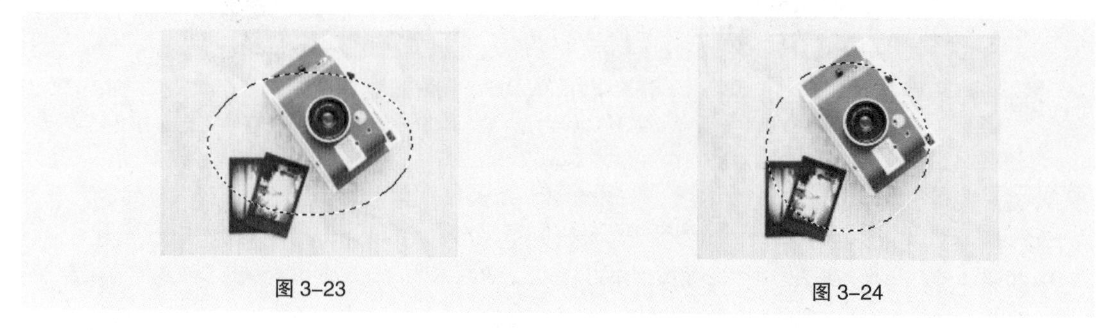

图 3-23　　图 3-24

椭圆选框工具和矩形选框工具的属性栏相同，这里就不再赘述。

3.1.5 套索工具

选择“套索”工具，或反复按 Shift+L 组合键，在图像中适当的位置单击并按住鼠标不放，拖曳鼠标在图像上进行绘制，如图 3-25 所示。松开鼠标，选择区域自动封闭生成选区，效果如图 3-26 所示。

图 3-25　　图 3-26

3.1.6 多边形套索工具

选择“多边形套索”工具，在图像中单击设置所选区域的起点，接着单击设置选择区域的其他点，如图 3-27 所示。将鼠标指针移回到起点，多边形套索工具显示为图标，如图 3-28 所示。单击即可封闭选区，效果如图 3-29 所示。

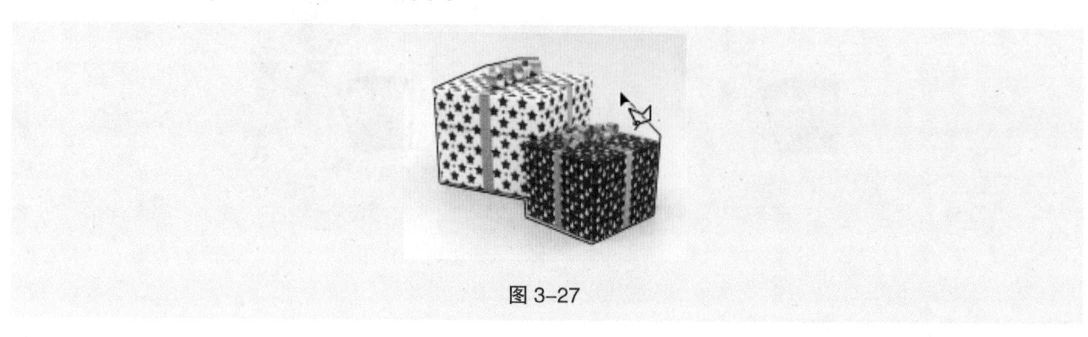

图 3-27

图 3-28

图 3-29

3.1.7 磁性套索工具

选择“磁性套索”工具，其属性栏状态如图 3-30 所示。

图 3-30

宽度：用于设定套索检测范围，磁性套索工具将在这个范围内选取反差最大的边缘。对比度：用于设定选取边缘的灵敏度，数值越大，则要求边缘与背景的反差越大。频率：用于设定选区点的速率，数值越大，标记速率越快，标记点越多。：用于设定专用绘图板的笔刷压力。

3.2 绘画工具组

3.2.1 课堂案例——制作珠宝网站详情页主图

【案例学习目标】学习使用不同的绘画工具绘制不同的图像，并应用图层蒙版调整图片显示区域。

【案例知识要点】使用渲染命令为图片添加镜头光晕效果，使用添加图层蒙版按钮和渐变工具制作图片渐隐效果，使用画笔工具和画笔控制面板绘制高光效果，使用横排文字工具添加宣传性文字，效果如图 3-31 所示。

【效果所在位置】云盘 /Ch03/ 效果 / 制作珠宝网站详情页主图 .psd。

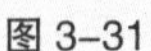

图 3-31

（1）按 Ctrl+N 组合键，新建一个文件，宽度为 800 像素，高度为 800 像素，分辨率为 72 像素 / 英寸，颜色模式为 RGB，背景内容为白色，单击“创建”按钮，新建文档。

（2）按 Ctrl+O 组合键，打开云盘中的“Ch03 > 素材 > 制作珠宝网站详情页主图 > 01”文件。选择“移动”工具，将 01 图像拖曳到新建的图像窗口中适当的位置，如图 3-32 所示。在“图层”控制面板中生成新的图层并将其命名为“底图”。

（3）选择“滤镜 > 渲染 > 镜头光晕”命令，弹出“镜头光晕”对话框。将光晕拖曳到适当的位置，其他选项的设置如图 3-33 所示。单击“确定”按钮，效果如图 3-34 所示。

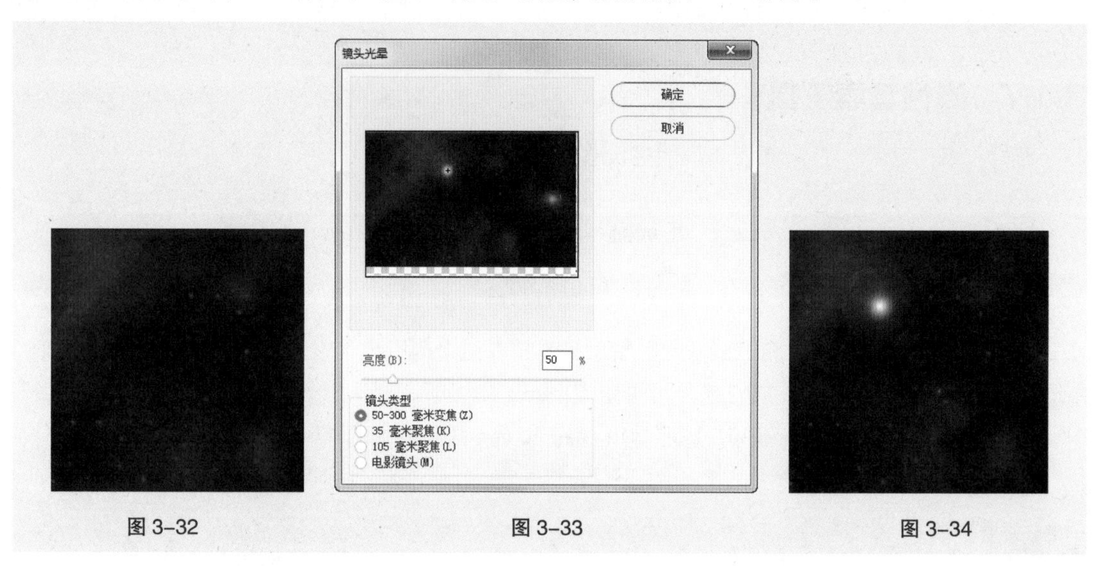

图 3-32 图 3-33 图 3-34

（4）按 Ctrl+O 组合键，打开云盘中的“Ch03 > 素材 > 制作珠宝网站详情页主图 > 02”文件。选择“移动”工具，将 02 图像拖曳到新建的图像窗口中适当的位置，效果如图 3-35 所示。在“图层”控制面板中生成新的图层并将其命名为“云”。

（5）单击“图层”控制面板下方的“添加图层蒙版”按钮，为“云”图层添加图层蒙版，如图 3-36 所示。选择“渐变”工具，单击属性栏中的“点按可编辑渐变”按钮，弹出“渐变编辑器”对话框。将渐变色设为黑色到白色，单击“确定”按钮。在图像窗口中从上到下拖曳渐变色，松开鼠标左键，效果如图 3-37 所示。

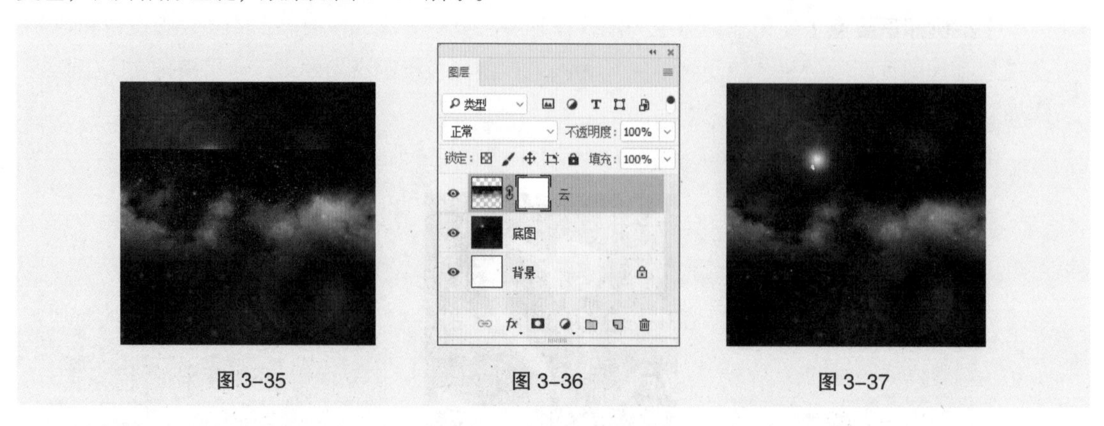

图 3-35 图 3-36 图 3-37

（6）按 Ctrl+O 组合键，打开云盘中的“Ch03 > 素材 > 制作珠宝网站详情页主图 > 03、04”文件。选择“移动”工具，分别将 03 和 04 图像拖曳到新建的图像窗口中适当的位置，效果如图 3-38

所示。在“图层”控制面板中生成新的图层并将其命名为“三角装饰”和“钻戒”，如图 3-39 所示。

图 3-38

图 3-39

（7）选择“滤镜 > 渲染 > 镜头光晕”命令，弹出“镜头光晕”对话框。将光晕拖曳到适当的位置，其他选项的设置如图 3-40 所示。单击“确定”按钮，效果如图 3-41 所示。

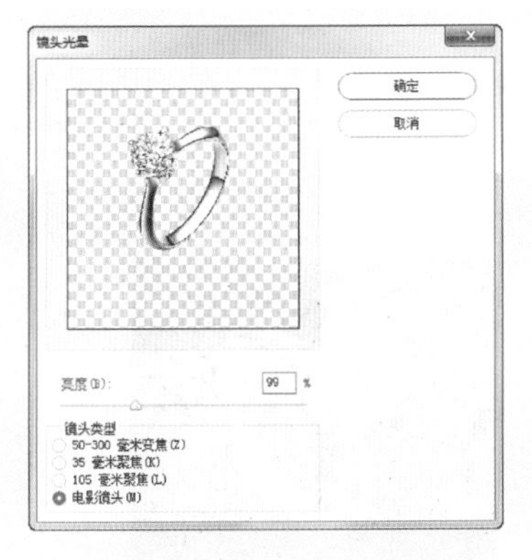

图 3-40

图 3-41

（8）将“钻戒”图层拖曳到“图层”控制面板下方的“创建新图层”按钮 上进行复制，生成新的图层“钻戒 拷贝”。按 Ctrl+T 组合键，在图像周围出现变换框。单击鼠标右键，在弹出的菜单中选择“垂直翻转”命令，垂直翻转图像。向下拖曳图片到适当的位置，按 Enter 键确定操作，效果如图 3-42 所示。

（9）单击“图层”控制面板下方的“添加图层蒙版”按钮 ，为“钻戒 拷贝”图层添加图层蒙版，如图 3-43 所示。选择“渐变”工具 ，在图像窗口中从下向上拖曳渐变色。松开鼠标左键，效果如图 3-44 所示。

图 3-42

图 3-43

图 3-44

（10）在“图层”控制面板中，将“钻戒 拷贝”图层拖曳到“钻戒”图层的下方，如图 3-45 所示，图像效果如图 3-46 所示。

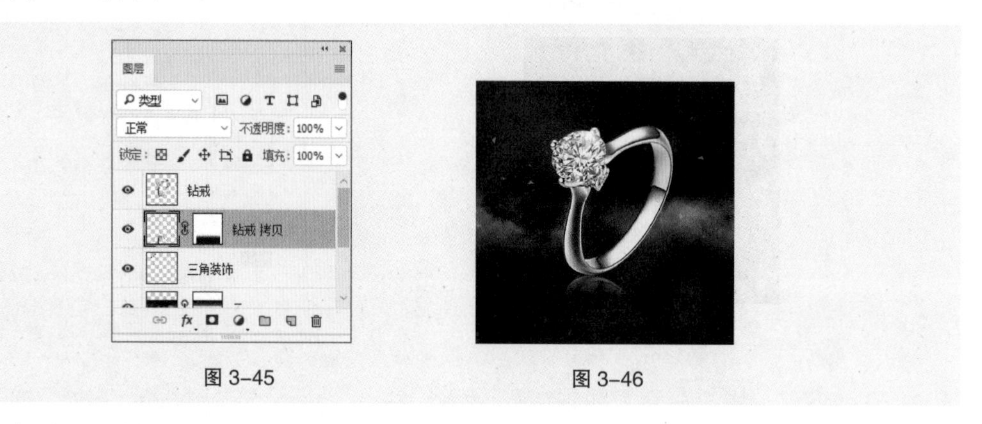

图 3-45　　图 3-46

（11）新建图层并将其命名为“高光 1”。将前景色设为白色。选择“画笔”工具，在属性栏中单击“画笔”选项，弹出画笔面板。单击旧版画笔中的混合画笔文件夹，选择需要的画笔形状，将“大小”选项设为 80 像素，如图 3-47 所示。在图像窗口中单击两次鼠标绘制高光图形，效果如图 3-48 所示。

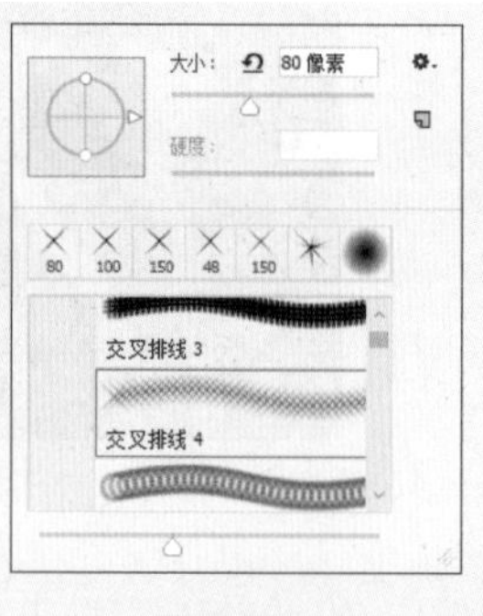

图 3-47　　图 3-48

（12）新建图层并将其命名为“高光 2”。选择“画笔”工具，在属性栏中单击“切换画笔面板”按钮，弹出“画笔设置”控制面板。选择“画笔笔尖形状”选项，切换到相应的面板中进行设置，如图 3-49 所示，在图像窗口中拖曳鼠标绘制高光图形，效果如图 3-50 所示。

（13）按 Ctrl+O 组合键，打开云盘中的“Ch03 > 素材 > 制作珠宝网站详情页主图 > 05”文件。选择“移动”工具，将 05 图像拖曳到新建的图像窗口中适当的位置，如图 3-51 所示。在“图层”控制面板中生成新的图层并将其命名为“装饰”。珠宝网站详情页主图制作完成。

3.2.2 画笔工具

使用画笔工具可以模拟使用真实画笔在图像或选区中进行绘制。

选择“画笔”工具，或反复按 Shift+B 组合键，其属性栏状态如图 3-52 所示。

：用于选择预设的画笔。模式：用于选择绘画颜色与下面现有像素的混合模式。不透明度：可以设定画笔颜色的不透明度。不透明度压力控制：可以对不透明度使用压力。流量：用于设定喷笔压力，压力越大，喷色越浓。启用喷枪模式：可以启用喷枪功能。平滑：设置画笔边缘的平滑度。平滑选项：设置其他平滑度选项。绘图板压力控制大小：使用压感笔绘制，可以覆盖“画笔”

面板中的“不透明度”和“大小”的设置。

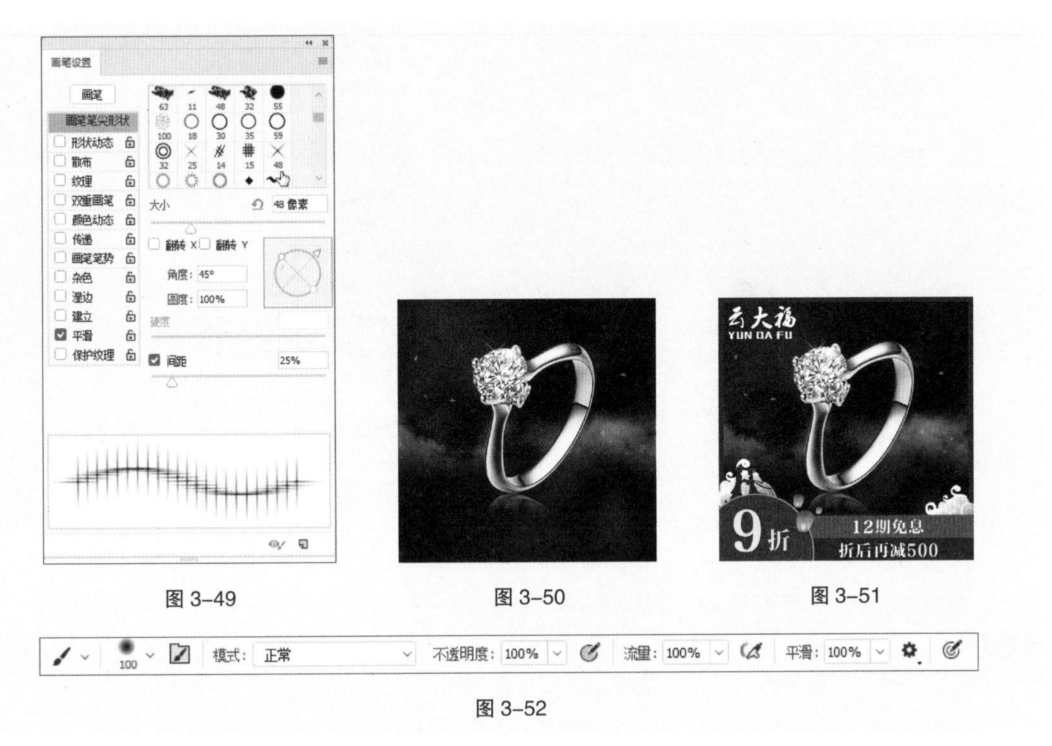

图 3-49　　图 3-50　　图 3-51

图 3-52

选择“画笔”工具，在属性栏中设置画笔，如图 3-53 所示。在图像中单击鼠标并按住不放，拖曳鼠标可以绘制出图 3-54 所示的效果。

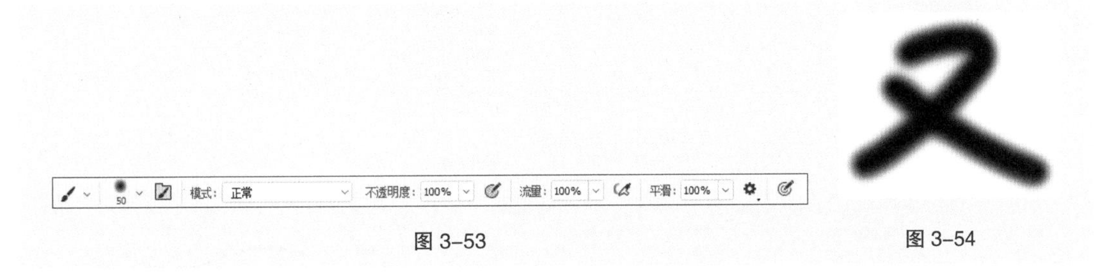

图 3-53　　图 3-54

单击“画笔预设”选项，弹出图 3-55 所示的画笔选择面板，可以选择画笔形状。拖曳“大小”项下方的滑块或直接输入数值，可以设置画笔的大小。如果选择的画笔是基于样本的，将显示“恢复到原始大小”按钮，单击此按钮，可以使画笔的大小恢复到初始大小。

单击画笔选择面板右上方的按钮，弹出下拉菜单，如图 3-56 所示。

新建画笔预设：用于建立新画笔。新建画笔组：用于建立新的画笔组。重命名画笔：用于重新命名画笔。删除画笔：用于删除当前选中的画笔。画笔名称：在画笔选择面板中显示画笔名称。画笔描边：在画笔选择面板中显示画笔描边。画笔笔尖：在画笔选择面板中显示画笔笔尖。显示其他预设信息：在画笔选择面板中显示其他预设信息。显示近期画笔：在画笔选择面板中显示近期使用的画笔。预设管理器：用于在弹出的“预设管理器”对话框中编辑画笔。恢复默认画笔：用于恢复默认状态的画笔。导入画笔：用于将存储的画笔载入面板。导出选中的画笔：用于将正在选取的画笔存储导出。获取更多画笔：用于在官网上获取更多的画笔形状。转换后的旧版工具预设：将转换后的旧版工具预设画笔集恢复为画笔预设列表。旧版画笔：将旧版的画笔集恢复为画笔预设列表。

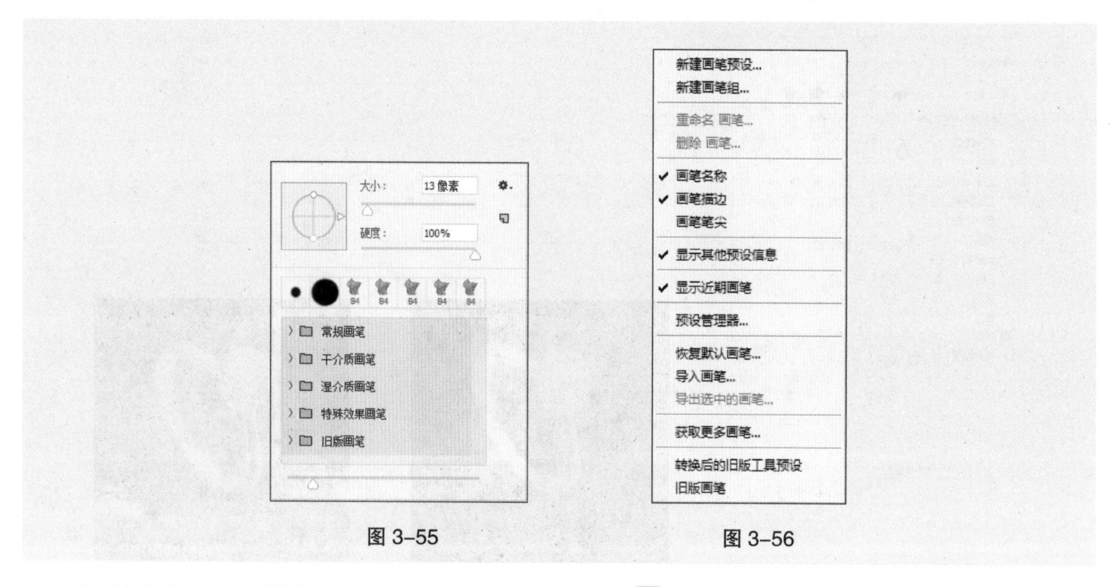

图 3-55　　图 3-56

在画笔选择面板中单击“从此画笔创建新的预设”按钮，弹出图 3-57 所示的“新建画笔”对话框，在弹出的对话框中可以创建新的预设。单击属性栏中的“切换画笔设置面板”按钮，弹出图 3-58 所示的“画笔设置”控制面板，可以设置画笔。

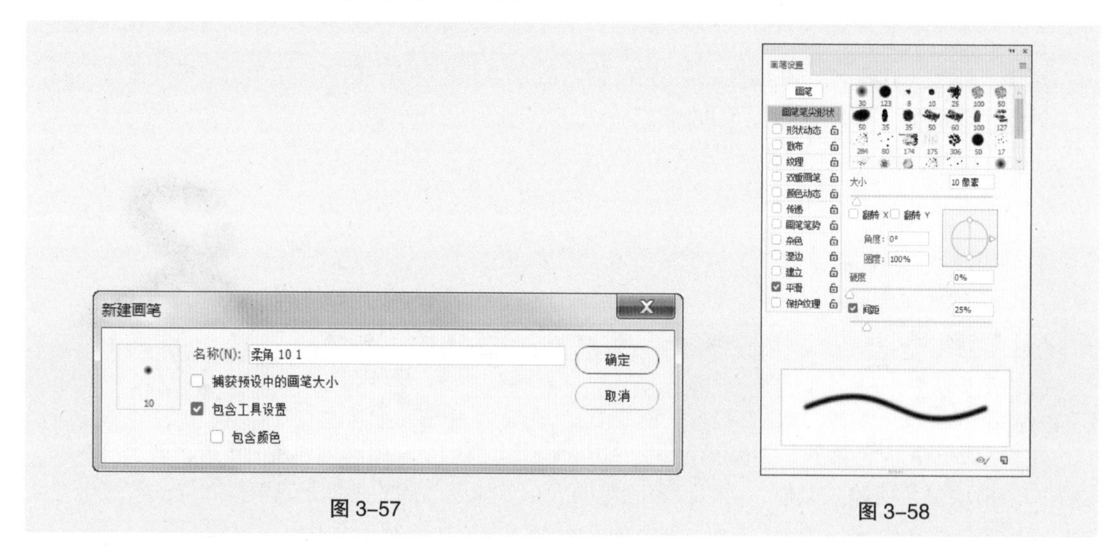

图 3-57　　图 3-58

3.2.3　渐变工具

渐变工具用于在图像或图层中形成一种色彩渐变的图像效果。

选择“渐变”工具，或反复按 Shift+G 组合键，其属性栏状态如图 3-59 所示。

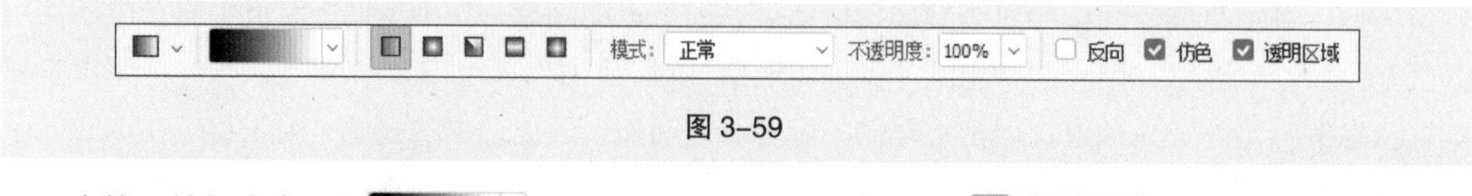

图 3-59

点按可编辑渐变按钮：用于选择和编辑渐变的色彩。：用于选择渐变类型，从左到右依次为线性渐变、径向渐变、角度渐变、对称渐变和菱形渐变。反向：用于反向产生色彩渐变的效果。仿色：用于使渐变更平滑。透明区域：用于产生不透明度。

单击“点按可编辑渐变”按钮，弹出“渐变编辑器”对话框，如图 3-60 所示。

单击颜色编辑框下方，可以增加颜色色标，如图 3-61 所示。在“颜色”选项中选择颜色，或双击色标，弹出“拾色器（色标颜色）”对话框，如图 3-62 所示。选择适合的颜色，单击“确定”按钮，即可改变颜色。在“位置”数值框中输入数值或用鼠标直接拖曳颜色色标，都可以调整颜色的位置。

图 3-60

图 3-61

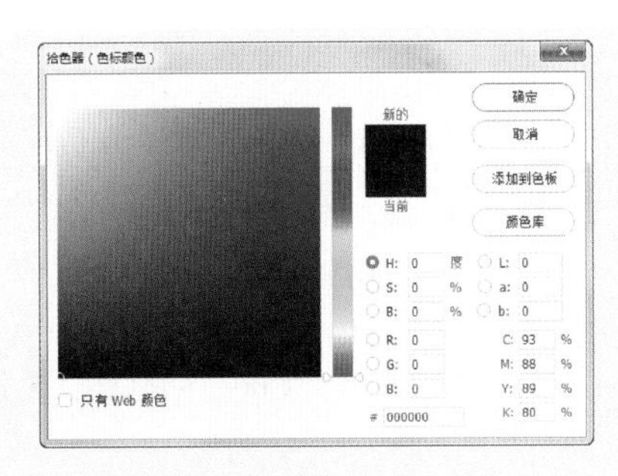

图 3-62

任意选择一个颜色色标，如图 3-63 所示。单击对话框下方的 删除(D) 按钮，或按 Delete 键，可以将颜色色标删除，如图 3-64 所示。

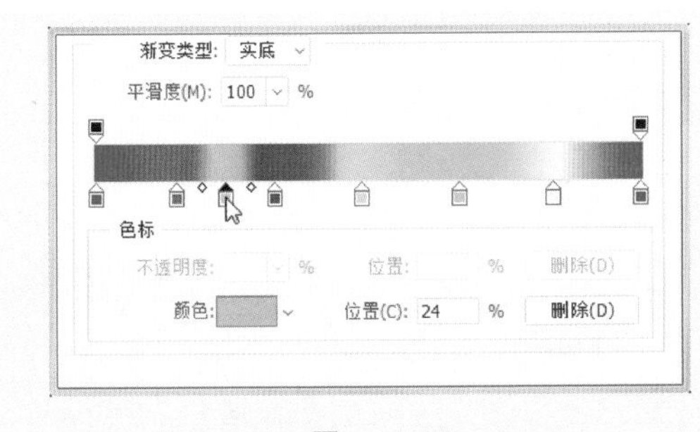

图 3-63

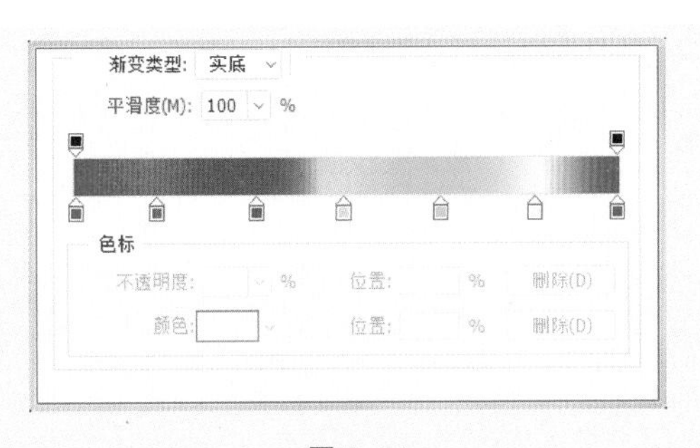

图 3-64

单击颜色编辑框左上方的黑色色标，如图 3-65 所示，调整“不透明度”选项的数值，如图 3-66 所示，可以使开始颜色到结束颜色显示为半透明效果。

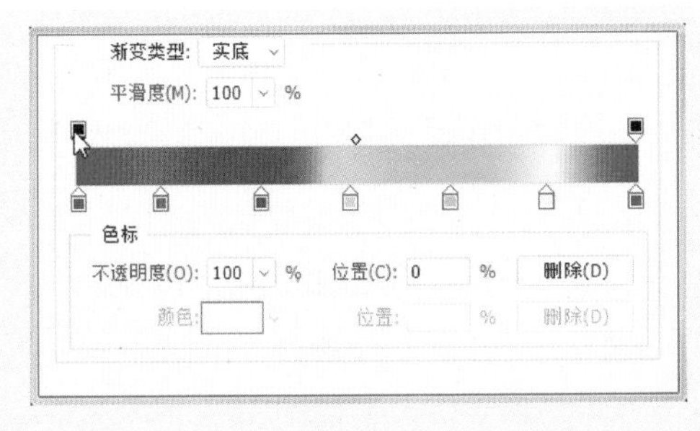

图 3-65

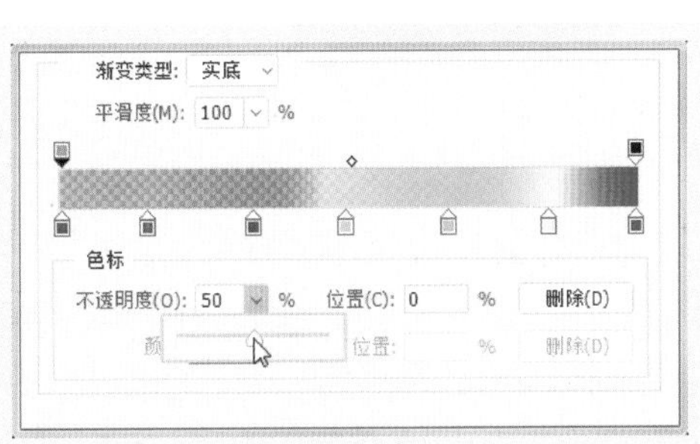

图 3-66

单击颜色编辑框的上方，出现新的色标，如图 3-67 所示，调整“不透明度”选项的数值，如图 3-68 所示，可以使新色标的颜色向两侧的颜色出现过渡式的半透明效果。

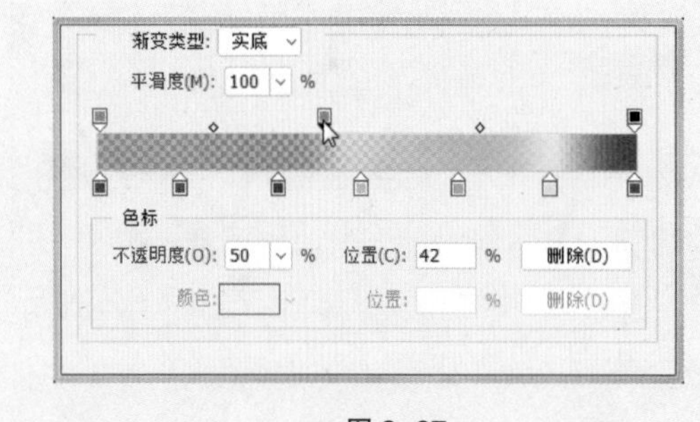

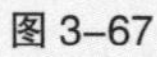
图 3-67

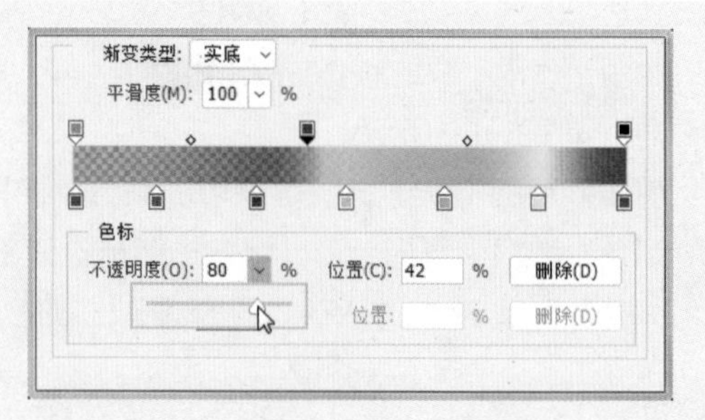

图 3-68

3.3 文字工具组

3.3.1 课堂案例——制作家装类公众号首图

【案例学习目标】学习使用文字工具和字符控制面板制作家装类公众号首图。

【案例知识要点】使用移动工具添加素材图片，使用矩形选框工具和椭圆工具绘制阴影，使用图层样式为图片添加特殊效果，使用矩形工具、横排文字工具、直排文字工具和字符面板制作品牌及活动信息。效果如图 3-69 所示。

【效果所在位置】云盘 /Ch03/ 效果 / 制作家装类公众号首图 .psd。

图 3-69

（1）按 Ctrl+N 组合键，新建一个文件，宽度为 900 像素，高度为 383 像素，分辨率为 72 像素 / 英寸，颜色模式为 RGB，背景内容为白色，单击“创建”按钮，新建文档。

（2）按 Ctrl+O 组合键，打开云盘中的“Ch03 > 素材 > 制作家装类公众号首图 > 01、02”文件。选择“移动”工具 ，将 01 和 02 图像分别拖曳到新建的图像窗口中适当的位置，效果如图 3-70

所示。在“图层”控制面板中分别生成新的图层并将其命名为“底图”和“沙发”。

图 3–70

（3）新建图层并将其命名为“阴影 1”。将前景色设为黑色，选择“矩形选框”工具，在属性栏中将“羽化”选项设为 20 像素，在图像窗口中拖曳鼠标绘制选区，如图 3–71 所示。按 Alt+Delete 组合键，用前景色填充选区，效果如图 3–72 所示。按 Ctrl+D 组合键，取消选区。

图 3–71　　图 3–72

（4）将“阴影 1”图层拖曳到“沙发”图层的下方，效果如图 3–73 所示。用相同的方法绘制另一个阴影，效果如图 3–74 所示。

图 3–73　　图 3–74

（5）新建图层并将其命名为“阴影 3”。选择“椭圆选框”工具，在属性栏中选中“添加到选区”按钮，将“羽化”项设为 3 像素，在图像窗口中拖曳鼠标绘制多个选区，如图 3–75 所示。

（6）按 Alt+Delete 组合键，用前景色填充选区。按 Ctrl+D 组合键，取消选区。在“图层”控制面板上方，将该图层的“不透明度”项设为 38%，按 Enter 键确定操作。将“阴影 3”图层拖曳到“沙发”图层的下方，效果如图 3-76 所示。

图 3-75　　图 3-76

（7）按 Ctrl+O 组合键，打开云盘中的“Ch03 > 素材 > 制作家装类公众号首图 > 03”文件。选择“移动”工具，将 03 图像拖曳到新建的图像窗口中适当的位置，效果如图 3-77 所示。在“图层”控制面板中生成新的图层并将其命名为“小圆桌”。

图 3-77

（8）新建图层并将其命名为“阴影 4”。选择“椭圆选框”工具，在属性栏中将“羽化”项设为 2 像素，在图像窗口中拖曳鼠标绘制选区，如图 3-78 所示。按 Alt+Delete 组合键，用前景色填充选区。按 Ctrl+D 组合键，取消选区。在“图层”控制面板上方，将该图层的“不透明度”项设为 29%，按 Enter 键确定操作，效果如图 3-79 所示。将“阴影 4”图层拖曳到“小圆桌”图层的下方，效果如图 3-80 所示。

图 3-78　　图 3-79　　图 3-80

（9）用相同的方法添加衣架并制作阴影，效果如图 3-81 所示。按 Ctrl+O 组合键，打开云盘中的“Ch03 > 素材 > 制作家装类公众号首图 > 04”文件。选择“移动”工具，将 04 图像拖曳到新建的图像窗口中适当的位置，效果如图 3-82 所示。在“图层”控制面板中生成新的图层并将其命名为“挂画”。

图 3-81　　图 3-82

（10）单击“图层”控制面板下方的“添加图层样式”按钮 fx.，在弹出的菜单中选择“投影”命令，在弹出的对话框中进行设置，如图 3-83 所示。单击“确定”按钮，效果如图 3-84 所示。

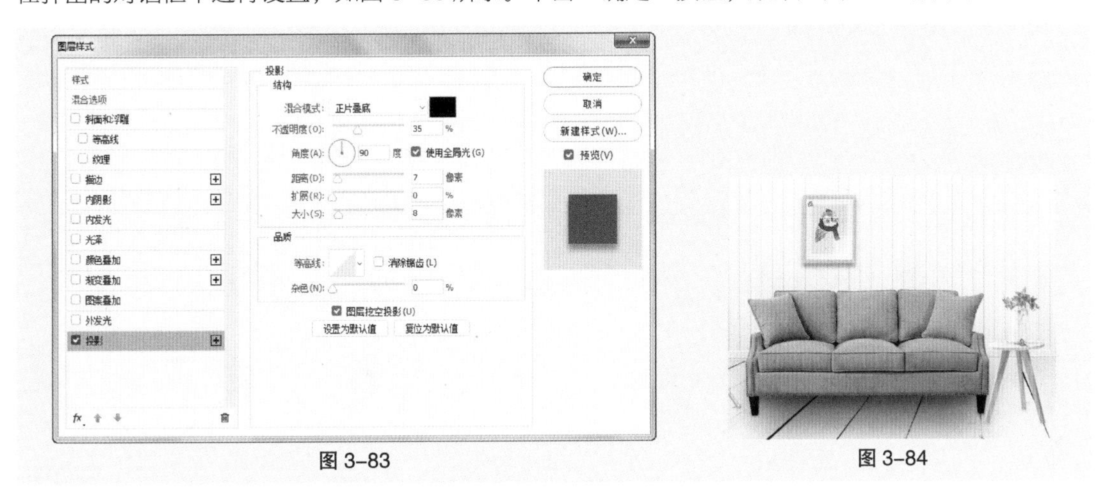

图 3-83　　图 3-84

（11）单击“图层”控制面板下方的“创建新的填充或调整图层”按钮 ◐.，在弹出的菜单中选择“自然饱和度”命令，在“图层”控制面板中生成“自然饱和度 1”图层，同时弹出“自然饱和度”面板。选项的设置如图 3-85 所示。按 Enter 键确定操作，图像效果如图 3-86 所示。

图 3-85　　图 3-86

（12）单击“图层”控制面板下方的“创建新的填充或调整图层”按钮 ◐.，在弹出的菜单中选择“照片滤镜”命令，在“图层”控制面板生成“照片滤镜 1”图层，同时弹出“照片滤镜”面板。将“滤镜”选项设为青色，其他选项的设置如图 3-87 所示。按 Enter 键确定操作，图像效果如图 3-88 所示。

图 3-87　　图 3-88

（13）选择“矩形”工具，在属性栏中的“选择工具模式”选项中选择“形状”，将“填充”选项设为无，“描边”颜色设为灰色（156、163、163），“描边宽度”选项设为 2.5 像素，在图像窗口中拖曳鼠标绘制矩形，效果如图 3-89 所示。

（14）在“图层”控制面板上方，将该图层的“不透明度”选项设为 60%，按 Enter 键确定操作，图像效果如图 3-90 所示。

图 3-89　　图 3-90

（15）选择“移动”工具，按住 Alt 键的同时，将矩形拖曳到适当的位置，复制矩形。选择“矩形”工具，在属性栏中将“描边”颜色设为深灰色（67、67、67），“描边宽度”选项设为 4 像素，效果如图 3-91 所示。在“图层”控制面板上方，将该图层的“不透明度”选项设为 70%，按 Enter 键确定操作，图像效果如图 3-92 所示。

图 3-91　　图 3-92

（16）选择“横排文字”工具，在适当的位置输入需要的文字并选取文字。选择“窗口 > 字符”命令，弹出“字符”面板，在面板中将“颜色”设为灰色（75、75、75），其他选项的设置如图 3-93

所示。按 Enter 键确定操作，效果如图 3–94 所示。再次在适当的位置输入需要的文字并选取文字，在“字符”面板中进行设置，如图 3–95 所示。按 Enter 键确定操作，效果如图 3–96 所示。在“图层”控制面板中分别生成新的文字图层。

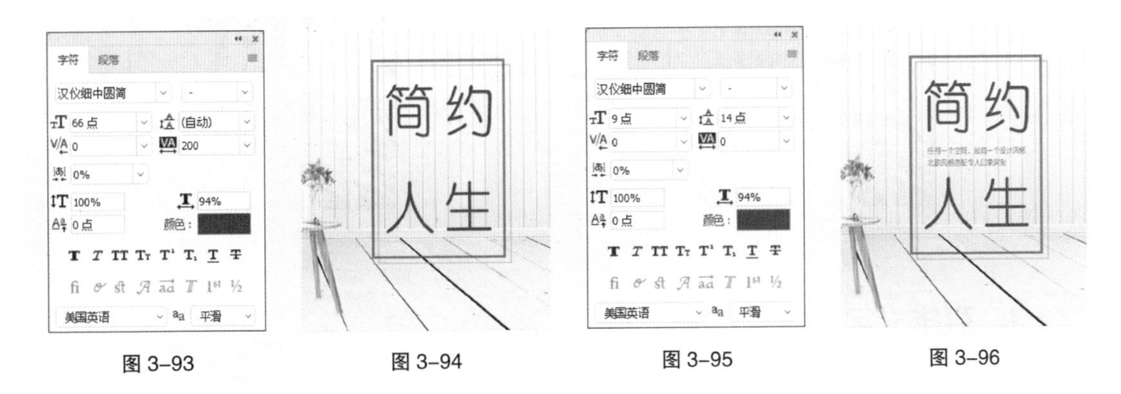

图 3–93　　图 3–94　　图 3–95　　图 3–96

（17）选择“直排文字”工具 IT，在适当的位置输入需要的文字并选取文字。在“字符”面板中，将“颜色”设为灰色（75、75、75），其他选项的设置如图 3–97 所示。按 Enter 键确定操作，在“图层”控制面板中生成新的文字图层，效果如图 3–98 所示。

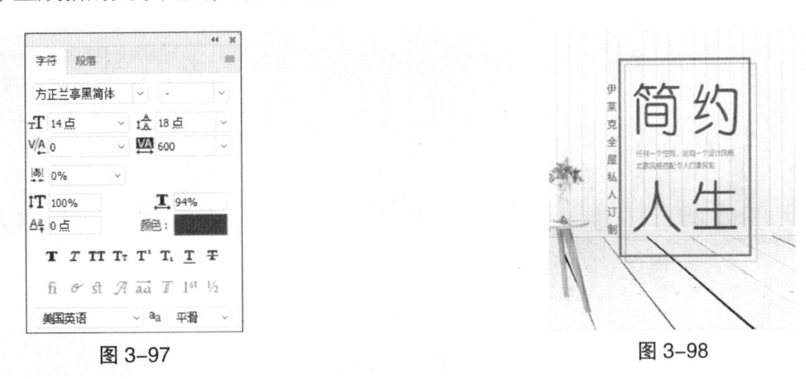

图 3–97　　图 3–98

（18）按 Ctrl+O 组合键，打开云盘中的“Ch03 > 素材 > 制作家装类公众号首图 > 06”文件。选择“移动”工具 ✥，将 06 图像拖曳到新建的图像窗口中适当的位置，效果如图 3–99 所示。在“图层”控制面板中生成新的图层并将其命名为“花瓶”。家装类公众号首图制作完成。

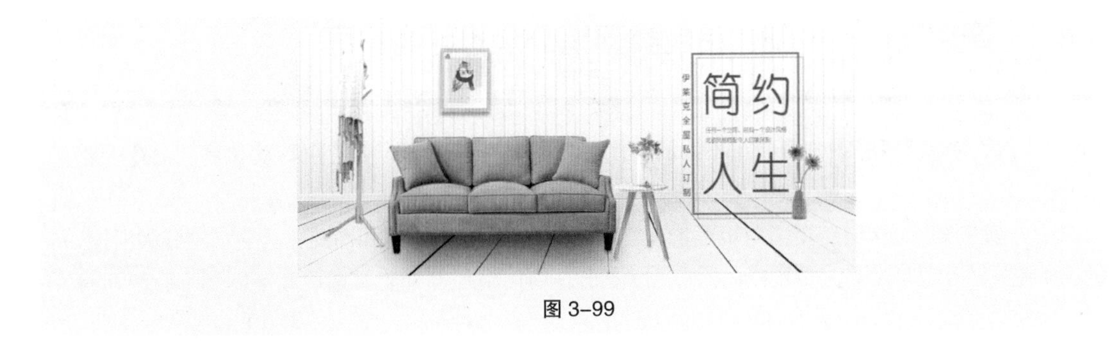

图 3–99

3.3.2　横排文字工具

选择“横排文字”工具 T，在图像中输入需要的文字，如图 3–100 所示。单击属性栏中的切换文本取向按钮[IT]，将文字从水平方向转换为垂直方向，如图 3-101 所示。

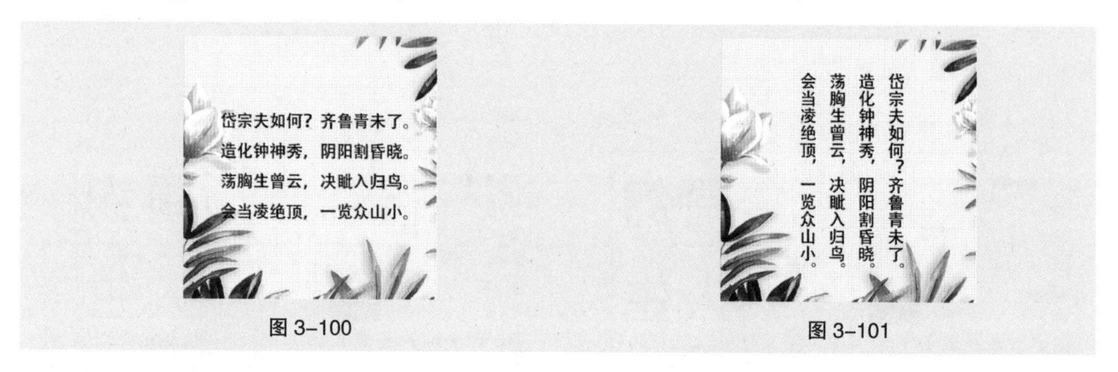

图 3-100　　图 3-101

3.3.3 直排文字工具

选择“直排文字”工具[IT]，在图像中输入需要的文字，如图 3-102 所示。单击属性栏中的切换文本取向[IT]按钮，将文字从垂直方向转换为水平方向，如图 3-103 所示。

图 3-102　　图 3-103

3.4 绘图工具组

3.4.1 课堂案例——制作箱包类促销公众号封面首图

【案例学习目标】学习使用不同的绘图工具绘制各种图形，并使用移动和复制命令调整图形。

【案例知识要点】使用圆角矩形工具绘制箱体，使用矩形工具和椭圆工具绘制拉杆和滑轮，使用多边形工具和自定形状工具绘制装饰图形，使用路径选择工具选取和复制图形，使用直接选择工具调整锚点。效果如图 3-104 所示。

【效果所在位置】云盘 /Ch03/ 效果 / 制作箱包类促销公众号封面首图 .psd。

图 3-104

（1）按 Ctrl+N 组合键，新建一个文件，宽度为 900 像素，高度为 383 像素，分辨率为 72 像素 / 英寸，颜色模式为 RGB，背景内容为白色，单击“创建”按钮，新建文档。

（2）按 Ctrl+O 组合键，打开云盘中的“Ch03 > 素材 > 制作箱包类促销公众号封面首图 > 01、02”文件。选择“移动”工具，将 01 和 02 图像分别拖曳到新建的图像窗口中适当的位置，效果如图 3-105 所示。在“图层”控制面板中分别生成新的图层并将其命名为“底图”和“文字”。

图 3-105

（3）选择“圆角矩形”工具，在属性栏的“选择工具模式”选项中选择“形状”，将“填充”颜色设为橙黄色（246、212、53），“半径”项设为 20 像素，在图像窗口中拖曳鼠标绘制圆角矩形，效果如图 3-106 所示。在“图层”控制面板中生成新的形状图层“圆角矩形 1”。

图 3-106

（4）选择“圆角矩形”工具，在属性栏中将“半径”项设为 6 像素，在图像窗口中拖曳鼠标绘制圆角矩形。在属性栏中将“填充”颜色设为灰色（122、120、133），效果如图 3-107 所示。在“图层”控制面板中生成新的形状图层“圆角矩形 2”。

（5）选择“路径选择”工具，选取新绘制的圆角矩形。按住 Alt+Shift 组合键的同时，水平向右拖曳圆角矩形到适当的位置，复制圆角矩形，效果如图 3-108 所示。按 Alt+Ctrl+G 组合键，创建剪贴蒙版，效果如图 3-109 所示。

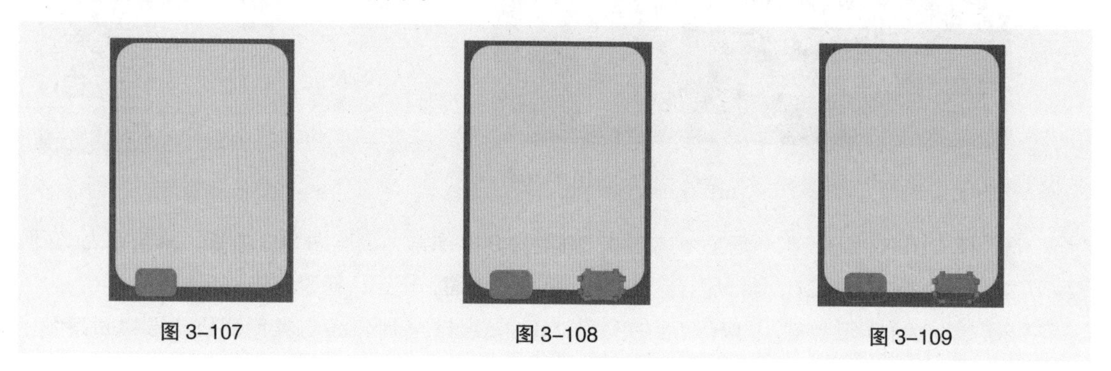

图 3-107 图 3-108 图 3-109

（6）选择“圆角矩形”工具，在属性栏中将“半径”项设置为 10 像素，在图像窗口中拖曳鼠标绘制圆角矩形。在属性栏中将“填充”颜色设为暗黄色（229、191、44），效果如图 3-110 所示。在“图层”控制面板中生成新的形状图层“圆角矩形 3”。

（7）选择“路径选择”工具，选取新绘制的圆角矩形。按住 Alt+Shift 组合键的同时，水平向右拖曳圆角矩形到适当的位置，复制圆角矩形，效果如图 3-111 所示。用相同的方法再次复制 2 个圆角矩形，效果如图 3-112 所示。

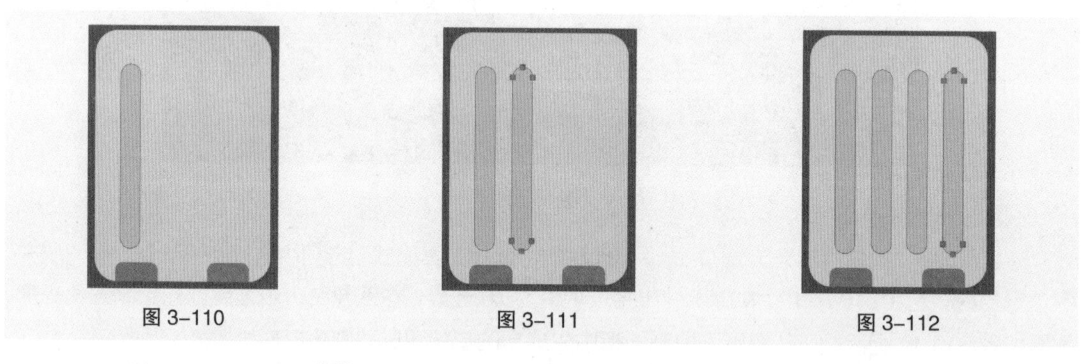

图 3-110 图 3-111 图 3-112

（8）选择“矩形”工具，在图像窗口中拖曳鼠标绘制矩形。在属性栏中将“填充”颜色设为灰色（122、120、133），效果如图 3-113 所示。在“图层”控制面板中生成新的形状图层“矩形 1”。

（9）选择“直接选择”工具，选取左上角的锚点，如图 3-114 所示，按住 Shift 键的同时，水平向右拖曳到适当的位置，效果如图 3-115 所示。用相同的方法调整右上角的锚点，效果如图 3-116 所示。

（10）选择“矩形”工具，在图像窗口中拖曳鼠标绘制矩形。在属性栏中将“填充”颜色设为浅灰色（217、218、222），效果如图 3-117 所示。在“图层”控制面板中生成新的形状图层“矩形 2”。

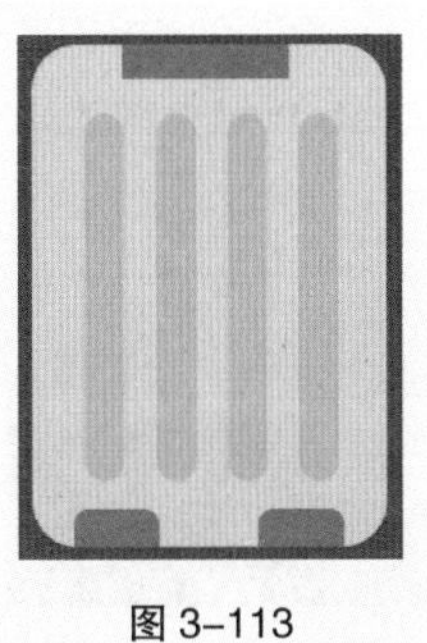
图 3-113

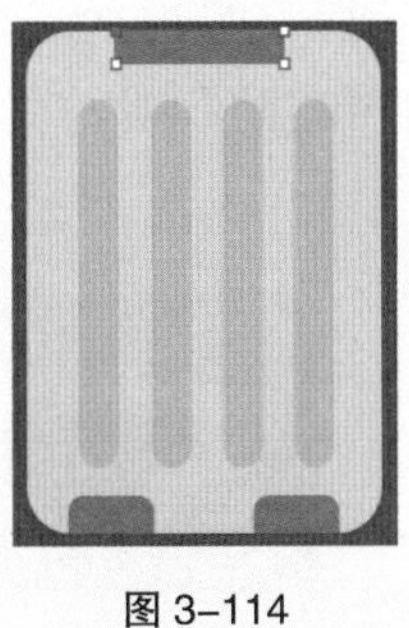
图 3-114

图 3-115

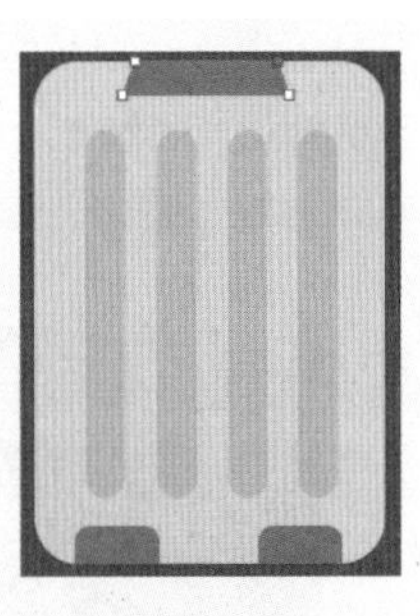
图 3-116

（11）选择“路径选择”工具，选取新绘制的矩形。按住 Alt+Shift 组合键的同时，水平向右拖曳矩形到适当的位置，复制矩形，效果如图 3-118 所示。

图 3-117

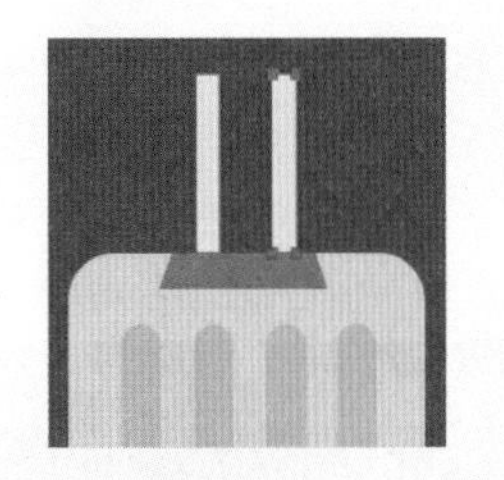
图 3-118

（12）选择“矩形”工具，在图像窗口中拖曳鼠标绘制矩形。在属性栏中将“填充”颜色设为暗灰色（85、84、88），效果如图 3-119 所示。在“图层”控制面板中生成新的形状图层“矩形 3”。

（13）在图像窗口中再次绘制矩形，效果如图 3-120 所示，在“图层”控制面板中生成新的形状图层“矩形 4”。选择“路径选择”工具，选取新绘制的矩形。按住 Alt+Shift 组合键的同时，水平向右拖曳矩形到适当的位置，复制矩形，效果如图 3-121 所示。

图 3-119

图 3-120

图 3-121

（14）选择“矩形”工具，在图像窗口中再次拖曳鼠标绘制矩形，效果如图 3-122 所示。在“图层”控制面板中生成新的形状图层“矩形 5”。选择“路径选择”工具，选取新绘制的矩形。按住 Alt+Shift 组合键的同时，水平向右拖曳矩形到适当的位置，复制矩形，效果如图 3-123 所示。

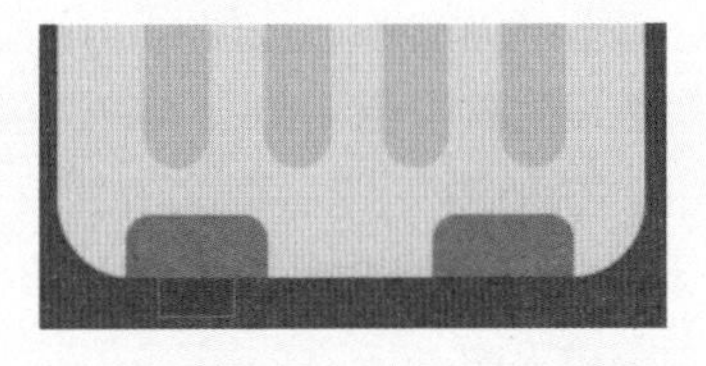
图 3-122

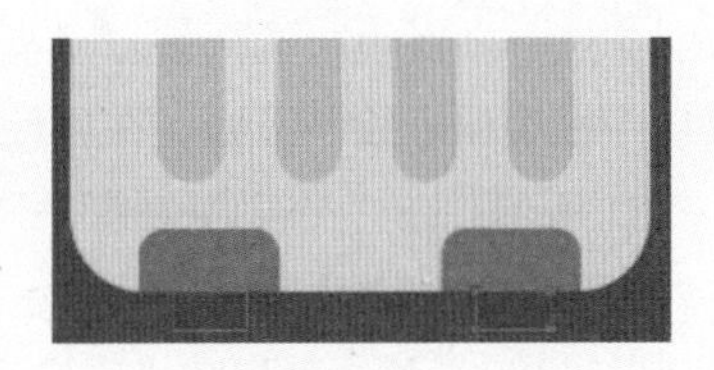
图 3-123

（15）选择“椭圆”工具，按住 Shift 键的同时，在图像窗口中拖曳鼠标绘制圆形。在属性栏中将“填充”颜色设为深灰色（61、63、70），如图 3-124 所示。在“图层”控制面板中生成新的形状图层“椭圆 1”。选择“路径选择”工具，选取新绘制的圆形。按住 Alt+Shift 组合键的同时，水平向右拖曳圆形，复制圆形，效果如图 3-125 所示。

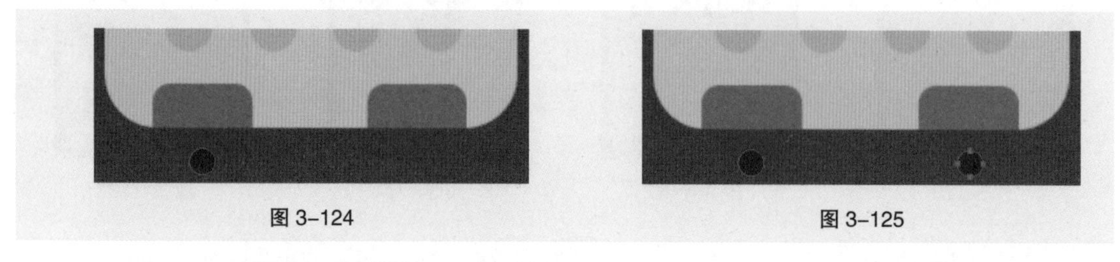

图 3-124　　图 3-125

（16）选择“多边形”工具，在属性栏中将“边”项设为 6，按住 Shift 键的同时，在图像窗口中拖曳鼠标绘制多边形。在属性栏中将“填充”颜色设为红色（227、93、62），如图 3-126 所示。在“图层”控制面板中生成新的形状图层“多边形 1”。

（17）选择“路径选择”工具，选取新绘制的多边形。按住 Alt+Shift 组合键的同时，水平向左拖曳多边形，复制多边形，效果如图 3-127 所示。

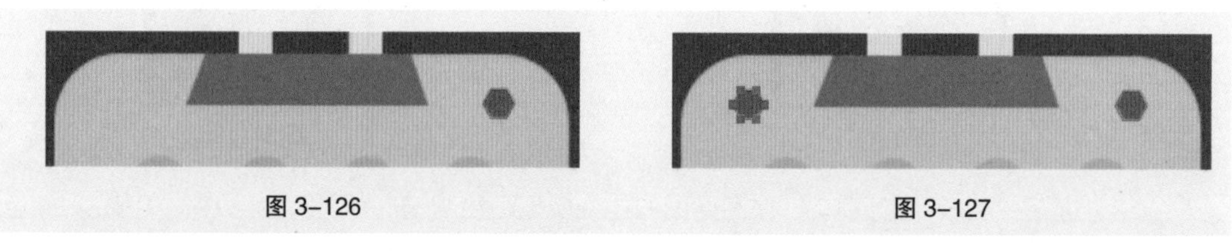

图 3-126　　图 3-127

（18）选择“自定形状”工具，在属性栏的“选择工具模式”选项中选择“形状”，单击“形状”选项右侧的按钮，弹出形状面板。选择需要的形状，如图 3-128 所示，在图像窗口中拖曳鼠标绘制形状。在属性栏中将“填充”颜色设为红色（227、93、62），效果如图 3-129 所示。

（19）选择“椭圆”工具，按住 Shift 键的同时，在图像窗口中拖曳鼠标绘制圆形。在属性栏中将“填充”颜色设为橙黄色（246、212、53），填充圆形，如图 3-130 所示。在“图层”控制面板中生成新的形状图层“椭圆 2”。

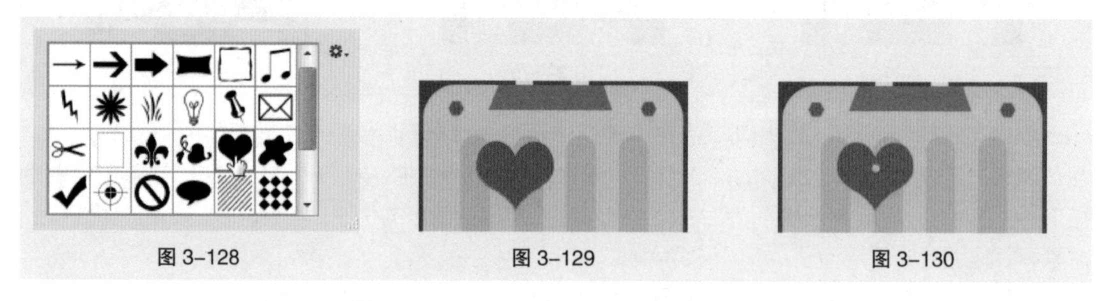

图 3-128　　图 3-129　　图 3-130

（20）选择“直线”工具，在属性栏中将“粗细”项设为 4 像素，按住 Shift 键的同时，在图像窗口中拖曳鼠标绘制直线。在属性栏中将“填充”颜色设为咖啡色（182、167、145），效果如图 3-131 所示。在“图层”控制面板中生成新的形状图层“形状 2”。

（21）用相同的方法再次绘制直线，效果如图 3-132 所示，在“图层”控制面板中生成新的形状图层“形状 3”。箱包类促销公众号封面首图制作完成，效果如图 3-133 所示。

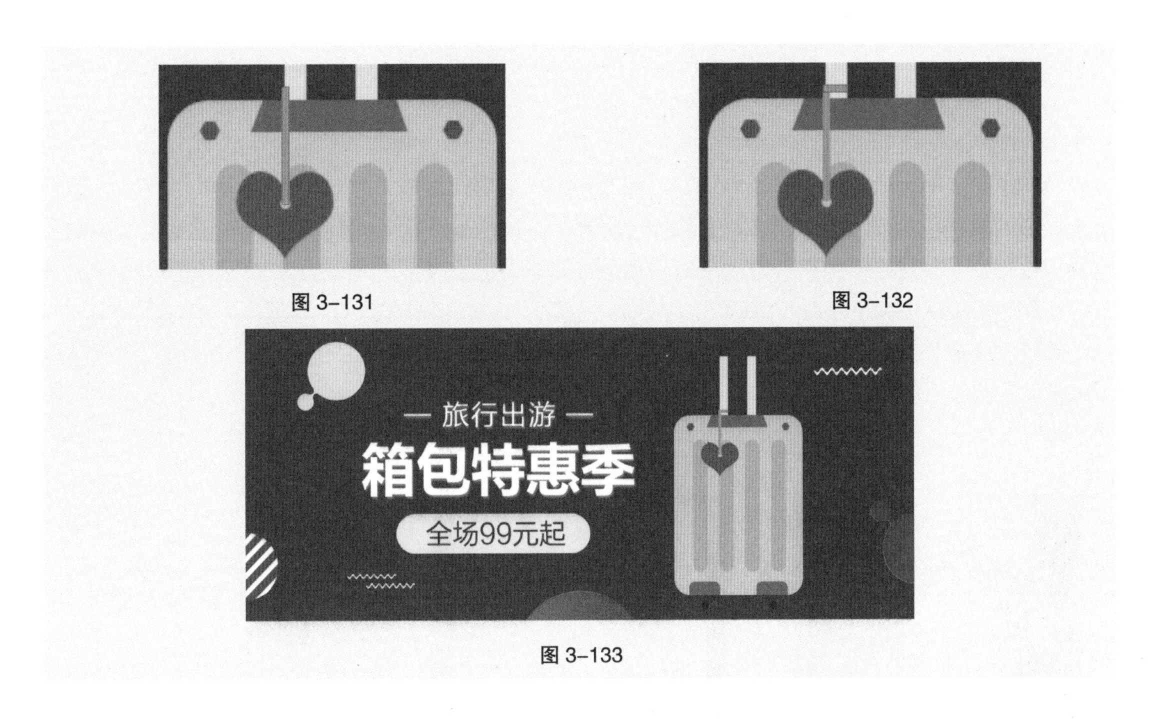

图 3-131

图 3-132

图 3-133

3.4.2 路径选择工具

路径选择工具用于选择一个或几个路径并对其进行移动、组合、对齐、分布和变形。

选择“路径选择”工具 ，或反复按 Shift+A 组合键，其属性栏状态如图 3-134 所示。

图 3-134

3.4.3 直接选择工具

直接选择工具用于移动路径中的锚点或线段，还可以调整手柄和控制点。

路径的原始效果如图 3-135 所示，选择“直接选择”工具 ，拖曳路径中的锚点来改变路径弧度，如图 3-136 所示。

图 3-135

图 3-136

3.4.4 矩形工具

选择“矩形”工具 ，或反复按 Shift+U 组合键，其属性栏状态如图 3-137 所示。

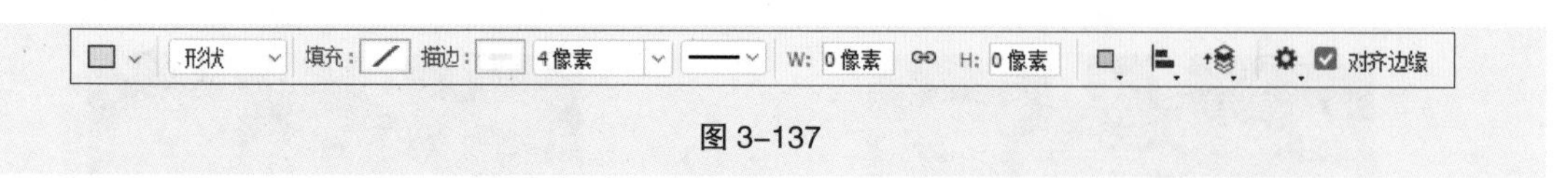

图 3-137

形状 ：用于选择创建路径形状、创建工作路径或填充区域。填充： 描边： 4.2像素 ：用于设置矩形的填充色、描边色、描边宽度和描边类型。W: 0像素 H: 0像素 ：用于设置矩形的宽度和高度。 ：用于设置路径的组合方式、对齐方式和排列方式。 ：用于设定所绘制矩形的形状。对齐边缘：用于设定边缘是否对齐。

原始图像效果如图 3-138 所示。在图像中绘制矩形，效果如图 3-139 所示。“图层”控制面板中的效果如图 3-140 所示。

图 3-138　图 3-139　图 3-140

3.4.5　圆角矩形工具

选择“圆角矩形”工具 ，或反复按 Shift+U 组合键，其属性栏状态如图 3-141 所示。其属性栏中的内容与“矩形”工具属性栏的选项内容类似，只增加了“半径”项，用于设定圆角矩形的平滑程度，数值越大越平滑。

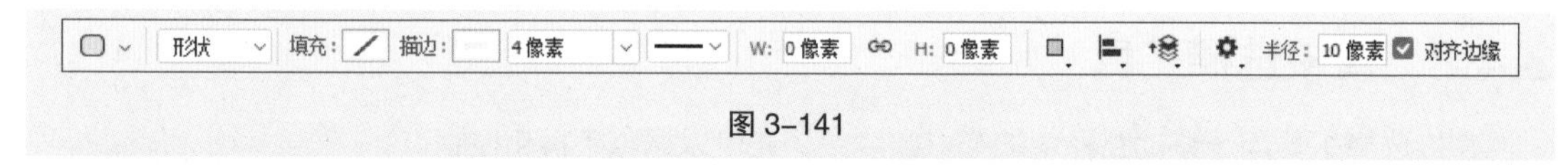

图 3-141

原始图像效果如图 3-142 所示。将“半径”项设为 40 像素，在图像中绘制圆角矩形，效果如图 3-143 所示。“图层”控制面板中的效果如图 3-144 所示。

图 3-142　图 3-143　图 3-144

3.4.6　椭圆工具

选择“椭圆”工具 ，或反复按 Shift+U 组合键，其属性栏状态如图 3-145 所示。

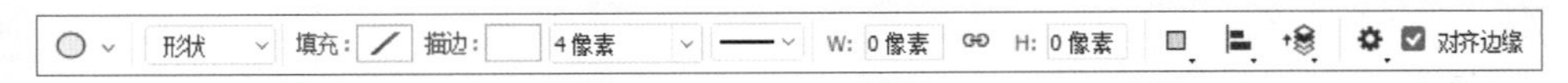

图 3-145

原始图像效果如图 3-146 所示。在图像上绘制椭圆形，效果如图 3-147 所示。“图层”控制面板中的效果如图 3-148 所示。

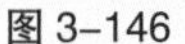

图 3-146

图 3-147

图 3-148

3.4.7 多边形工具

选择“多边形”工具 ，或反复按 Shift+U 组合键，其属性栏状态如图 3-149 所示。其属性栏中的内容与矩形工具属性栏的选项内容类似，只增加了“边”项，用于设定多边形的边数。

图 3-149

原始图像效果如图 3-150 所示。单击属性栏中的按钮 ，在弹出的面板中进行设置，如图 3-151 所示。在图像中绘制多边形，效果如图 3-152 所示。“图层”控制面板中的效果如图 3-153 所示。

图 3-150

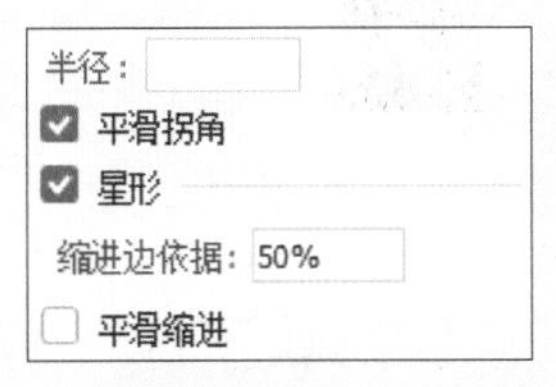

图 3-151

图 3-152

图 3-153

3.4.8 直线工具

选择“直线”工具，或反复按 Shift+U 组合键，其属性栏状态如图 3-154 所示。其属性栏中的内容与矩形工具属性栏的选项内容类似，只增加了“粗细”项，用于设定直线的宽度。

图 3-154

单击属性栏中的按钮，弹出“箭头”面板，如图 3-155 所示。起点：用于选择位于线段始端的箭头。终点：用于选择位于线段末端的箭头。宽度：用于设定箭头宽度和线段宽度的比值。长度：用于设定箭头长度和线段长度的比值。凹度：用于设定箭头凹凸的形状。

原始图像效果如图 3-156 所示。在图像中绘制不同效果的直线，如图 3-157 所示。“图层”控制面板中的效果如图 3-158 所示。

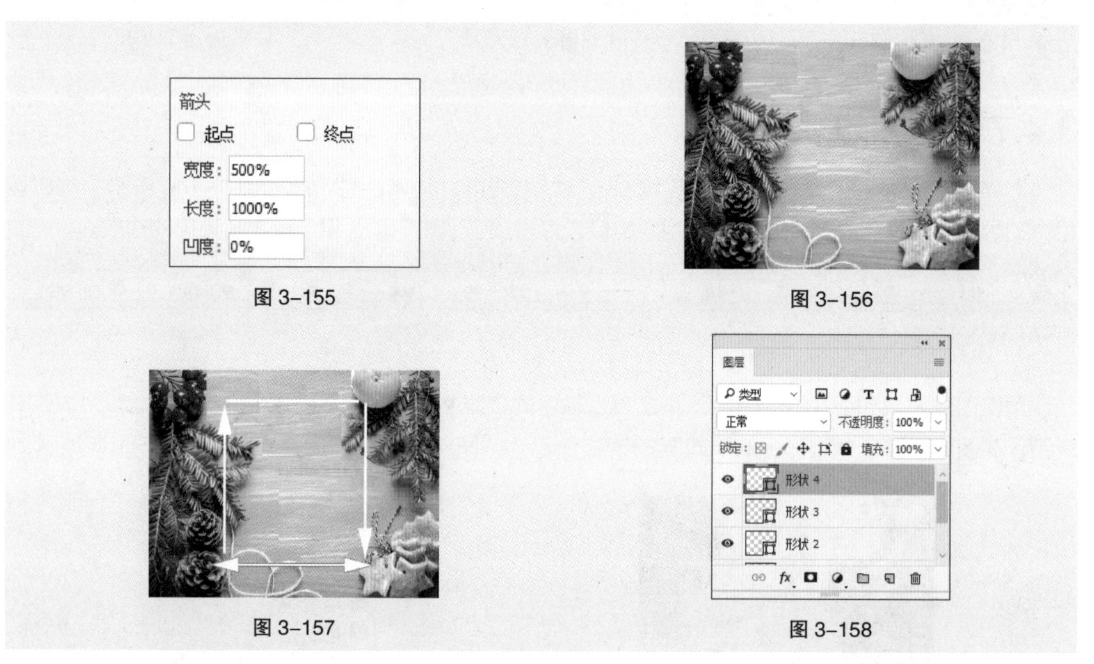

图 3-155　图 3-156　图 3-157　图 3-158

3.4.9 自定形状工具

选择“自定形状”工具，或反复按 Shift+U 组合键，其属性栏状态如图 3-159 所示。其属性栏中的内容与矩形工具属性栏的选项内容类似，只增加了“形状”选项，用于选择所需的形状。

图 3-159

单击“形状”选项右侧的按钮，弹出图 3-160 所示的形状面板，面板中存储了可供选择的各种不规则形状。

原始图像效果如图 3-161 所示。在图像中绘制形状图形，效果如图 3-162 所示。“图层”控制面板中的效果如图 3-163 所示。

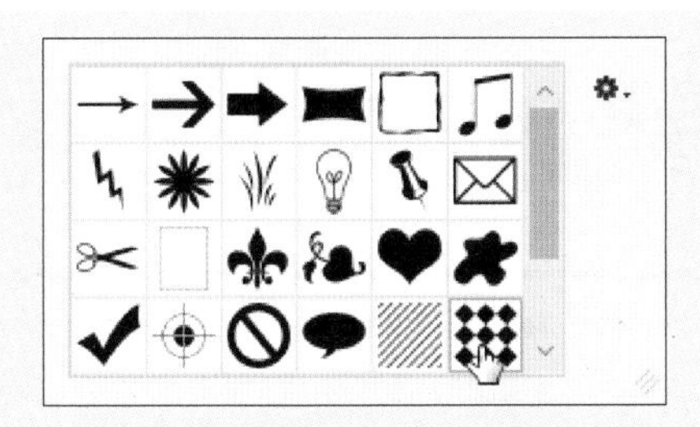

图 3-160

图 3-161

图 3-162

图 3-163

选择“钢笔”工具，在图像窗口中绘制并填充路径，效果如图 3-164 所示。选择“编辑 > 定义自定形状”命令，弹出“形状名称”对话框。在“名称”文本框中输入自定形状的名称，如图 3-165 所示。单击“确定”按钮，在“形状”选项的面板中将会显示刚才定义的形状，如图 3-166 所示。

图 3-164

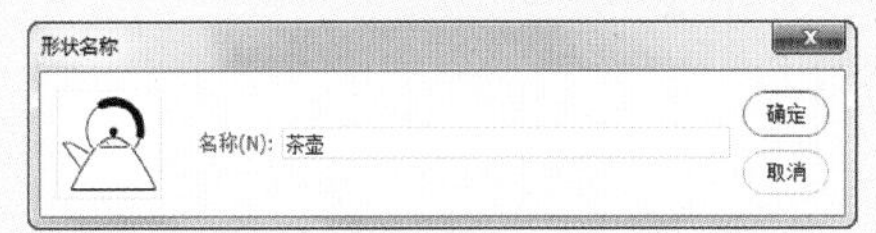

图 3-165

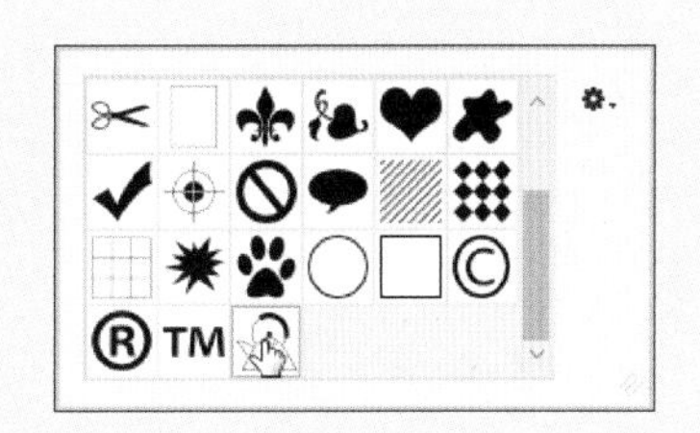

图 3-166

3.5 课堂练习——制作服饰类 App 主页 Banner

【练习知识要点】使用移动工具添加素材图片，使用图层样式为图片添加特殊效果，使用横排文字工具和字符面板制作活动信息。效果如图 3-167 所示。

【效果所在位置】云盘 /Ch03/ 效果 / 制作服饰类 App 主页 Banner.psd。

图 3-167

3.6 课后习题——制作餐饮类 App 引导页

【习题知识要点】使用移动工具添加素材图片，使用横排文字工具和字符面板制作文字信息，使用椭圆工具和圆角矩形工具绘制滑动点及按钮。效果如图 3-168 所示。

【效果所在位置】云盘 /Ch03/ 效果 / 制作餐饮类 App 引导页 .psd。

图 3-168

04

第4章 抠图

本章介绍

我们日常看到的图像创意设计作品，都是经过艺术处理和设计提炼的。其中大部分的图像元素都进行了抠图处理，也就是将主体图像从背景中分离出来，再对其进行后续的处理和加工。本章详细讲解了使用工具和命令抠图的方法和技巧。通过本章的学习，读者可以更有效地抠取图像，达到事半功倍的效果。

学习目标

- 熟练掌握工具抠图的方法。
- 掌握命令抠图的技巧。

技能目标

- 掌握“电商平台 App 主页 Banner”的制作方法。
- 掌握“旅游出行公众号首图”的制作方法。
- 掌握“箱包饰品类网站首页 Banner”的制作方法。
- 掌握“文化传媒公众号封面次图”的制作方法。
- 掌握“电商类 App 主页 Banner”的制作方法。
- 掌握“婚纱摄影类公众号运营海报”的制作方法。

4.1 工具抠图

4.1.1 课堂案例——制作电商平台 App 主页 Banner

【案例学习目标】学习使用快速选择工具选取图像，并应用移动工具移动主体图像。

【案例知识要点】使用快速选择工具绘制选区，使用反选命令选取图像，使用移动工具移动选区中的图像，使用横排文字工具添加宣传文字。效果如图 4-1 所示。

【效果所在位置】云盘 /Ch04/ 效果 / 制作电商平台 App 主页 Banner.psd。

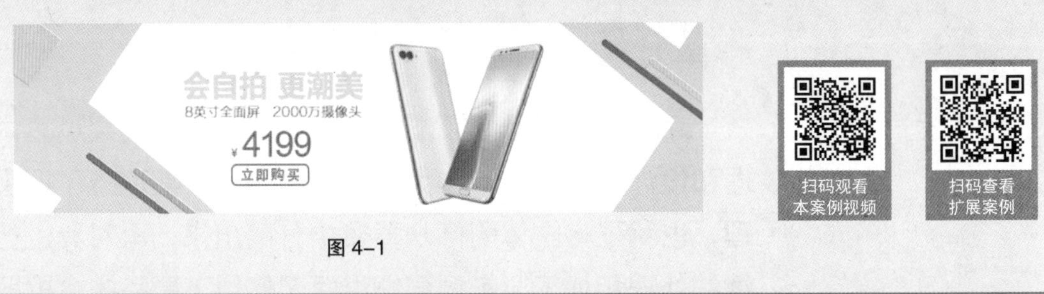

图 4-1

（1）按 Ctrl+O 组合键，打开云盘中的“Ch04 > 素材 > 制作电商平台 App 主页 Banner > 01、02”文件，如图 4-2 所示。选择“快速选择”工具，在 02 图像窗口中的背景区域单击并拖曳鼠标，背景周围生成选区，如图 4-3 所示。

图 4-2　　图 4-3

（2）单击属性栏中的“从选区减去”按钮，在手机上方多选的区域单击并拖曳鼠标，从选区减去，效果如图 4-4 所示。用相同的方法减去侧面的图像，效果如图 4-5 所示。选择“选择 > 反选”命令或按 Shift+Ctrl+I 组合键，反选选区，效果如图 4-6 所示。

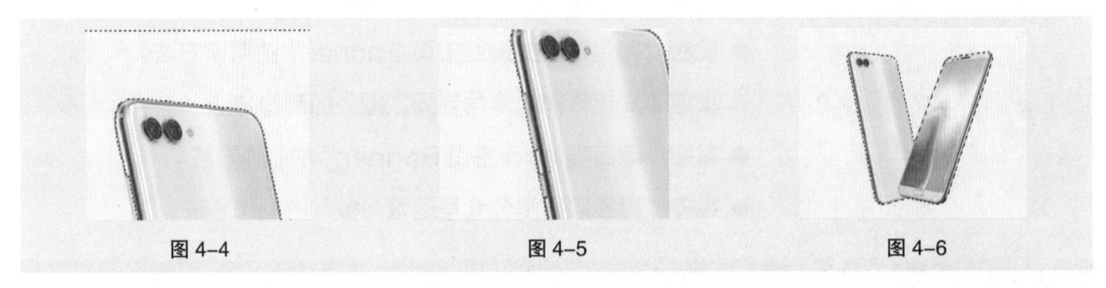

图 4-4　　图 4-5　　图 4-6

（3）选择“移动”工具，将选区中的图像拖曳到 01 图像窗口中适当的位置，并调整其大小，效果如图 4-7 所示。在“图层”控制面板中生成新的图层并将其命名为“手机”。

图 4-7

（4）按 Ctrl + O 组合键，打开云盘中的“Ch04 > 素材 > 制作电商平台 App 主页 Banner > 03”文件。选择“移动”工具 ，将 03 图像拖曳到 01 图像窗口中适当的位置，如图 4-8 所示。在“图层”控制面板中生成新的图层并将其命名为“文字”。电商平台 App 主页 Banner 制作完成。

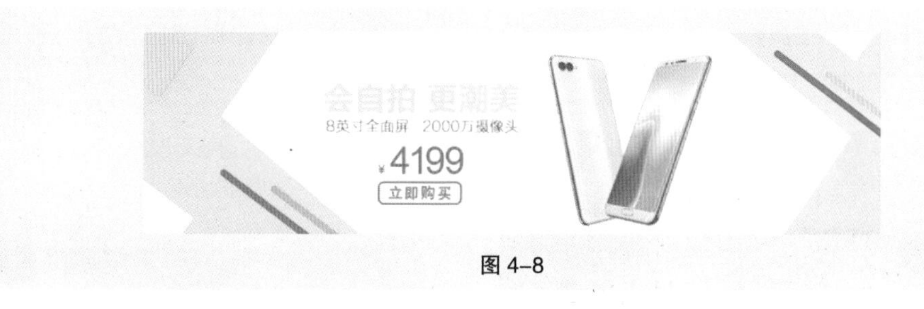

图 4-8

4.1.2 快速选择工具

利用快速选择工具可以使用调整的圆形画笔笔尖快速绘制选区。

选择“快速选择”工具 ，其属性栏状态如图 4-9 所示。

：为选区选择方式选项。单击“画笔”选项，弹出画笔面板，如图 4-10 所示，可以设置画笔的大小、硬度、间距、角度和圆度。自动增强：可以调整所绘制选区边缘的粗糙度。

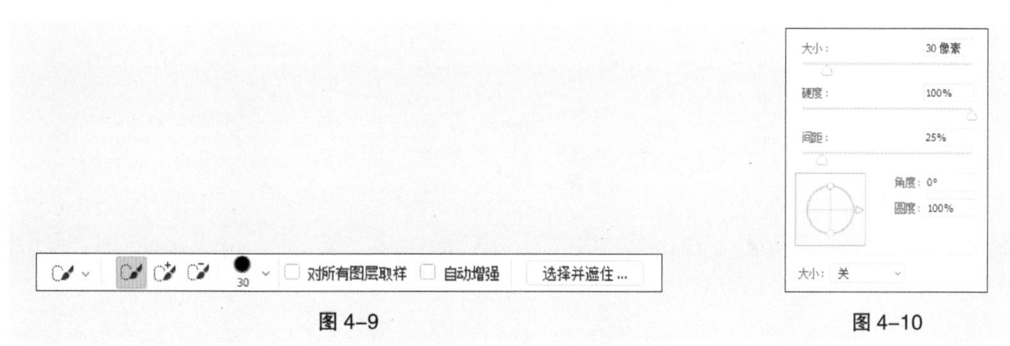

图 4-9　　图 4-10

4.1.3 课堂案例——制作旅游出行公众号首图

【案例学习目标】学习使用魔棒工具抠出天空区域。

【案例知识要点】使用魔棒工具选取背景，使用“亮度 / 对比度”命令调整图片亮度，使用移动工具更换天空和移动图像。效果如图 4-11 所示。

【效果所在位置】云盘 /Ch04/ 效果 / 制作旅游出行公众号首图 .psd。

图 4–11

（1）按 Ctrl + O 组合键，打开云盘中的“Ch04 > 素材 > 制作旅游出行公众号首图 > 01、02”文件，如图 4–12 和图 4–13 所示。

图 4–12　　图 4–13

（2）双击 01 图像的“背景”图层，在弹出的对话框中进行设置，如图 4–14 所示。单击“确定”按钮，将“背景”图层转换为普通图层。

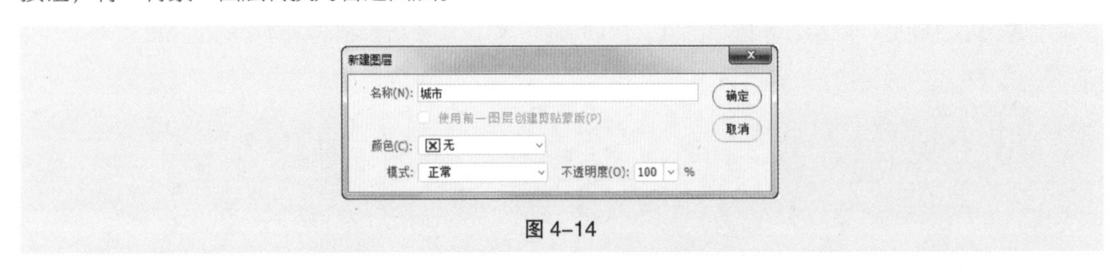

图 4–14

（3）选择“魔棒”工具，单击属性栏中的“添加到选区”按钮。在图像窗口中的天空区域多次单击，图像周围生成选区，如图 4–15 所示。按 Delete 键，将所选区域的图像删除。按 Ctrl+D 组合键，取消选区，效果如图 4–16 所示。

图 4–15　　图 4–16

（4）选择“移动”工具，将 02 图像拖曳到 01 图像窗口中适当的位置。在“图层”控制面板中生成新的图层并将其命名为“天空”。将“天空”图层拖曳到“城市”图层的下方，如图 4-17 所示，效果如图 4-18 所示。

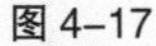

图 4-17

图 4-18

（5）选中“城市”图层。选择“图像 > 调整 > 亮度 / 对比度”命令，在弹出的对话框中进行设置，如图 4-19 所示。单击“确定”按钮，效果如图 4-20 所示。

图 4-19

图 4-20

（6）按 Ctrl + O 组合键，打开云盘中的“Ch04 > 素材 > 制作旅游出行公众号首图 > 03”文件。选择“移动”工具，将 03 图像拖曳到 01 图像窗口中适当的位置，如图 4-21 所示。在“图层”控制面板中生成新的图层并将其命名为“文字”。旅游出行公众号首图制作完成。

图 4-21

4.1.4 魔棒工具

魔棒工具可以用来选取图像中的某一点，并将与这一点颜色相同或相近的点自动融入选区中。

选择“魔棒”工具，或按 W 键，其属性栏状态如图 4-22 所示。

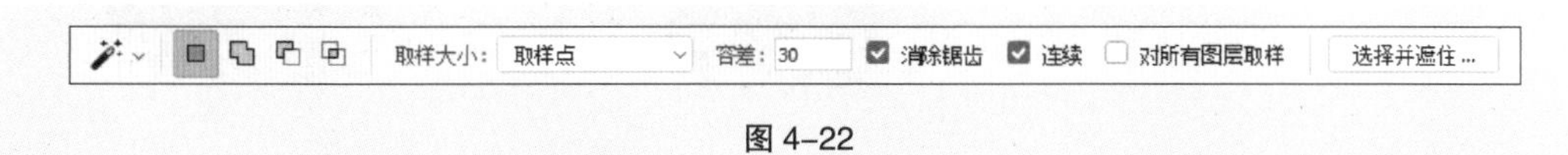

图 4-22

取样大小：用于设置取样范围的大小。容差：用于控制色彩的范围，数值越大，可容许的颜色范围越大。消除锯齿：用于清除选区边缘的锯齿。连续：用于选择单独的色彩范围。对所有图层取样：用于将所有可见层中颜色容许范围内的色彩加入选区。

选择“魔棒”工具，在图像中单击需要选择的颜色区域，生成选区，如图 4-23 所示。调整属性栏中的容差值，再次单击需要选择的区域，生成不同的选区，效果如图 4-24 所示。

图 4-23

图 4-24

4.1.5 课堂案例——制作箱包饰品类网站首页 Banner

【案例学习目标】学习使用不同的绘制工具绘制并调整路径。

【案例知识要点】使用钢笔工具和添加锚点工具绘制路径，应用选区和路径的转换命令进行转换，使用横排文字工具添加文字，使用矩形工具绘制装饰矩形。效果如图 4-25 所示。

【效果所在位置】云盘 /Ch04/ 效果 / 制作箱包饰品类网站首页 Banner.psd。

图 4-25

（1）按 Ctrl + O 组合键，打开云盘中的“Ch04 > 素材 > 制作箱包饰品类网站首页 Banner > 01、02”文件，如图 4-26 和图 4-27 所示。选择“钢笔”工具，在属性栏的“选择工具模式”选项中选择“路径”，在 02 图像窗口中沿着实物轮廓绘制路径，如图 4-28 所示。

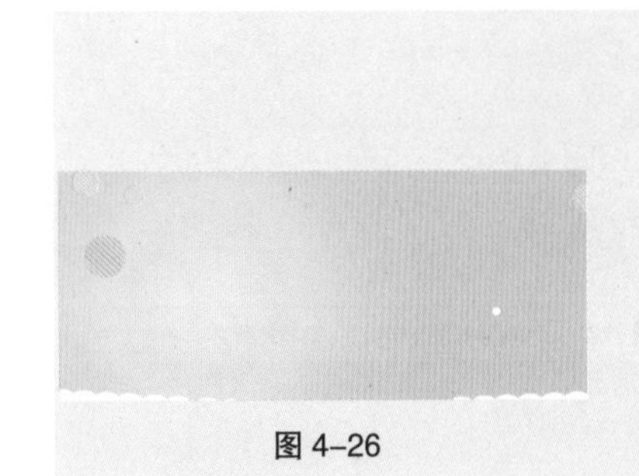

图 4-26

图 4-27

图 4-28

（2）按住 Ctrl 键的同时，“钢笔”工具 转换为“直接选择”工具 ，如图 4-29 所示。拖曳路径中的锚点来改变路径的弧度，如图 4-30 所示。

图 4-29

图 4-30

（3）将鼠标指针移动到路径上，“钢笔”工具 转换为“添加锚点”工具 ，如图 4-31 所示。在路径上单击鼠标添加锚点，如图 4-32 所示。按住 Ctrl 键的同时，“钢笔”工具 转换为“直接选择”工具 ，拖曳路径中的锚点来改变路径的弧度，如图 4-33 所示。

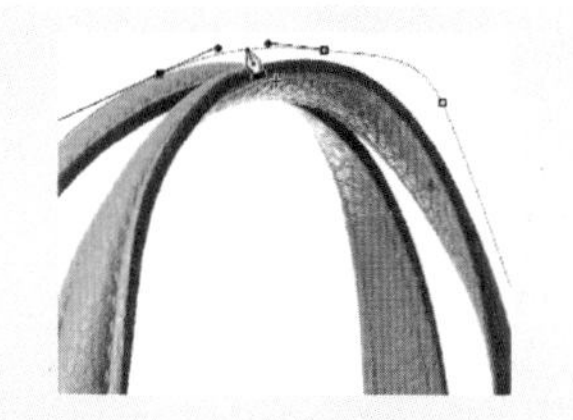
图 4-31

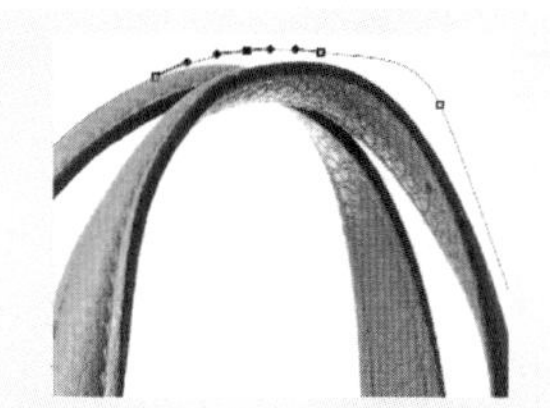
图 4-32

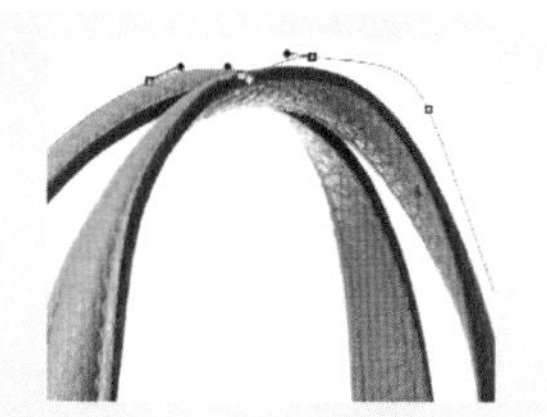
图 4-33

（4）用相同的方法调整路径，效果如图 4-34 所示。单击属性栏中的“路径操作”按钮 ，在弹出的面板中选择“减去顶层形状”，绘制路径，如图 4-35 所示。按 Ctrl+Enter 组合键，将路径转换为选区，如图 4-36 所示。

图 4-34

图 4-35

图 4-36

（5）选择“移动”工具 ，将选区中的图像拖曳到 01 图像窗口中，如图 4-37 所示。在“图层”控制面板中生成新的图层并将其命名为“包”。按 Ctrl+T 组合键，在图像周围出现变换框，拖曳鼠标调整图像的大小和位置，按 Enter 键确定操作，效果如图 4-38 所示。

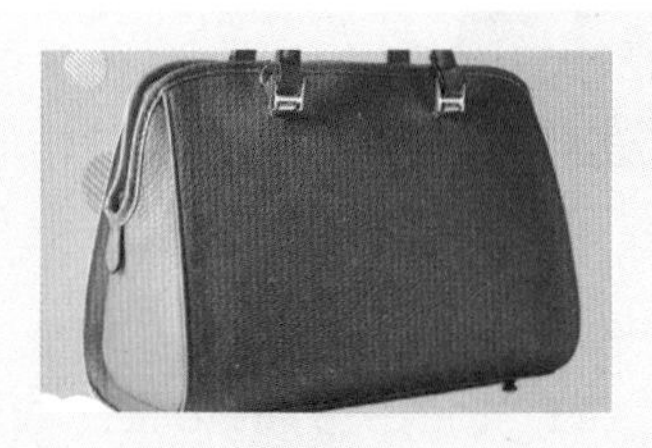
图 4-37

图 4-38

（6）单击“图层”控制面板下方的“添加图层样式”按钮 fx.，在弹出的菜单中选择“投影”命令。弹出对话框，将投影颜色设为黑色，其他选项的设置如图 4-39 所示。单击“确定”按钮，效果如图 4-40 所示。

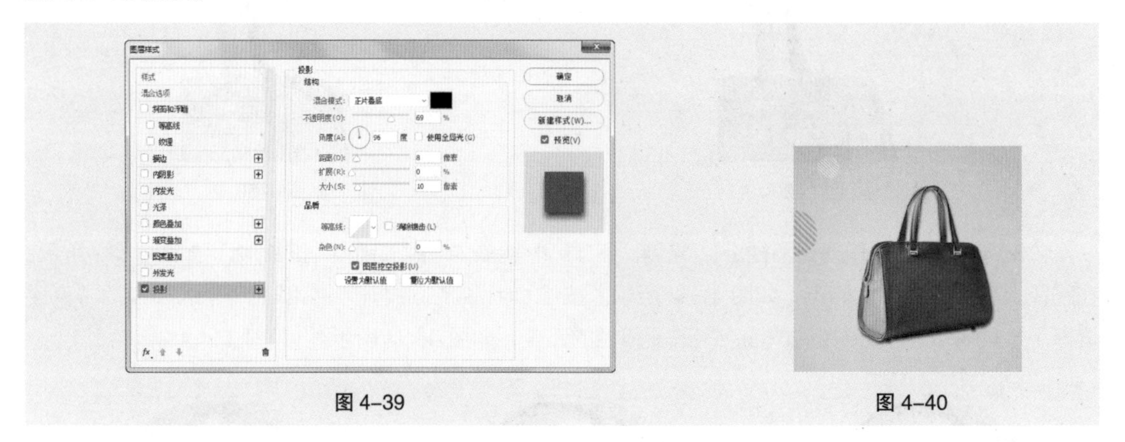

图 4-39　　图 4-40

（7）选择“图像 > 调整 > 色彩平衡”命令，在弹出的对话框中进行设置，如图 4-41 所示。单击“确定”按钮，效果如图 4-42 所示。

图 4-41　　图 4-42

（8）选择“横排文字”工具 T.，在适当的位置输入需要的文字并选取文字。选择“窗口 > 字符”命令，弹出“字符”面板，在面板中将“颜色”设为白色，其他选项的设置如图 4-43 所示，按 Enter 键确定操作。用相同的方法再次输入需要的文字并选取文字。在“字符”面板中，将“颜色”设为黄色（255、255、0），其他选项的设置如图 4-44 所示。按 Enter 键确定操作，效果如图 4-45 所示。在“图层”控制面板中分别生成新的文字图层。

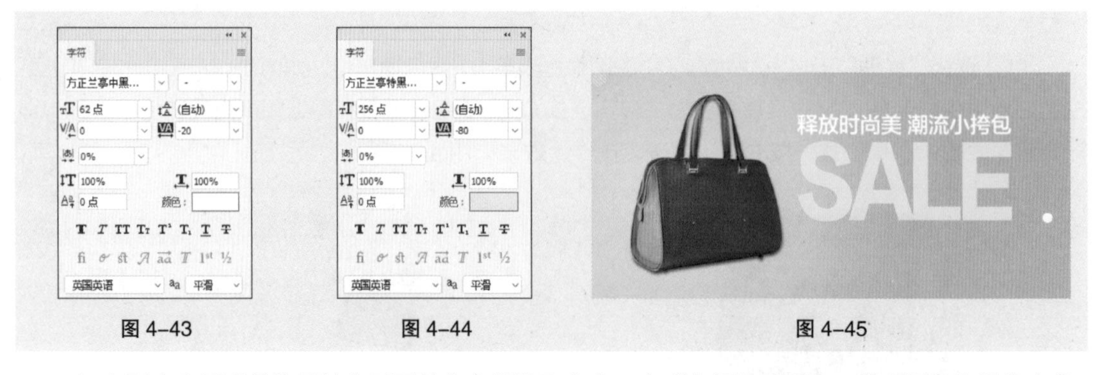

图 4-43　　图 4-44　　图 4-45

（9）再次在适当的位置输入需要的文字并选取文字。在“字符”面板中，将“颜色”设为白色，其他选项的设置如图 4-46 所示。按 Enter 键确定操作，效果如图 4-47 所示。在“图层”控制面板中生成新的文字图层。

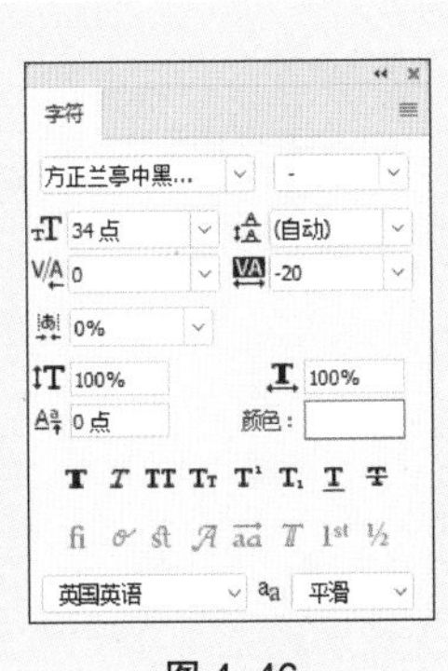

图 4-46

图 4-47

（10）选择“矩形”工具，在属性栏的“选择工具模式”选项中选择“形状”，将“填充”颜色设为无，“描边”颜色设为白色，“粗细”项设为 4 像素。在图像窗口中适当的位置拖曳鼠标绘制矩形，效果如图 4-48 所示。在“图层”控制面板中生成新的形状图层“矩形 1”。箱包饰品类网站首页 Banner 制作完成。

图 4-48

4.1.6 钢笔工具

选择“钢笔”工具，或反复按 Shift+P 组合键，其属性栏状态如图 4-49 所示。

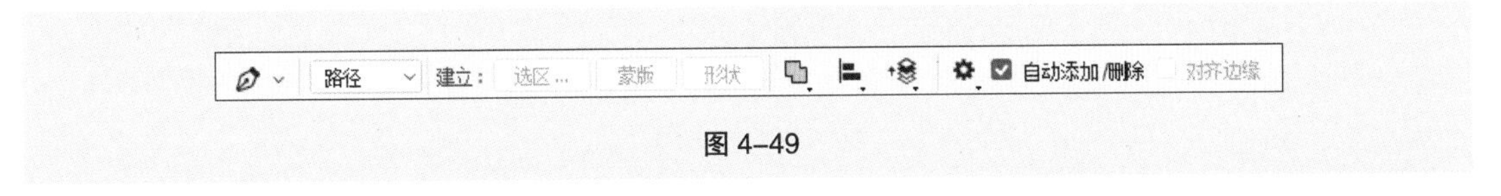

图 4-49

按住 Shift 键创建锚点时，将强迫系统以 45° 或 45° 的倍数绘制路径。按住 Alt 键，当“钢笔”工具移到锚点上时，暂时将“钢笔”工具转换为“转换点”工具。按住 Ctrl 键时，暂时将“钢笔”工具转换成“直接选择”工具。

选择“钢笔”工具，在图像中任意位置单击鼠标，创建一个锚点。将鼠标指针移动到其他位置再次单击，创建第 2 个锚点。两个锚点之间自动以直线进行连接，如图 4-50 所示。再将鼠标指针移动到其他位置单击，创建第 3 个锚点。而系统将在第 2 个和第 3 个锚点之间生成一条新的直线路径，如图 4-51 所示。将鼠标指针移至第 2 个锚点上，鼠标指针暂时转换成“删除锚点”工具，如图 4-52 所示，在锚点上单击，即可将第 2 个锚点删除，如图 4-53 所示。

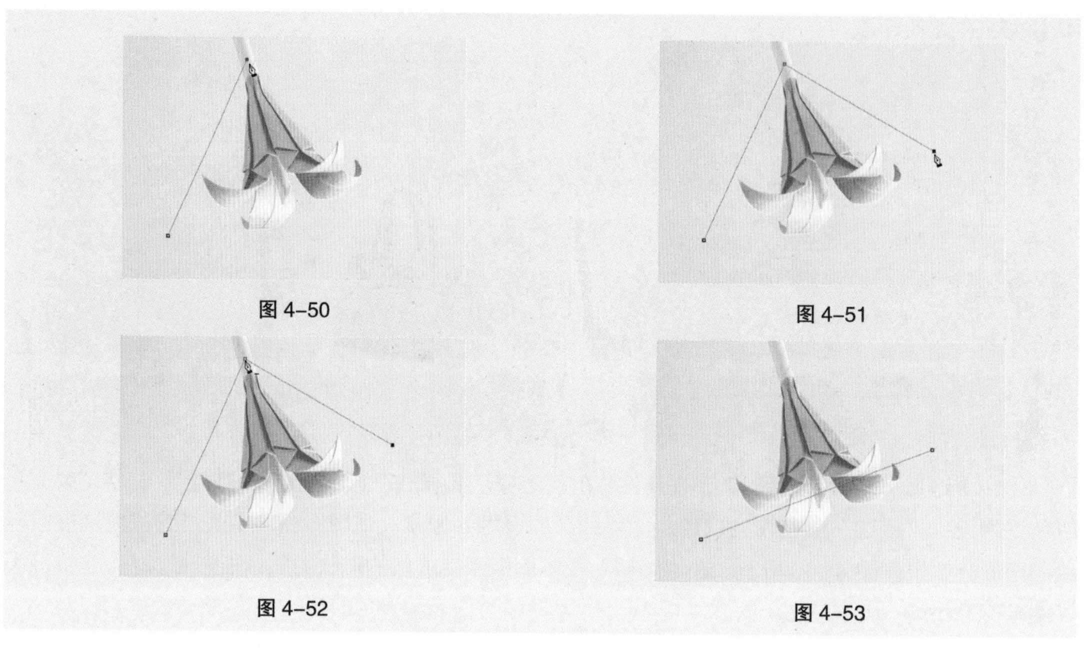
图 4-50　图 4-51

图 4-52　图 4-53

选择“钢笔”工具，单击建立新的锚点，并按住鼠标不放拖曳鼠标，建立曲线段和曲线锚点，如图 4-54 所示。释放鼠标，按住 Alt 键的同时，用“钢笔”工具单击刚建立的曲线锚点，如图 4-55 所示，将其转换为直线锚点。在其他位置再次单击建立下一个新的锚点，可在曲线段后绘制出直线段，如图 4-56 所示。

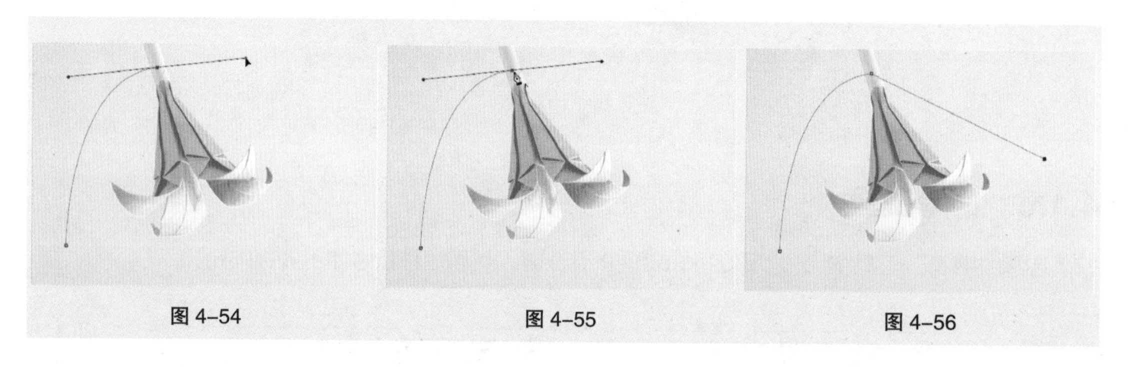
图 4-54　图 4-55　图 4-56

4.2　命令抠图

4.2.1　课堂案例——制作文化传媒公众号封面次图

【案例学习目标】学习使用“色彩范围”命令制作公众号封面次图。

【案例知识要点】使用矩形工具并通过创建剪贴蒙版操作制作公众号封面次图，使用“色彩范围”命令抠出剪影。效果如图 4-57 所示。

【效果所在位置】云盘 /Ch04/ 效果 / 制作文化传媒公众号封面次图 .psd。

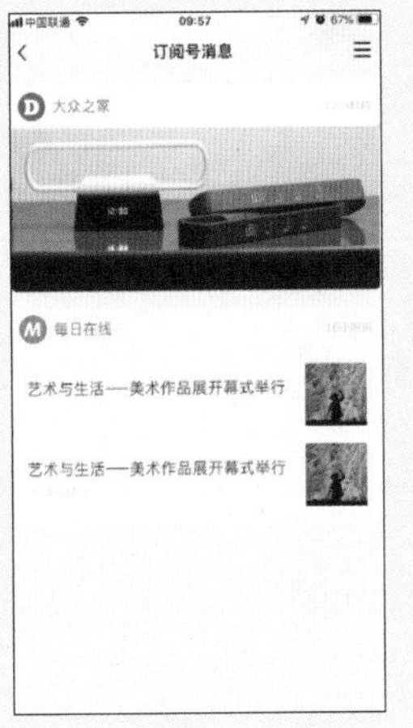

图 4–57

（1）按 Ctrl+N 组合键，新建一个文件，宽度为 200 像素，高度为 200 像素，分辨率为 72 像素 / 英寸，颜色模式为 RGB，背景内容为白色，单击“创建”按钮，新建文档。

（2）选择“矩形”工具 ，在属性栏的“选择工具模式”选项中选择“形状”，将“填充”颜色设为黑色。在图像窗口中拖曳鼠标绘制矩形，效果如图 4–58 所示，在“图层”控制面板中生成新的形状图层“矩形 1”。

（3）选择“文件 > 置入嵌入对象”命令，弹出“置入嵌入的对象”对话框。选择云盘中的“Ch04 > 素材 > 制作文化传媒公众号封面次图 > 01”文件，单击“置入”按钮，将图片置入到图像窗口中，并拖曳到适当的位置，按 Enter 键确定操作，效果如图 4–59 所示，在“图层”控制面板中生成新的图层并将其命名为“油彩”。按 Ctrl+T 组合键，在图像周围出现变换框，拖曳鼠标调整图像的大小和位置，按 Enter 键确定操作，效果如图 4–60 所示。

图 4–58

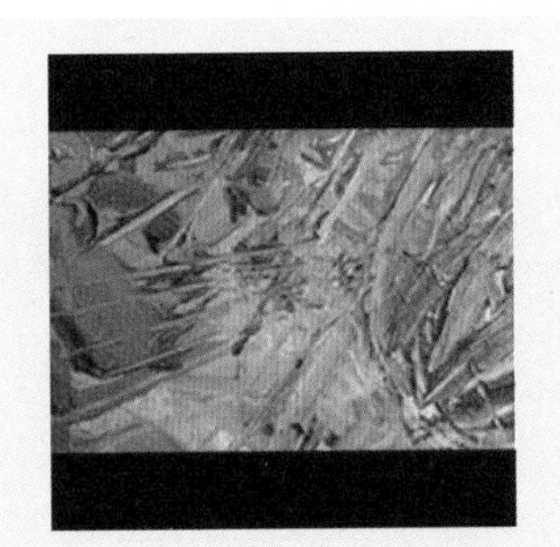

图 4–59

图 4–60

（4）在“图层”控制面板中，按住 Alt 键的同时，将鼠标指针放在“油彩”图层与“矩形 1”图层的中间，如图 4–61 所示。单击鼠标，为图层创建剪贴蒙版，效果如图 4–62 所示。

（5）按 Ctrl + O 组合键，打开云盘中的“Ch04 > 素材 > 制作文化传媒公众号封面次图 > 02”文件，如图 4–63 所示。选择“选择 > 色彩范围”命令，弹出对话框，在预览窗口中适当的位置单击吸取颜色，其他选项的设置如图 4–64 所示。单击“确定”按钮，生成选区，效果如图 4–65 所示。

（6）选择“移动”工具 ，将选区中的图像拖曳到新建的图像窗口中适当的位置，效果如图 4–66 所示，在“图层”控制面板中生成新的图层并将其命名为“剪影”。

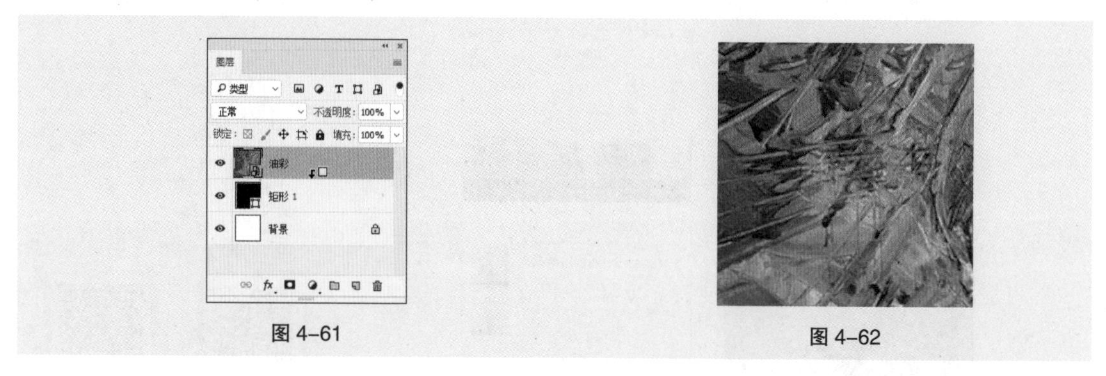

图 4-61　　图 4-62

（7）在“图层”控制面板中，按住 Alt 键的同时，将鼠标指针放在“剪影”图层与“油彩”图层的中间，如图 4-67 所示。单击鼠标，为图层创建剪贴蒙版，效果如图 4-68 所示。文化传媒公众号封面次图制作完成。

图 4-63　　图 4-64　　图 4-65

图 4-66　　图 4-67　　图 4-68

4.2.2 “色彩范围”命令

选择“选择 > 色彩范围”命令，弹出“色彩范围”对话框，如图 4-69 所示。在此对话框中可以根据选区内或整个图像中的颜色差异更加精确地创建不规则选区。

选择：可以选择选区的取样方式。检测人脸：勾选此复选框，可以更准确地选择肤色。本地化颜色簇：勾选此复选框，显示最大取样范围。颜色容差：可以调整选定颜色的范围。选区预览：可以选择图像窗口中选区的预览方式。

图 4-69

4.2.3 课堂案例——制作电商类 App 主页 Banner

【案例学习目标】学习使用抠图技法制作电商类 App 主页 Banner。

【案例知识要点】使用钢笔工具和“选择并遮住”命令抠出人物，使用魔棒工具抠出电器。效果如图 4–70 所示。

【效果所在位置】云盘 /Ch04/ 效果 / 制作电商类 App 主页 Banner.psd。

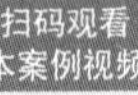
扫码观看
本案例视频

扫码查看
扩展案例

图 4–70

（1）按 Ctrl+N 组合键，新建一个文件，宽度为 750 像素，高度为 200 像素，分辨率为 72 像素 / 英寸，颜色模式为 RGB，背景内容为白色，单击“创建”按钮，新建文档。

（2）按 Ctrl ＋ O 组合键，打开云盘中的“Ch04 > 素材 > 制作电商类 App 主页 Banner > 01”文件。选择“移动”工具，将 01 图像拖曳到新建的图像窗口中适当的位置，如图 4–71 所示。在“图层”控制面板中生成新的图层并将其命名为“底图”。

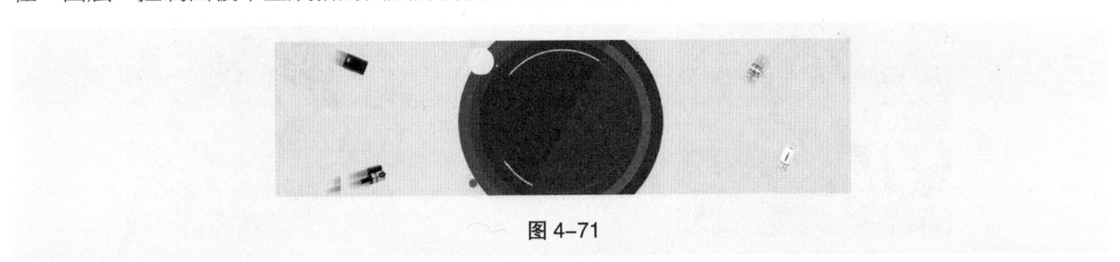

图 4–71

（3）按 Ctrl+O 组合键，打开云盘中的“Ch04 > 素材 > 制作电商类 App 主页 Banner > 02”文件，如图 4–72 所示。选择“钢笔”工具，在属性栏的“选择工具模式”选项中选择“路径”，在图像窗口中沿着人物的轮廓绘制路径，如图 4–73 所示。

（4）按 Ctrl+Enter 组合键，将路径转化为选区，如图 4–74 所示。选择“选择 > 选择并遮住”命令，弹出“属性”控制面板，如图 4–75 所示，在图像窗口中显示叠加状态。

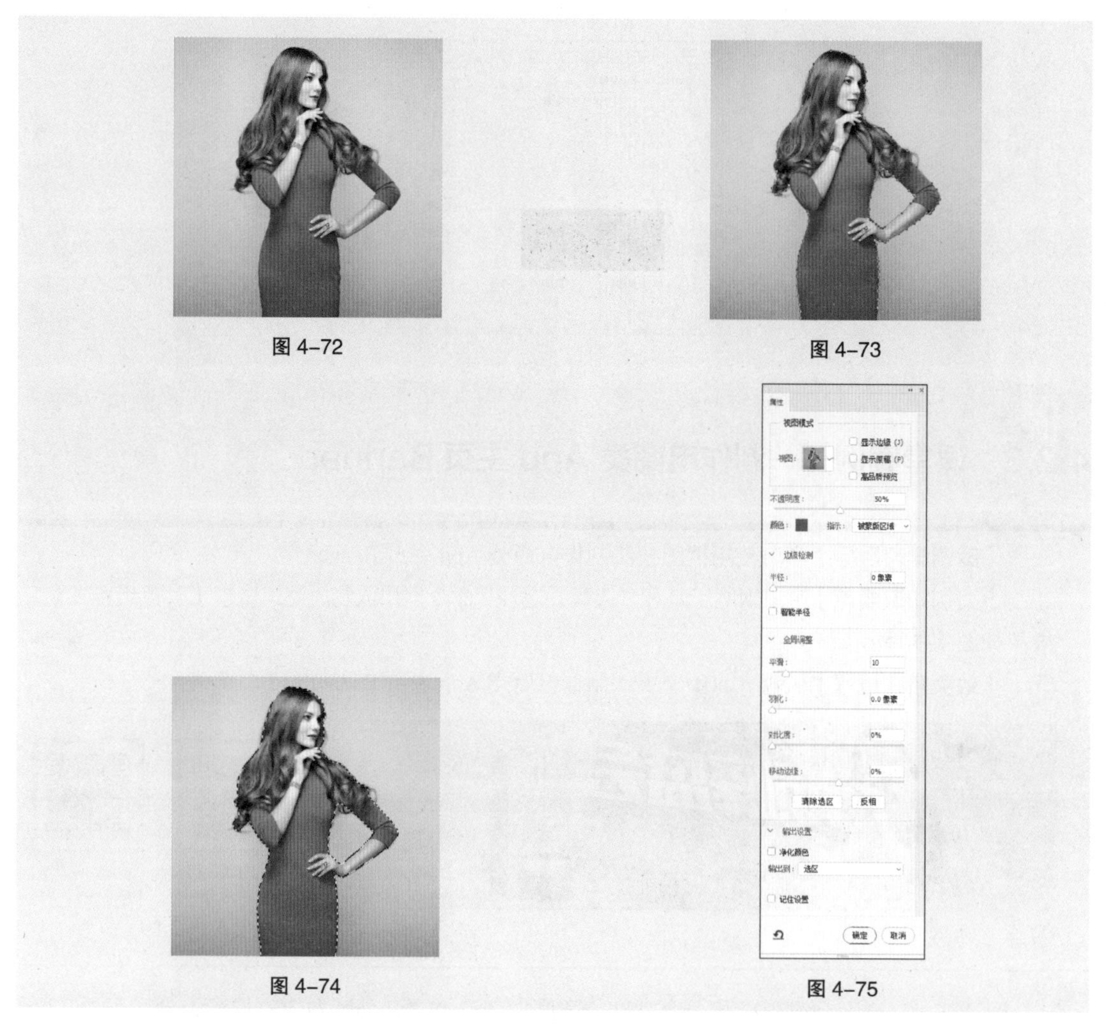

图 4-72

图 4-73

图 4-74

图 4-75

（5）在属性栏中选择“调整边缘画笔”工具，在图像窗口中沿着头发边缘绘制，如图 4-76 所示。单击“确定”按钮，在图像窗口中生成选区，如图 4-77 所示。

图 4-76

图 4-77

（6）单击“图层”控制面板下方的“添加图层蒙版”按钮，添加图层蒙版，如图 4-78 所示，图像效果如图 4-79 所示。

（7）选择“移动”工具，将抠出的人物图像拖曳到新建的图像窗口中，效果如图 4-80 所示，在“图层”控制面板中生成新的图层并将其命名为“人物”。

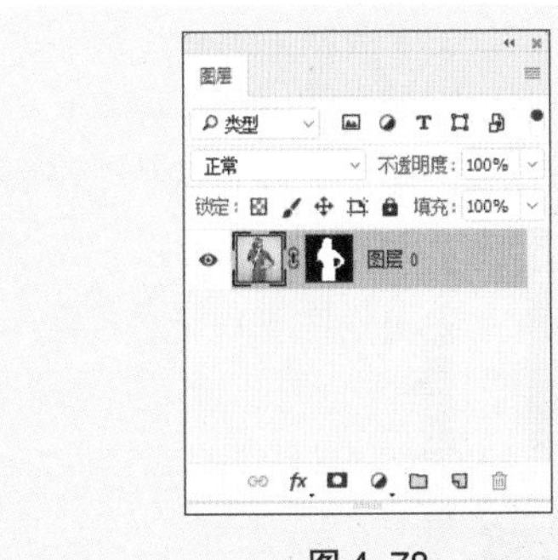

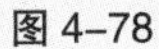

图 4-78

图 4-79

（8）按 Ctrl + O 组合键，打开云盘中的“Ch04 > 素材 > 制作电商类 App 主页 Banner > 03 文件。选择“移动”工具 ，将 03 图像拖曳到新建的图像窗口中适当的位置，如图 4-81 所示，在“图层”控制面板中生成新的图层并将其命名为“文字”。

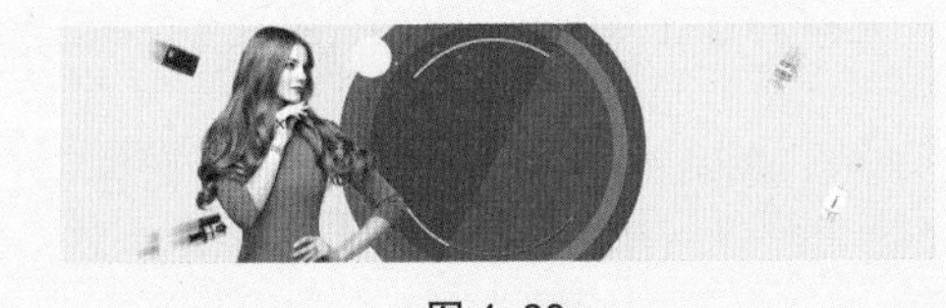

图 4-80

图 4-81

（9）按Ctrl+O组合键，打开云盘中的“Ch04 > 素材 > 制作电商类App主页Banner > 04”文件。选择“魔棒”工具 ，在属性栏中勾选“连续”复选框，单击白色背景，图像中的白色部分被选中，如图 4-82 所示。选择“选择 > 反向”命令，将选区反选，如图 4-83 所示。

图 4-82

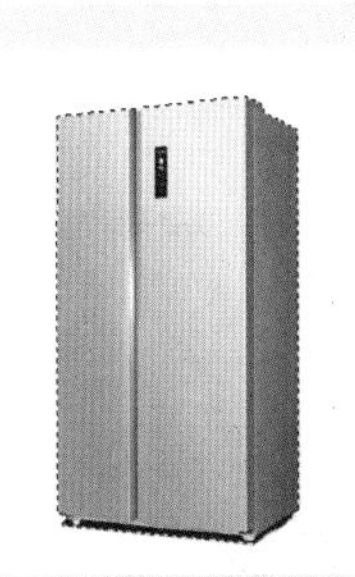

图 4-83

（10）选择“移动”工具 ，将抠出的电器拖曳到新建的图像窗口中适当的位置，并调整其大小，在“图层”控制面板中生成新的图层并将其命名为“家电 1”。用相同的方法分别抠出 05、06、07 文件中的电器，并分别拖曳到新建图像窗口中适当的位置，调整其大小，在“图层”控制面板中分别生成新的图层并将其命名为“家电 2”“家电 3”和“家电 4”，效果如图 4-84 所示。

图 4-84

（11）按 Ctrl + O 组合键，打开云盘中的“Ch04 > 素材 > 制作电商类 App 主页 Banner > 08”文件。选择“移动”工具 ，将 08 图像拖曳到新建的图像窗口中适当的位置，如图 4-85 所示，在“图层”控制面板中生成新的图层并将其命名为“彩带”。电商类 App 主页 Banner 制作完成。

图 4-85

4.2.4 调整边缘命令

在图像中绘制选区，如图 4-86 所示。选择“选择 > 选择并遮住”命令，弹出“属性”控制面板，如图 4-87 所示。

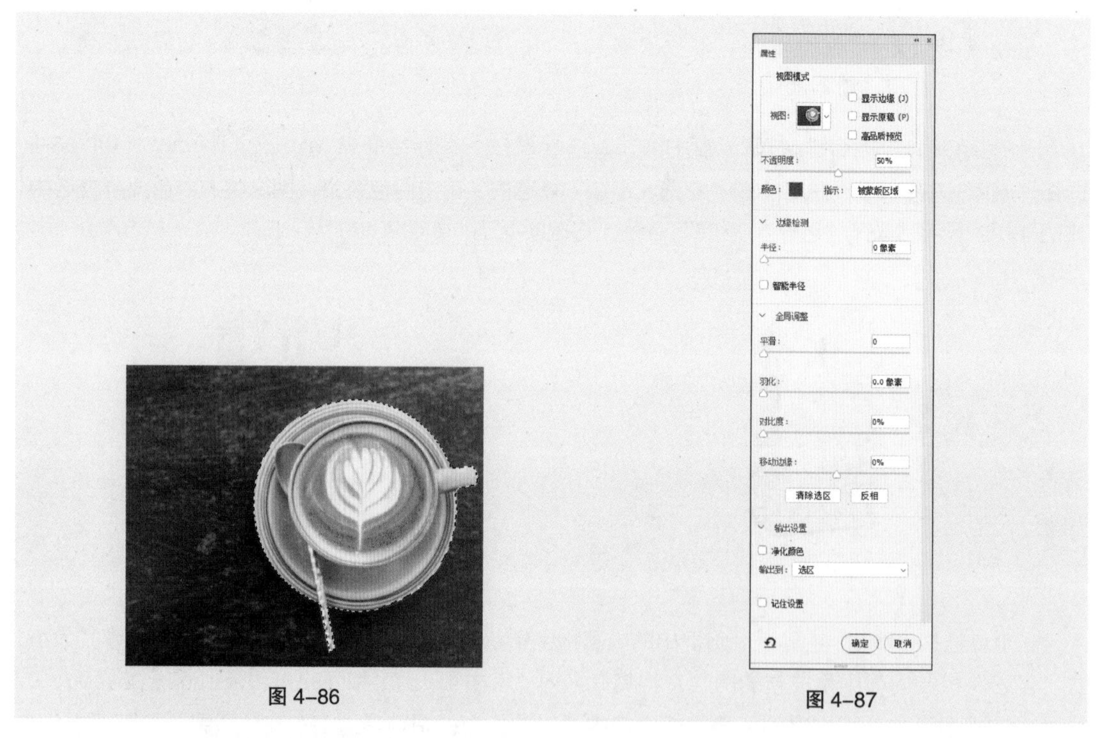

图 4-86　　图 4-87

视图：可以选择选区图像的显示方式。显示边缘：可以在发生边缘调整的位置显示选区边框。显示原稿：可以查看原始选区。高品质预览：可以更准确地预览渲染更改的部分。不透明度：为视图模式设置不透明度。智能半径：可以使半径自动适应图像边缘。半径：可以设置调整区域的大小。平滑：可以使选区边缘变平滑。羽化：可以柔化选区边缘。对比度：可以增加选区边缘的对比度。移动边缘：可以收缩或扩展选区。净化颜色：设置从图像移去的彩色边数量。输出到：可以选择选区的输出方式。记住设置：可以存储当前的设置。

在控制面板中的设置如图 4-88 所示，单击“确定”按钮，图像效果如图 4-89 所示。

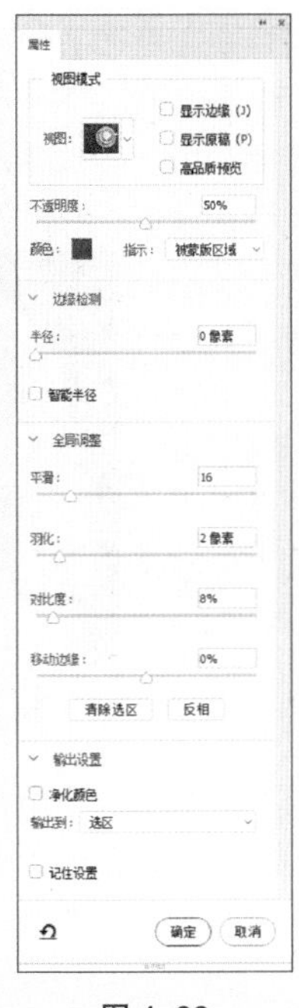

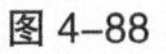

图 4-88

图 4-89

4.2.5 课堂案例——制作婚纱摄影类公众号运营海报

【案例学习目标】学习使用“通道”控制面板抠图。

【案例知识要点】使用钢笔工具绘制选区，使用“通道”控制面板和“计算”命令抠出婚纱，使用移动工具调整图像位置。效果如图 4-90 所示。

【效果所在位置】云盘 /Ch04/ 效果 / 制作婚纱摄影类公众号运营海报 .psd。

图 4-90

（1）按 Ctrl+O 组合键，打开云盘中的“Ch04 > 素材 > 制作婚纱摄影类公众号运营海报 > 01”文件，如图 4-91 所示。

（2）选择“钢笔”工具，在属性栏的“选择工具模式”选项中选择“路径”，在图像窗口中沿着人物的轮廓绘制路径，绘制时要避开半透明的婚纱，如图 4–92 所示。单击属性栏中的“路径操作”按钮，在弹出的面板中选择“减去顶层形状”选项，绘制路径，效果如图 4–93 所示。

图 4–91　图 4–92　图 4–93

（3）选择“路径选择”工具，将绘制的路径同时选取。按 Ctrl+Enter 组合键，将路径转换为选区，效果如图 4–94 所示。单击“通道”控制面板下方的“将选区存储为通道”按钮，将选区存储为通道，如图 4–95 所示。

图 4–94　图 4–95

（4）将“红”通道拖曳到控制面板下方的“创建新通道”按钮上，复制通道，如图 4–96 所示。选择“钢笔”工具，在图像窗口中沿着婚纱边缘绘制路径，如图 4–97 所示。按 Ctrl+Enter 组合键，将路径转换为选区，效果如图 4–98 所示。

图 4–96　图 4–97　图 4–98

（5）将前景色设为黑色。按 Shift+Ctrl+I 组合键，反选选区。按 Alt+Delete 组合键，用前景色填充选区。取消选区后，效果如图 4-99 所示。选择“图像 > 计算”命令，在弹出的对话框中进行设置，如图 4-100 所示。单击“确定”按钮，得到新的通道图像，效果如图 4-101 所示。

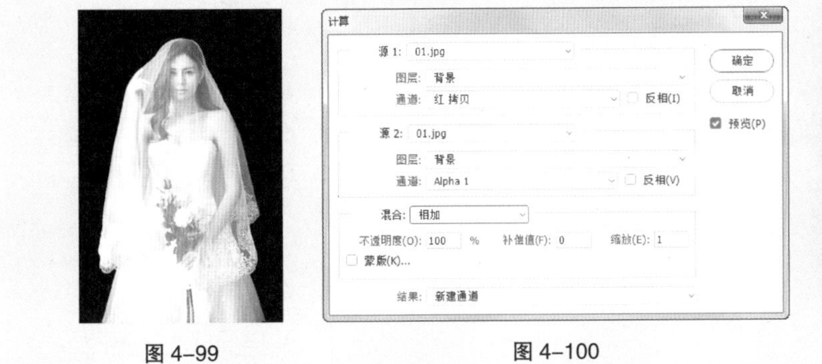

图 4-99　　图 4-100

图 4-101

（6）按住 Ctrl 键的同时，单击“Alpha 2”通道的缩览图，如图 4-102 所示，载入婚纱选区，效果如图 4-103 所示。

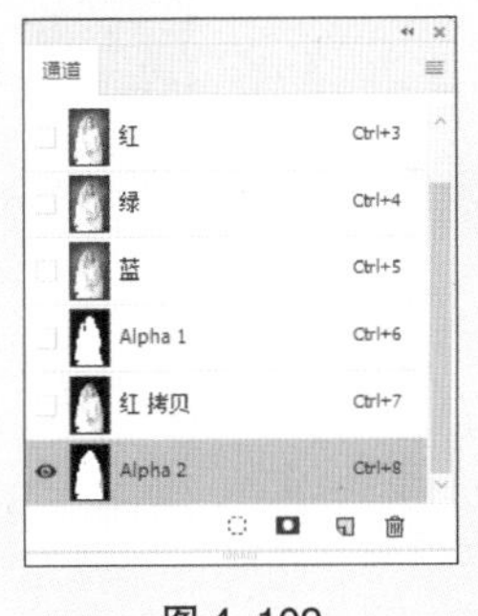

图 4-102

图 4-103

（7）单击“RGB”通道，显示彩色图像。单击“图层”控制面板下方的“添加图层蒙版”按钮 ，添加图层蒙版，如图 4-104 所示，抠出婚纱图像，效果如图 4-105 所示。

（8）新建图层并将其拖曳到“图层”控制面板的最下方，如图 4-106 所示。选择“图层 > 新建 > 图层背景”命令，将新建的图层转换为“背景”图层，如图 4-107 所示。

图 4-104

图 4-105

图 4-106

图 4-107

（9）选择“渐变”工具 ，单击属性栏中的“点按可编辑渐变”按钮 ，弹出“渐变编辑器”对话框，在“位置”项中分别输入 0、50、100 3 个位置点，并分别设置 3 个位置点颜色的 RGB 值为：0（166、176、186）、50（180、190、200）、100（140、150、162），如图 4-108 所示。单击“确定”按钮，在图像窗口中从上向下拖曳渐变色，效果如图 4-109 所示。

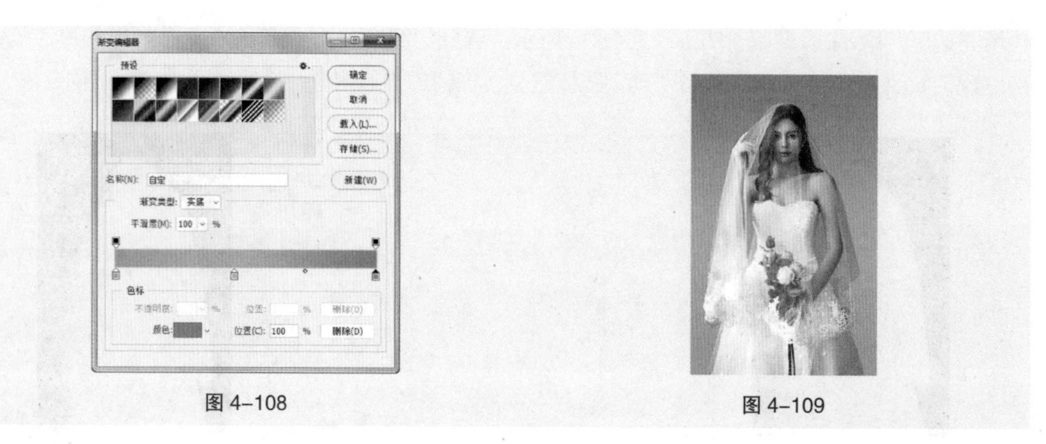

图 4-108

图 4-109

（10）选中“图层 0”图层，按 Ctrl+J 组合键，复制图层，在“图层”控制面板中生成新的图层“图层 0 拷贝”，如图 4-110 所示。选择“图像 > 调整 > 亮度 / 对比度”命令，在弹出的对话框中进行设置，如图 4-111 所示。单击“确定”按钮，效果如图 4-112 所示。

图 4-110

图 4-111

图 4-112

（11）在“图层”控制面板上方，将“图层 0 拷贝”图层的混合模式选项设为“柔光”，如图 4-113 所示，图像效果如图 4-114 所示。

（12）按 Ctrl+O 组合键，打开云盘中的“Ch04 > 素材 > 制作婚纱摄影类公众号运营海报 > 02”文件。选择“移动”工具，将 02 图像拖曳到 01 图像窗口中适当的位置，效果如图 4-115 所示，在“图层”控制面板中生成新的图层并将其命名为“文字”。婚纱摄影类公众号运营海报制作完成。

图 4-113

图 4-114

图 4-115

4.2.6 颜色通道

颜色通道记录了图像颜色的信息内容，根据颜色模式的不同，颜色通道的数量也不同。例如，RGB

图像模式默认红、绿、蓝及一个复合通道，如图 4-116 所示；CMYK 图像模式默认青色、洋红、黄色、黑色及一个复合通道，如图 4-117 所示；Lab 图像默认明度、a、b 及一个复合通道，如图 4-118 所示。

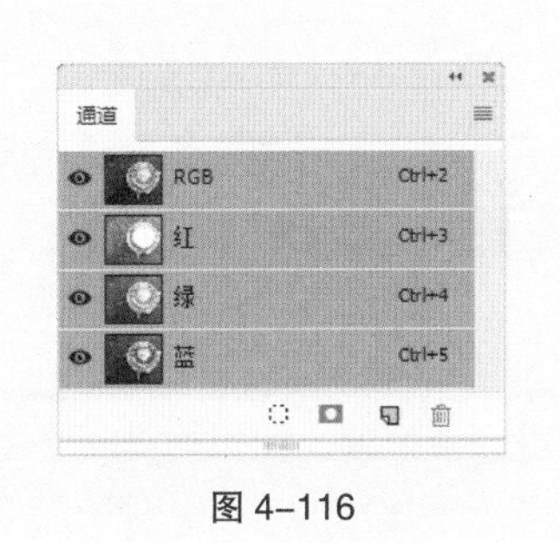

图 4-116

图 4-117

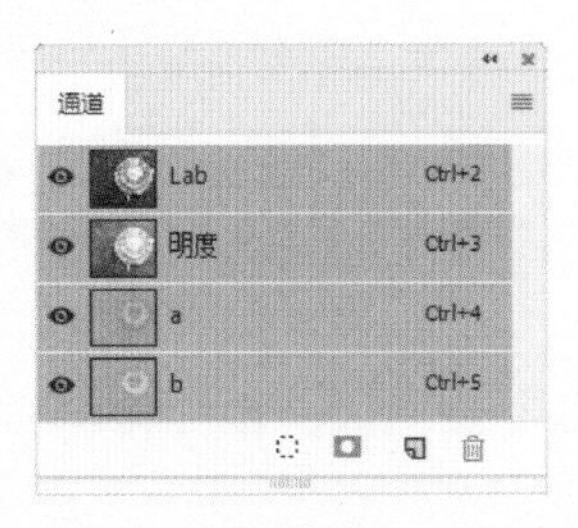

图 4-118

4.2.7 专色通道

单击“通道”控制面板右上方的图标 ≡，弹出其命令菜单，选择“新建专色通道”命令，弹出“新建专色通道”对话框，如图 4-119 所示。

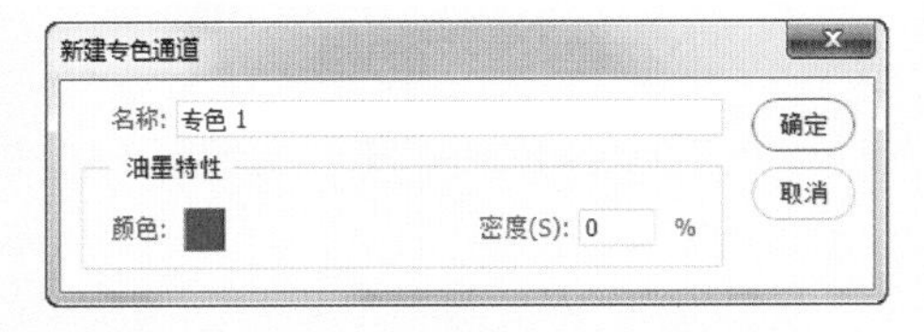

图 4-119

单击“通道”控制面板中新建的专色通道。选择“画笔”工具，在属性栏中单击“切换画笔面板”按钮，弹出“画笔设置”控制面板。选择“画笔笔尖形状”选项，切换到相应的面板中进行设置，如图 4-120 所示。在图像窗口中拖曳鼠标进行绘制，效果如图 4-121 所示。“通道”控制面板中的效果如图 4-122 所示。

图 4-120

图 4-121

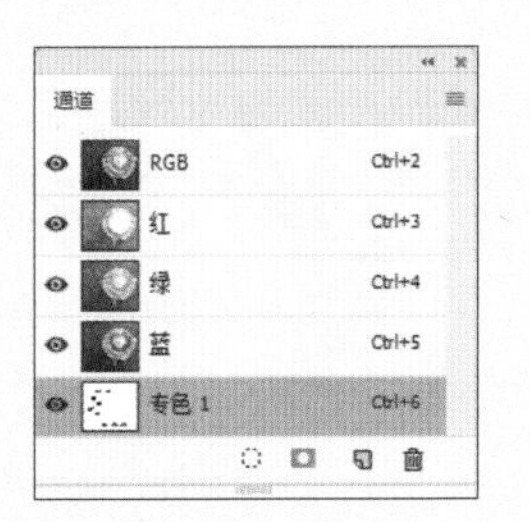

图 4-122

4.2.8 Alpha 通道

Alpha 通道可以记录图像的不透明度信息，定义透明、不透明和半透明区域，其中黑表示透明，白表示不透明，灰表示半透明。

4.3 课堂练习——制作家具类网站首页 Banner

【练习知识要点】使用钢笔工具绘制选区，使用移动工具调整图像位置，使用横排文字工具添加宣传文字，使用矩形工具和创建剪贴蒙版命令制作装饰矩形。效果如图 4–123 所示。

【效果所在位置】云盘 /Ch4/ 效果 / 制作家具类网站首页 Banner.psd。

扫码观看
本案例视频

图 4–123

4.4 课后习题——制作美妆护肤公众号封面首图

【习题知识要点】使用钢笔工具和“选择并遮住”命令抠出人物，使用移动工具调整图像位置。效果如图 4–124 所示。

【效果所在位置】云盘 /Ch04/ 效果 / 制作美妆护肤公众号封面首图 .psd。

扫码观看
本案例视频

图 4–124

05 第5章 修图

本章介绍

修图就是将图像修整得更为完美。修图在生活中的应用比比皆是。本章将详细讲解 Photoshop 中常用的裁剪工具、修饰工具和润饰工具的使用方法。通过本章的学习，读者可以了解并掌握修饰图像的基本方法与操作技巧，快速地裁剪、修饰和润饰图像，使其更加美观、漂亮。

学习目标

- 掌握裁剪工具的使用方法。
- 熟练掌握修饰工具的使用技巧。
- 掌握润饰工具的使用方法。

修图

技能目标

- 掌握“房屋地产类公众号信息图”的制作方法。
- 掌握“娱乐媒体类公众号封面次图”的修饰方法。
- 掌握“体育运动类微信公众号封面首图”的修饰方法。

5.1 裁剪工具

5.1.1 课堂案例——制作房屋地产类公众号信息图

【案例学习目标】学习使用裁剪工具制作房屋地产类公众号信息图。

【案例知识要点】使用裁剪工具裁剪图像，使用移动工具移动图像。效果如图 5-1 所示。

【效果所在位置】云盘 /Ch05/ 效果 / 制作房屋地产类公众号信息图 .psd。

扫码查看
扩展案例

扫码观看
本案例视频

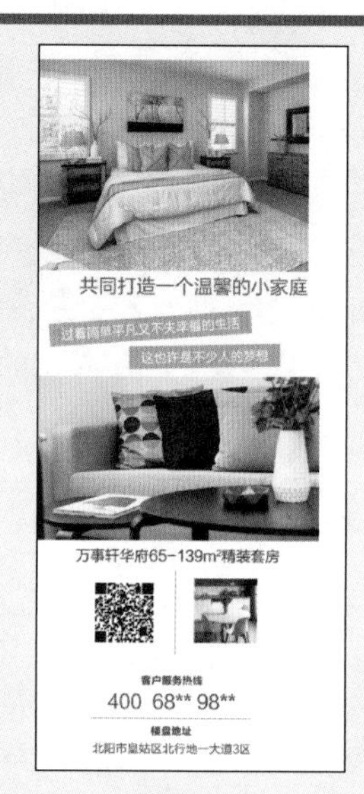

图 5-1

（1）按 Ctrl+N 组合键，新建一个文件，宽度为 800 像素，高度为 2000 像素，分辨率为 72 像素 / 英寸，颜色模式为 RGB，背景内容为白色，单击“创建”按钮，新建文档。

（2）按 Ctrl+O 组合键，打开云盘中的“Ch05 > 素材 > 制作房屋地产类公众号信息图 > 01”文件，如图 5-2 所示。选择“裁剪”工具，单击“选择预设长宽比或裁剪尺寸”选项 比例，在弹出的下拉列表中选择“宽 × 高 × 分辨率”选项，在属性栏中进行设置，如图 5-3 所示。在图像窗口中适当的位置拖曳一个裁切区域，如图 5-4 所示。按 Enter 键确定操作，效果如图 5-5 所示。

图 5-2

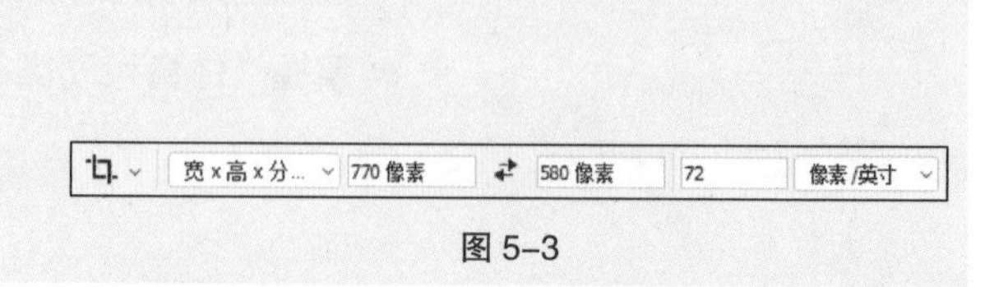

图 5-3

（3）选择“移动”工具，将 01 图像拖曳到新建的图像窗口中适当的位置，效果如图 5-6 所示。在“图层”控制面板中生成新的图层并将其命名为“图片 1”。

（4）按 Ctrl + O 组合键，打开云盘中的“Ch05 > 素材 > 制作房屋地产类公众号信息图 >

02”文件。选择“移动”工具，将02图像拖曳到新建的图像窗口中适当的位置，如图5-7所示。在“图层”控制面板中生成新的图层并将其命名为“信息”。

图 5-4

图 5-5

图 5-6

图 5-7

（5）按Ctrl+O组合键，打开云盘中的“Ch05 > 素材 > 制作房屋地产类公众号信息图 > 03”文件。选择“裁剪”工具，单击“选择预设长宽比或裁剪尺寸”选项 比例 ，在弹出的下拉列表中选择“16 ∶ 9”选项，裁剪区域如图5-8所示。按Enter键确定操作，效果如图5-9所示。

（6）选择“移动”工具，将03图像拖曳到新建的图像窗口中适当的位置，如图5-10所示。在“图层”控制面板中生成新的图层并将其命名为“图片2”。

图 5-8

图 5-9

图 5-10

（7）按 Ctrl+O 组合键，打开云盘中的“Ch05 > 素材 > 制作房屋地产类公众号信息图 > 04”文件。选择“裁剪”工具，单击“选择预设长宽比或裁剪尺寸”选项 比例 ，在弹出的下拉列表中选择“1 ∶ 1（方形）”选项，在图像窗口中适当的位置拖曳一个裁切区域，如图 5-11 所示。按 Enter 键确定操作，效果如图 5-12 所示。

（8）选择“移动”工具，将 04 图像拖曳到新建的图像窗口中适当的位置，如图 5-13 所示。在“图层”控制面板中生成新的图层并将其命名为“图片 3”。房屋地产类公众号信息图制作完成。

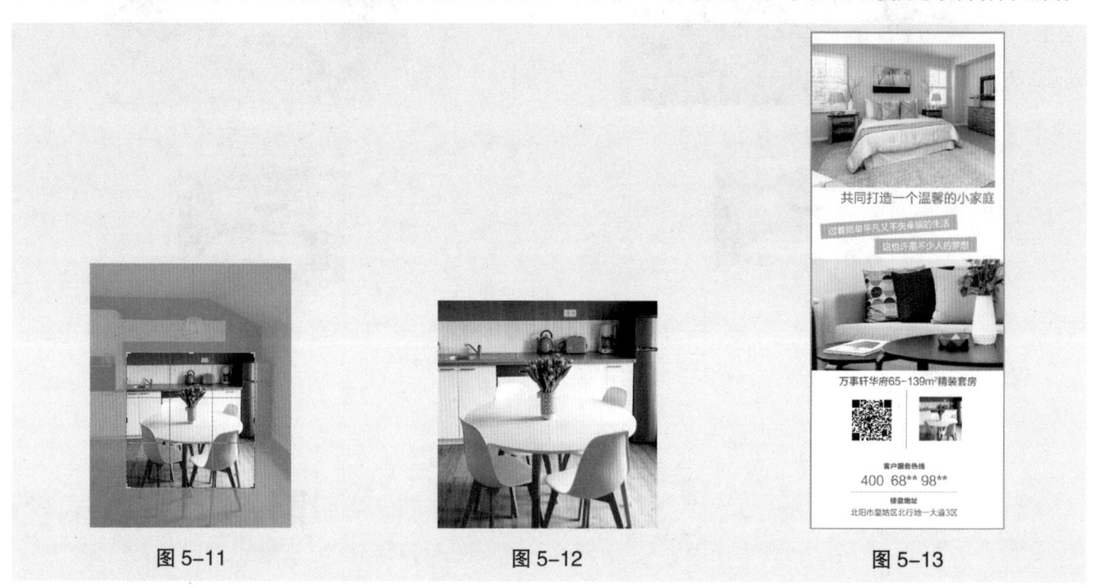

图 5-11　　图 5-12　　图 5-13

5.1.2 裁剪工具

裁剪工具可以裁剪图像，重新定义画布的大小。

选择“裁剪”工具，其属性栏状态如图 5-14 所示。

图 5-14

比例 ：选择预设的裁剪比例。：可以自定义裁剪框的长宽比。：可以快速拉直倾斜的图像。：可以选择裁剪方式。：设置裁剪选项。删除裁剪的像素：可以控制裁掉的图像是否彻底删除。

打开一副图像，选择“裁剪”工具，在图像窗口中绘制裁剪框，如图 5-15 所示。按 Enter 键确定操作，效果如图 5-16 所示。

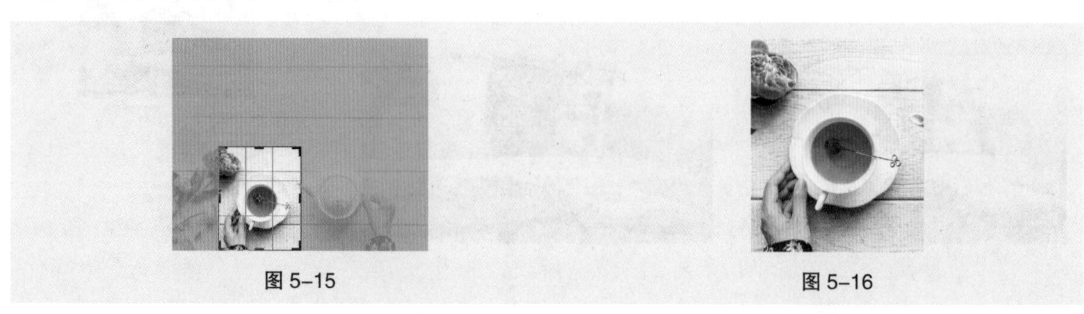

图 5-15　　图 5-16

5.1.3　裁剪命令

打开一副图像，选择“矩形选框”工具 ，绘制出要裁切的图像区域，如图 5-17 所示。选择“图像 > 裁剪”命令，图像按选区进行裁剪，效果如图 5-18 所示。

图 5-17

图 5-18

5.2　修饰工具

5.2.1　课堂案例——制作娱乐媒体类公众号封面次图

【案例学习目标】学习使用多种修图工具修复模特照片。

【案例知识要点】使用缩放工具调整图像大小，使用红眼工具去除人物红眼，使用污点修复画笔工具修复雀斑和痘印，使用修补工具修复眼袋皱纹，使用仿制图章工具修复散碎的头发。效果如图 5-19 所示。

【效果所在位置】云盘 /Ch05/ 效果 / 制作娱乐媒体类公众号封面次图 .psd。

图 5-19

（1）按 Ctrl+N 组合键，新建一个文件，宽度为 200 像素，高度为 200 像素，分辨率为 72 像素 / 英寸，颜色模式为 RGB，背景内容为白色，新建文档。

（2）按 Ctrl+O 组合键，打开云盘中的“Ch05 > 素材 > 制作娱乐媒体类公众号封面次图 > 01”文件，如图 5-20 所示。将“背景”图层拖曳到“图层”控制面板下方的“创建新图层”按钮 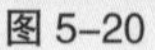 上进行复制，生成新的图层“背景 拷贝”，如图 5-21 所示。

（3）选择“缩放”工具，在图像窗口中鼠标指针变为放大图标，单击鼠标将图片放大到适当的大小，如图 5-22 所示。

图 5-20

图 5-21

图 5-22

（4）选择“红眼”工具，属性栏中的设置如图 5-23 所示。在人物右侧眼睛上单击鼠标，去除红眼，效果如图 5-24 所示。

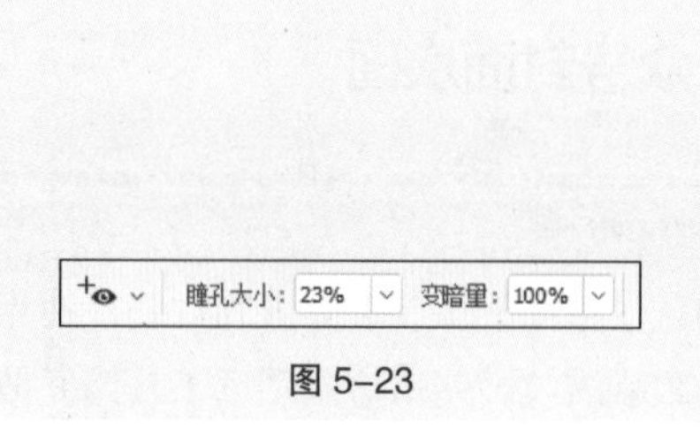

图 5-23

图 5-24

（5）选择“污点修复画笔”工具，将鼠标指针放置在要修复的污点图像上，如图 5-25 所示。单击鼠标，去除污点，效果如图 5-26 所示。用相同的方法继续去除脸部所有的雀斑和痘痘，效果如图 5-27 所示。

图 5-25

图 5-26

图 5-27

（6）选择“修补”工具，在图像窗口中圈选眼袋部分，如图 5-28 所示。在选区中单击并拖曳到适当的位置，如图 5-29 所示，释放鼠标，修补眼袋。按 Ctrl+D 组合键，取消选区，效果如图 5-30 所示。用相同的方法继续修补眼袋，效果如图 5-31 所示。

（7）选择“仿制图章”工具，在属性栏中单击“画笔”选项，弹出画笔面板。在面板中选择需要的画笔形状，将“大小”项设为 70 像素，如图 5-32 所示。将鼠标指针放置在肩部需要取样的位置，按住 Alt 键的同时，鼠标指针变为圆形十字图标，如图 5-33 所示。单击鼠标确定取样点。

图 5-28

图 5-29

图 5-30

图 5-31

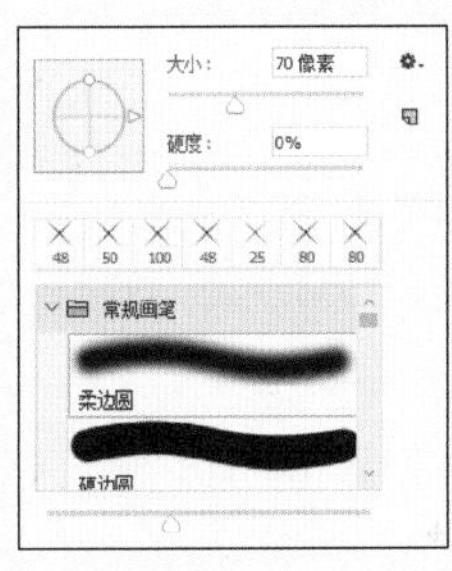

图 5-32

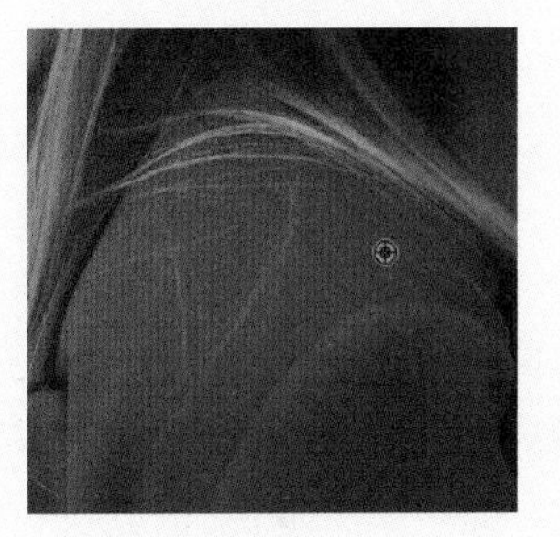

图 5-33

（8）将鼠标指针放置在需要修复的位置上，如图 5-34 所示，单击鼠标去掉碎发，效果如图 5-35 所示。用相同的方法继续修复肩部上的碎发，效果如图 5-36 所示。

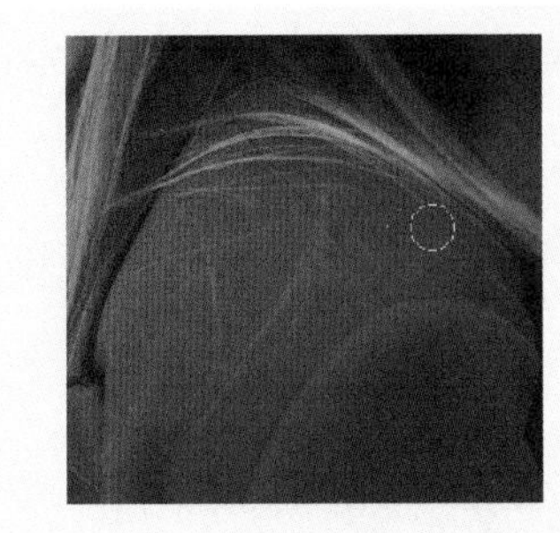

图 5-34

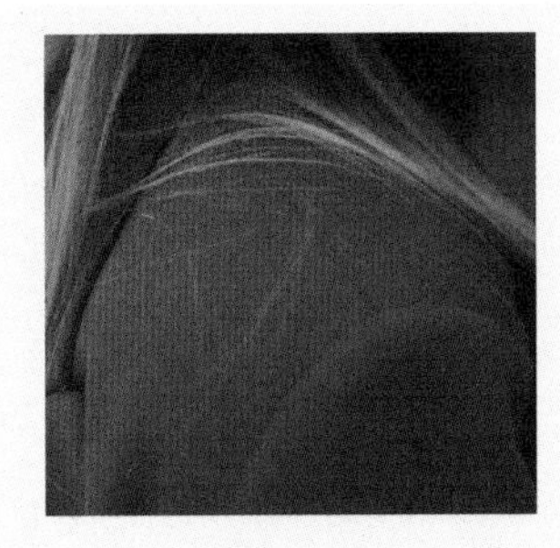

图 5-35

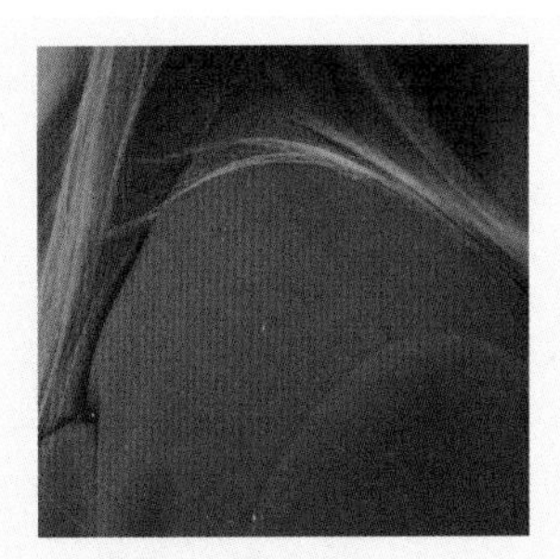

图 5-36

（9）选择“移动”工具 ，将 01 图像拖曳到新建的图像窗口中适当的位置，效果如图 5-37 所示。在“图层”控制面板中生成新的图层并将其命名为“人物”。按 Ctrl+T 组合键，在图像周围出现变换框，拖曳鼠标调整图像的大小和位置，按 Enter 键确定操作，效果如图 5-38 所示。娱乐媒体类公众号封面次图制作完成。

图 5-37　　图 5-38

5.2.2　修复画笔工具

修复画笔工具可以将取样点的像素信息非常自然地复制到图像的破损位置，并保持图像的亮度、饱和度、纹理等属性。

选择“修复画笔”工具，或反复按 Shift+J 组合键，其属性栏状态如图 5-39 所示。

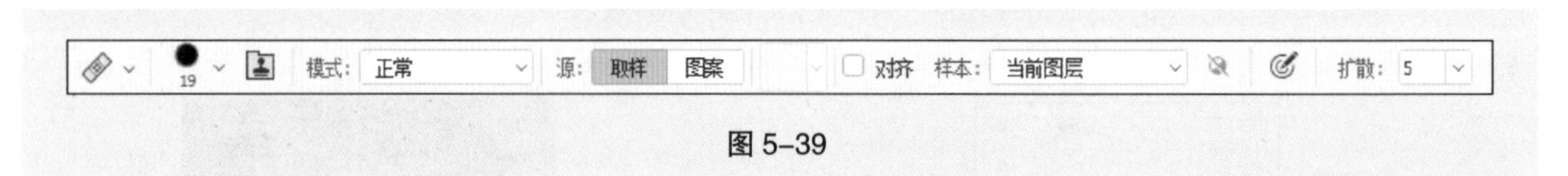

图 5-39

：弹出画笔预设面板，如图 5-40 所示，可以设置画笔的直径、硬度、间距、角度、圆度和压力大小。模式：可以选择所复制像素或填充的图案与底图的混合模式。源：选择“取样”选项后，可以用选取的取样点修复图像；选择“图案”选项后，可以用选取的图案或自定义图案修复图像。对齐：勾选此复选框，下一次的复制位置会和上次的完全重合。

打开一幅图像。选择“修复画笔”工具，按住 Alt 键的同时，鼠标指针变为圆形十字图标⊕，单击确定样本的取样点，如图 5-41 所示，单击鼠标修复图像，如图 5-42 所示。用相同的方法修复图像，效果如图 5-43 所示。

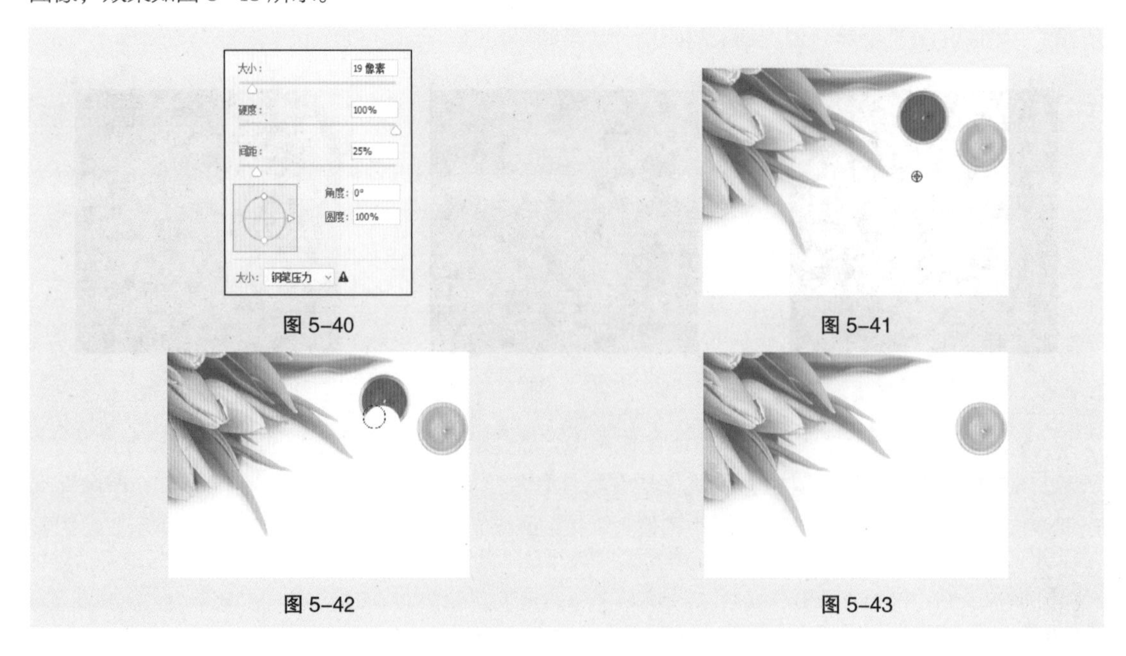

图 5-40　　图 5-41

图 5-42　　图 5-43

5.2.3　污点修复画笔工具

污点修复画笔工具不需要制定样本点，将自动从所修复区域的周围取样，并将样本像素的纹理、光照、透明度和阴影与所修复的像素相匹配。

选择“污点修复画笔”工具，或反复按 Shift+J 组合键，其属性栏状态如图 5-44 所示。

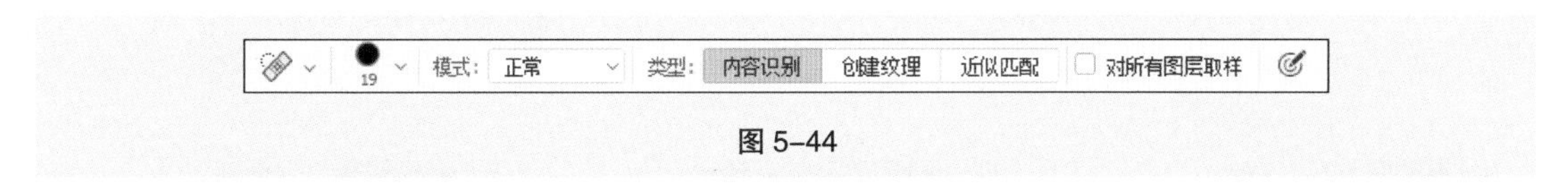

图 5-44

打开一幅图像，如图 5-45 所示。选择“污点修复画笔”工具，在属性栏中进行设置，如图 5-46 所示。在要修复的污点图像上拖曳鼠标，如图 5-47 所示。释放鼠标，修复图像，效果如图 5-48 所示。

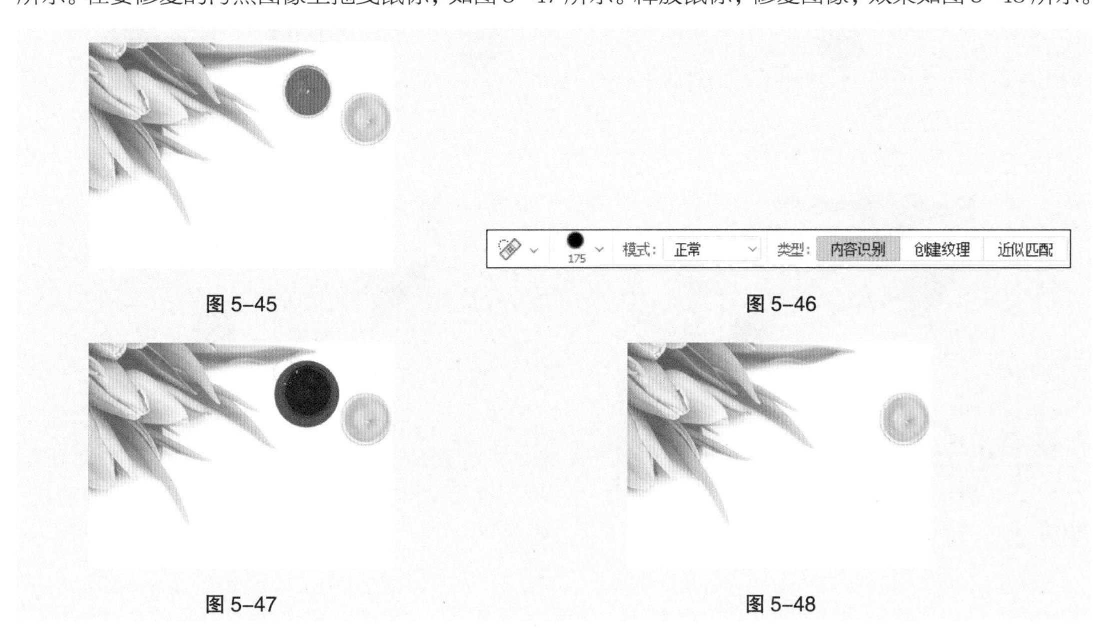

图 5-45　图 5-46

图 5-47　图 5-48

5.2.4　修补工具

修补工具可以用图像的其他区域修补当前选中的待修补区域，也可以使用图案来修补区域。

选择“修补”工具，或反复按 Shift+J 组合键，其属性栏状态如图 5-49 所示。

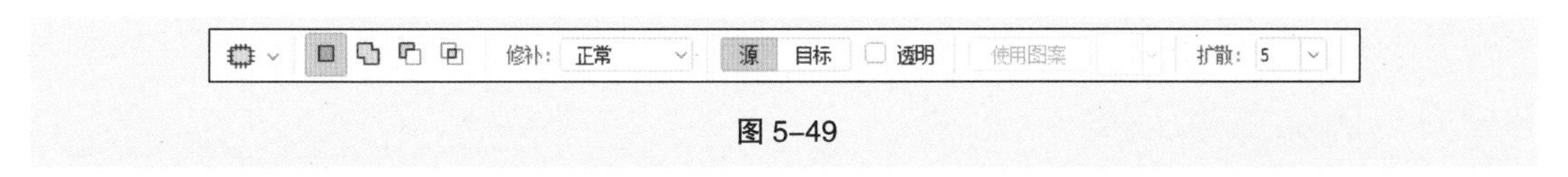

图 5-49

选择“修补”工具，在图像中绘制选区，如图 5-50 所示。在选区中单击并按住鼠标不放，将选区中的图像拖曳到需要的位置，如图 5-51 所示。释放鼠标，选区中的图像被新放置在选区位置的图像所修补，效果如图 5-52 所示。

按 Ctrl+D 组合键，取消选区，效果如图 5-53 所示。选择“修补”工具，在属性栏中选中“目标”选项，圈选图像中的区域，如图 5-54 所示。将其拖曳到要修补的图像区域，如图 5-55 所示。圈选区域中的图像修补了现在的图像，如图 5-56 所示。按 Ctrl+D 组合键，取消选区，效果如图 5-57 所示。

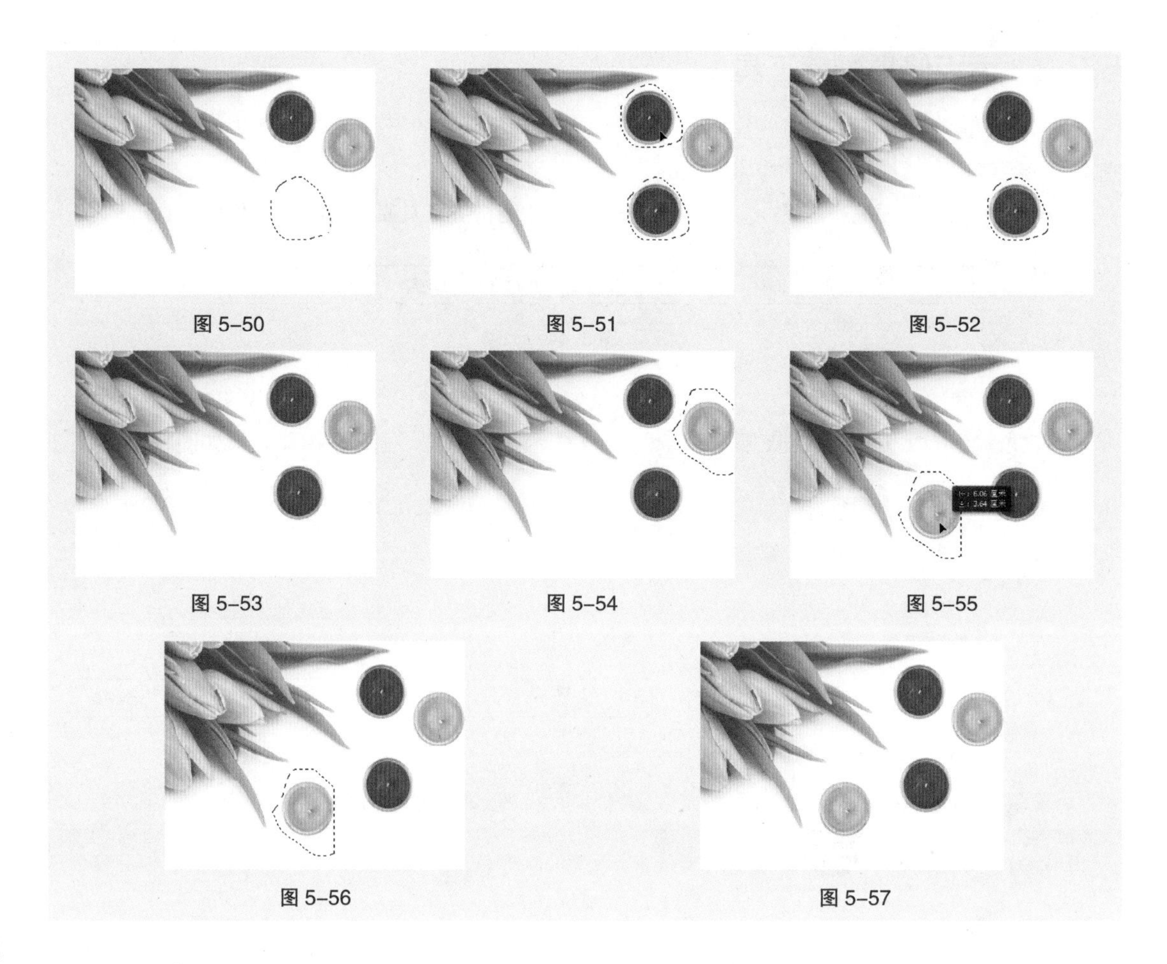

图 5-50 图 5-51 图 5-52

图 5-53 图 5-54 图 5-55

图 5-56 图 5-57

5.2.5 红眼工具

红眼工具可以去除用闪光灯拍摄的人物照片中的红眼，也可以去除拍摄照片中的白色或绿色反光。

选择“红眼”工具，或反复按 Shift+J 组合键，其属性栏状态如图 5-58 所示。

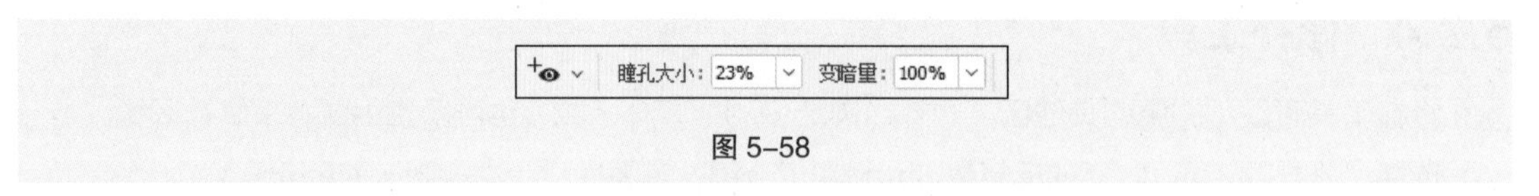

图 5-58

瞳孔大小：用于设置瞳孔的大小。变暗量：用于设置瞳孔的暗度。

5.2.6 仿制图章工具

仿制图章工具可以以指定的像素点为复制基准点，将周围的图像复制到其他地方。

选择“仿制图章”工具，或反复按 Shift+S 组合键，其属性栏状态如图 5-59 所示。

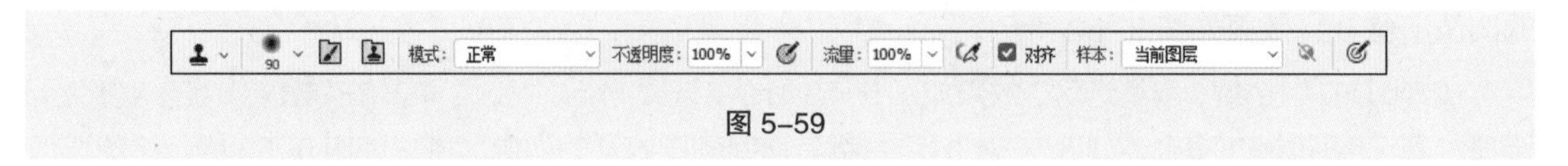

图 5-59

流量：用于设置扩散的速度。对齐：用于控制是否在复制时使用对齐功能。

打开一幅图像，如图 5-60 所示。选择“仿制图章”工具，按住 Alt 键的同时，鼠标指针变为圆形十字图标⊕。将鼠标指针放在蜡烛上单击确定取样点，释放鼠标，在适当的位置单击可以仿制出取样点的图像，效果如图 5-61 所示。

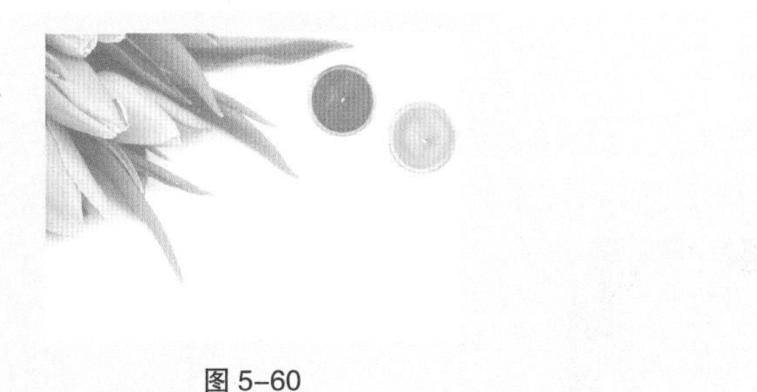

图 5-60

图 5-61

5.2.7 橡皮擦工具

橡皮擦工具可以用背景色擦除背景图像或用透明色擦除图层中的图像。

选择“橡皮擦”工具，或反复按 Shift+E 组合键，其属性栏状态如图 5-62 所示。

图 5-62

抹到历史记录：用于以“历史”控制面板中的图像状态来擦除图像。

选择“橡皮擦”工具，在图像中单击并按住鼠标拖曳，可以擦除图像。用背景色的白色擦除图像后效果如图 5-63 所示；用透明色擦除图像后效果如图 5-64 所示。

图 5-63

图 5-64

5.3 润饰工具

5.3.1 课堂案例——制作体育运动类微信公众号封面首图

【案例学习目标】使用多种润饰工具制作体育运动类微信公众号封面首图。

【案例知识要点】使用加深工具、锐化工具、减淡工具和图层混合模式选项调整图像。效果如图 5-65 所示。

【效果所在位置】云盘 /Ch05/ 效果 / 制作体育运动类微信公众号封面首图 .psd。

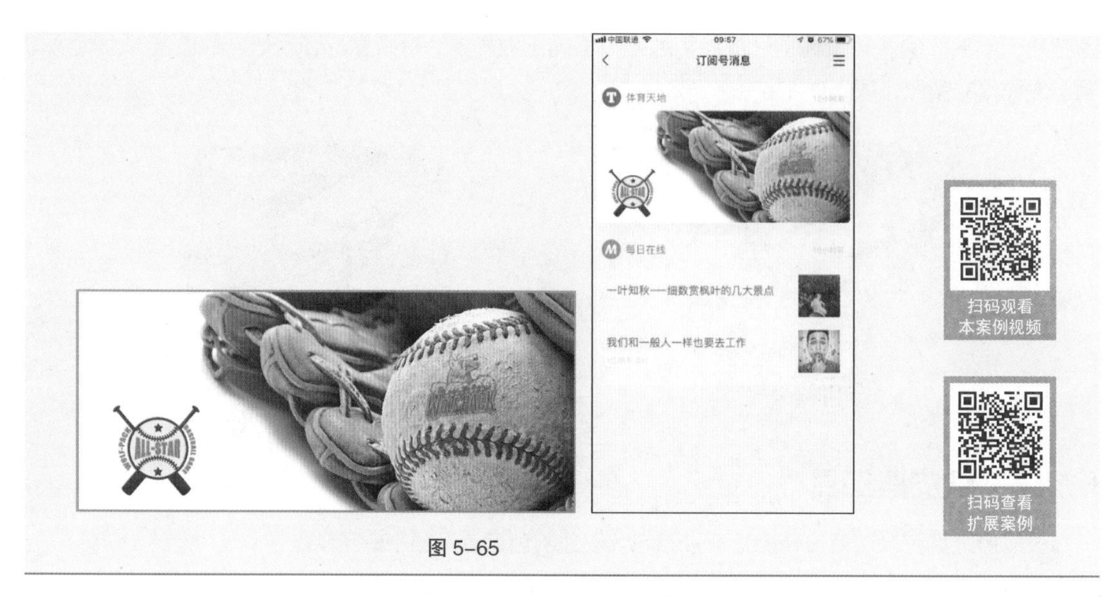

图 5-65

（1）按 Ctrl+N 组合键，新建一个文件，宽度为 900 像素，高度为 383 像素，分辨率为 72 像素 / 英寸，颜色模式为 RGB，背景内容为白色，单击“创建”按钮，新建文档。

（2）按 Ctrl ＋ O 组合键，打开云盘中的“Ch05 > 素材 > 制作体育运动类微信公众号封面首图 > 01、02”文件。选择“移动”工具，将 01、02 图像分别拖曳到新建的图像窗口中适当的位置，如图 5-66 所示。在“图层”控制面板中分别生成新的图层并将其命名为“底图”和“文字”，如图 5-67 所示。

图 5-66　　图 5-67

（3）选中“文字”图层。选择“加深”工具，在属性栏中单击“画笔”选项，弹出画笔面板。在面板中选择需要的画笔形状，将“大小”项设为 30 像素，如图 5-68 所示。在图像窗口中适当的位置拖曳鼠标加深图像，效果如图 5-69 所示。用相同方法加深图像其他部分，效果如图 5-70 所示。

图 5-68　　图 5-69　　图 5-70

（4）选中“底图”图层。选择“锐化”工具 Δ.，在属性栏中单击“画笔”选项，弹出画笔面板。在面板中选择需要的画笔形状，将“大小”项设为 300 像素，如图 5-71 所示。在图像窗口中适当的位置拖曳鼠标锐化图像，效果如图 5-72 所示。

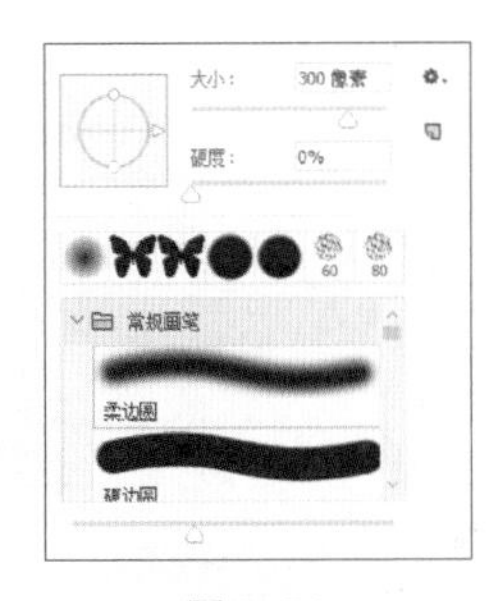

图 5-71

图 5-72

（5）按 Ctrl + O 组合键，打开云盘中的“Ch05 > 素材 > 制作体育运动类微信公众号封面首图 > 03”文件。选择“移动”工具 ✥.，将 03 图像拖曳到新建的图像窗口中适当的位置，效果如图 5-73 所示。在“图层”控制面板中生成新的图层并将其命名为“图案”。

（6）在“图层”控制面板上方，将“图案”图层的混合模式选项设为“正片叠底”，“不透明度”选项设为 60%，如图 5-74 所示，图像效果如图 5-75 所示。

图 5-73

图 5-74

图 5-75

（7）选择“减淡”工具 ✎.，在属性栏中单击“画笔”选项，弹出画笔面板。在面板中选择需要的画笔形状，将“大小”项设为 50 像素，如图 5-76 所示。在图像窗口中适当的位置拖曳鼠标，效果如图 5-77 所示。体育运动类微信公众号封面首图制作完成。

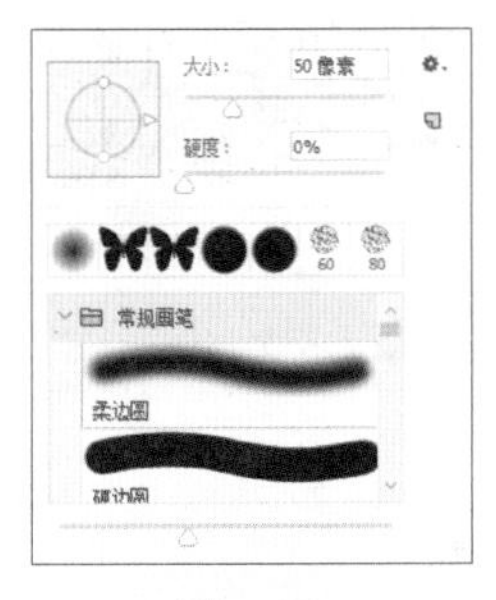

图 5-76

图 5-77

5.3.2 模糊工具

模糊工具可以使图像的色彩变模糊。

选择“模糊”工具 ，其属性栏状态如图 5-78 所示。

：用于选择画笔的形状。模式：用于设定饱和度处理方式。强度：用于设置压力的大小。对所有图层取样：用于设置工具是否对所有可见层起作用。

选择“模糊”工具 ，在属性栏中进行设置，如图 5-79 所示。在图像中单击并按住鼠标不放，拖曳鼠标使图像产生模糊的效果。原图像和模糊后的图像效果如图 5-80 和图 5-81 所示。

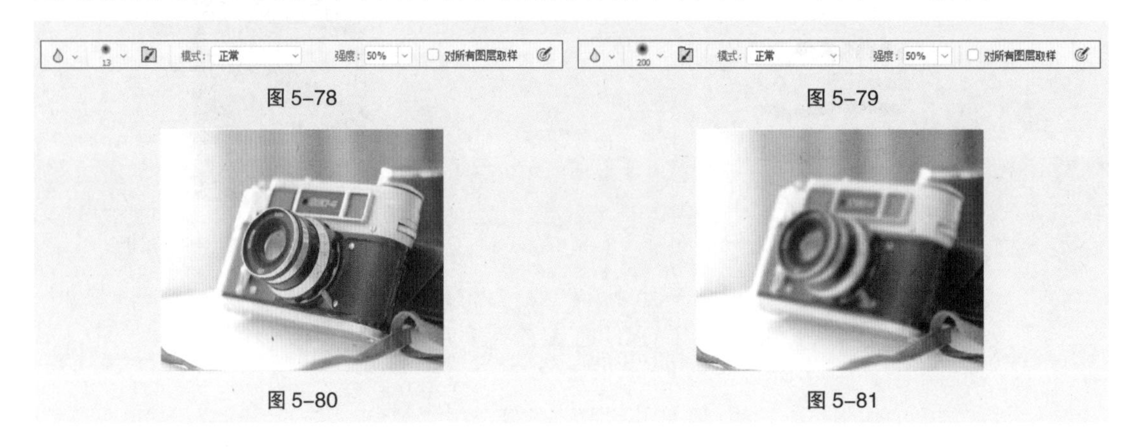

图 5-78　图 5-79

图 5-80　图 5-81

5.3.3 锐化工具

锐化工具可以使图像的色彩感变强烈。

选择“锐化”工具 ，其属性栏状态如图 5-82 所示。其属性栏中的内容与模糊工具属性栏的选项内容类似。

选择“锐化”工具 ，在属性栏中进行设置，如图 5-83 所示。在图像中单击并按住鼠标不放，拖曳鼠标使图像产生锐化效果。原图像和锐化后的图像效果如图 5-84 和图 5-85 所示。

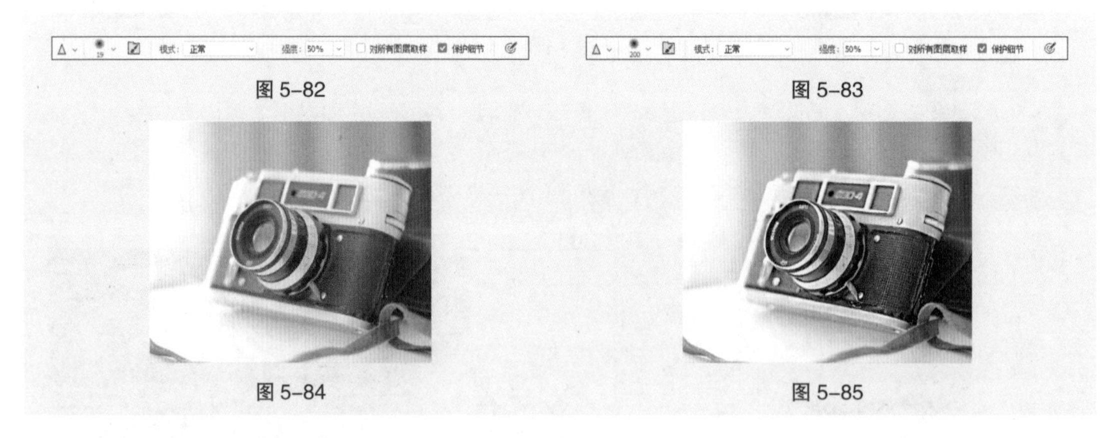

图 5-82　图 5-83

图 5-84　图 5-85

5.3.4 涂抹工具

涂抹工具可以使图像的颜色变柔和。

选择“涂抹”工具 ，其属性栏状态如图 5-86 所示。其属性栏中的内容与模糊工具属性栏的选项内容类似。增加的“手指绘画”复选框，用于设定是否按前景色进行涂抹。

选择“涂抹”工具 ，在属性栏中进行设置，如图 5-87 所示。在图像中单击并按住鼠标不放，拖曳鼠标使图像产生涂抹效果。原图像和涂抹后的图像效果如图 5-88 和图 5-89 所示。

图 5-86

图 5-88

图 5-87

图 5-89

5.3.5 减淡工具

减淡工具可以使图像的亮度提高。

选择“减淡”工具，或反复按 Shift+O 组合键，其属性栏状态如图 5-90 所示。

范围：用于设定图像中所要提高亮度的区域。曝光度：用于设定曝光的强度。

选择“减淡”工具，在属性栏中进行设置，如图 5-91 所示。在图像中单击并按住鼠标不放，拖曳鼠标使图像产生减淡效果。原图像和减淡后的图像效果如图 5-92 和图 5-93 所示。

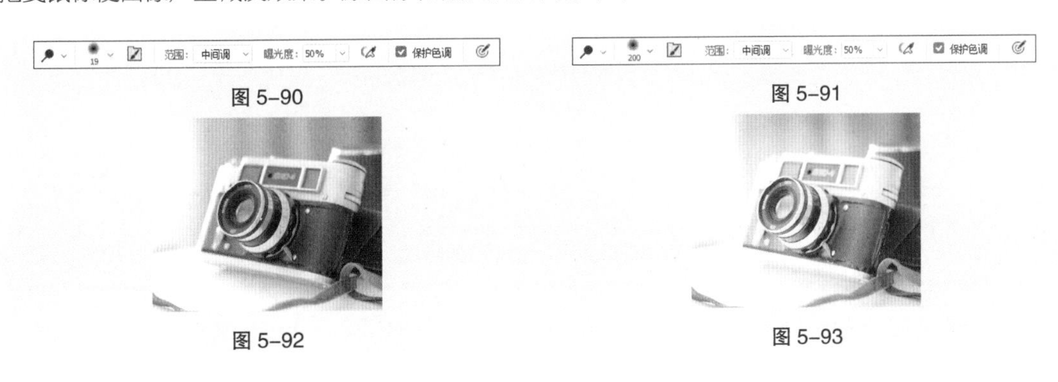

图 5-90

图 5-91

图 5-92

图 5-93

5.3.6 加深工具

加深工具可以使图像的区域变暗。

选择“加深”工具，或反复按 Shift+O 组合键，其属性栏状态如图 5-94 所示。其属性栏中内容的作用与减淡工具属性栏选项内容的作用正好相反。

选择“加深”工具，在属性栏中进行设置，如图 5-95 所示。在图像中单击并按住鼠标不放，拖曳鼠标使图像产生加深效果。原图像和加深后的图像效果如图 5-96 和图 5-97 所示。

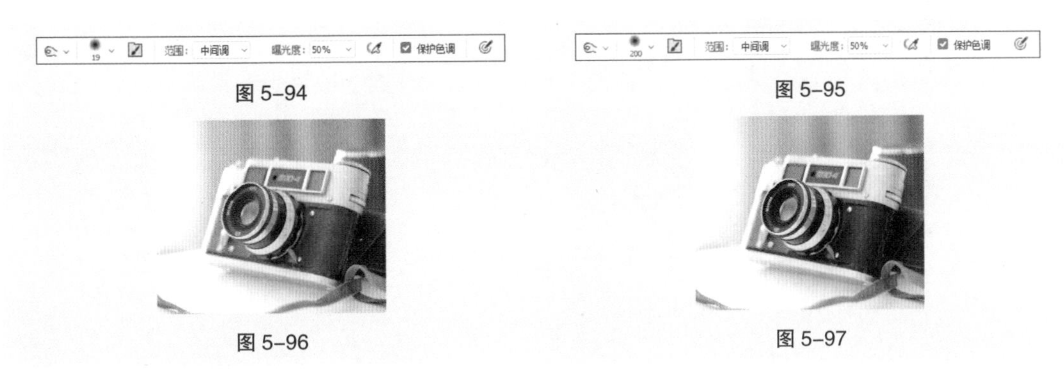

图 5-94

图 5-95

图 5-96

图 5-97

5.3.7 海绵工具

海绵工具可以改变图像局部的饱含度。

选择“海绵”工具，或反复按 Shift+O 组合键，其属性栏状态如图 5-98 所示。其属性栏中的内容与模糊工具属性栏的选项内容类似。增加的“流量”选项，用于设定扩散的速度。

选择“海绵”工具，在属性栏中进行设置，如图 5-99 所示。在图像中单击并按住鼠标不放，拖曳鼠标使图像减少色彩饱和度。原图像和使用海绵工具后的图像效果如图 5-100 和图 5-101 所示。

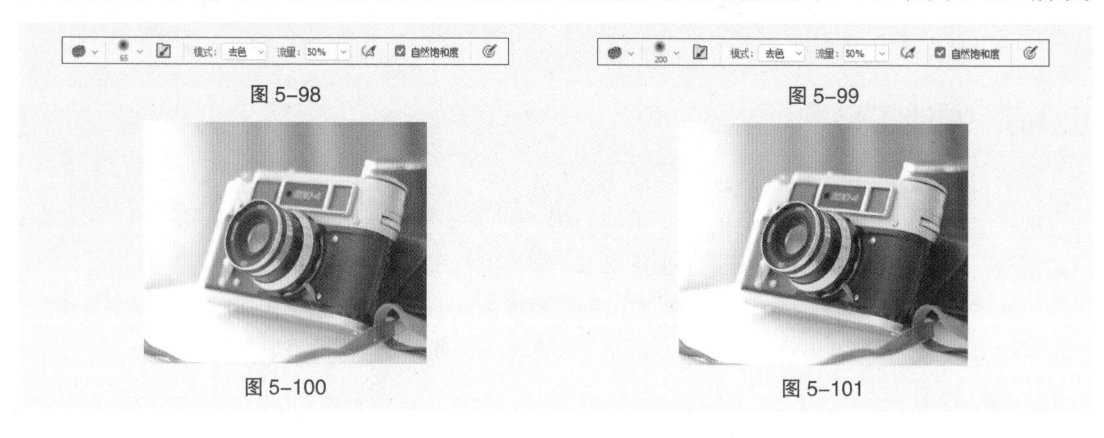

图 5-98　　图 5-99

图 5-100　　图 5-101

5.4 课堂练习——制作旅游出行类公众号封面次图

【练习知识要点】使用缩放工具调整图像大小，使用加深工具和模糊工具修饰图像，使用橡皮工具擦除不需要的部分。效果如图 5-102 所示。

【效果所在位置】云盘 /Ch05/ 效果 / 制作旅游出行类公众号封面次图 .psd。

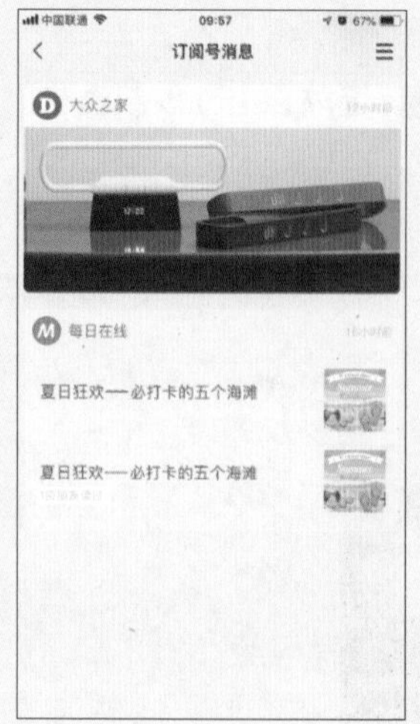

扫码观看
本案例视频

图 5-102

5.5 课后习题——制作美妆教学类公众号封面首图

【习题知识要点】使用缩放工具调整图像大小，使用仿制图章工具修饰碎发，使用修复画笔工具和污点修复画笔工具修饰雀斑，使用加深工具修饰头发和嘴唇，使用减淡工具修饰脸部。效果如图 5-103 所示。

【效果所在位置】云盘 /Ch05/ 效果 / 制作美妆教学类公众号封面首图 .psd。

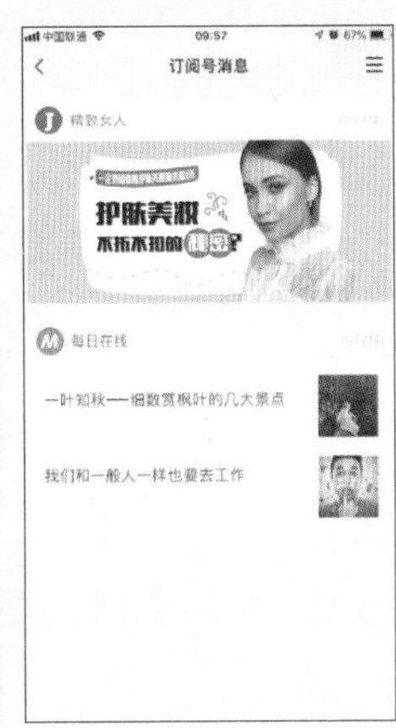

图 5-103

06

第 6 章 调色

本章介绍

我们经常会对自己拍摄的数码照片或查找到的素材的色彩不甚满意，特别想对其进行色彩的调整和修正。本章就将详细讲解常用的调整图像色彩与色调的命令和面板。通过本章的学习，读者可以了解并掌握调整图像颜色的基本方法与操作技巧，制作出绚丽多彩的作品。

学习目标

- 熟练掌握调整图像色彩与色调的方法。
- 掌握特殊的颜色处理技巧。
- 了解动作面板调色的方法。

调色

技能目标

- 掌握“化妆品网店详情页主图”的制作方法。
- 掌握“媒体娱乐公众号封面次图”的制作方法。
- 掌握“旅游出行微信公众号封面首图”的制作方法。
- 掌握“汽车工业行业活动邀请”的制作方法。
- 掌握“餐饮行业公众号封面次图”的制作方法。
- 掌握“食品餐饮行业产品介绍”的制作方法。
- 掌握“舞蹈培训公众号运营海报”的制作方法。
- 掌握“媒体娱乐公众号封面首图”的制作方法。

6.1 调整图像色彩与色调

6.1.1 课堂案例——制作化妆品网店详情页主图

【案例学习目标】学习使用混合模式和图层调整调整图像。

【案例知识要点】使用图层混合模式和图层调整调整照片的质感。效果如图 6–1 所示。

【效果所在位置】云盘 /Ch06/ 效果 / 制作化妆品网店详情页主图 .psd。

图 6–1

（1）按 Ctrl+O 组合键，打开云盘中的“Ch06 > 素材 > 制作化妆品网店详情页主图 > 01”文件，如图 6–2 所示。将“背景”图层拖曳到“图层”控制面板下方的“创建新图层”按钮 上进行复制，生成新的图层“背景 拷贝”。在“图层”控制面板上方，将“背景 拷贝”图层的混合模式选项设为“滤色”，“不透明度”选项设为 30%，如图 6–3 所示，图像效果如图 6–4 所示。

图 6–2

图 6–3

图 6–4

（2）单击“图层”控制面板下方的“创建新的填充或调整图层”按钮 ，在弹出的菜单中选择“曝光度”命令。在“图层”控制面板中生成“曝光度 1”图层，同时在弹出的“曝光度”面板中进行设置，如图 6–5 所示。按 Enter 键，图像效果如图 6–6 所示。

（3）单击“图层”控制面板下方的“创建新的填充或调整图层”按钮 ，在弹出的菜单中选择“曲线”命令。在“图层”控制面板中生成“曲线 1”图层，同时弹出“曲线”面板。在曲线上单击鼠标添加控制点，将“输入”项设为 200，“输出”项设为 219，如图 6-7 所示。在曲线上单击鼠标添加控制点，将“输入”项设为 67，“输出”项设为 41，如图 6-8 所示。按 Enter 键确定操作，图像效果如图 6-9 所示。

图 6-5　　图 6-6

（4）按 Ctrl + O 组合键，打开云盘中的“Ch06 > 素材 > 制作化妆品网店详情页主图 > 02”文件。选择“移动”工具，将 02 图像拖曳到 01 图像窗口中适当的位置，如图 6-10 所示。在“图层”控制面板中生成新的图层并将其命名为“装饰”。化妆品网店详情页主图制作完成。

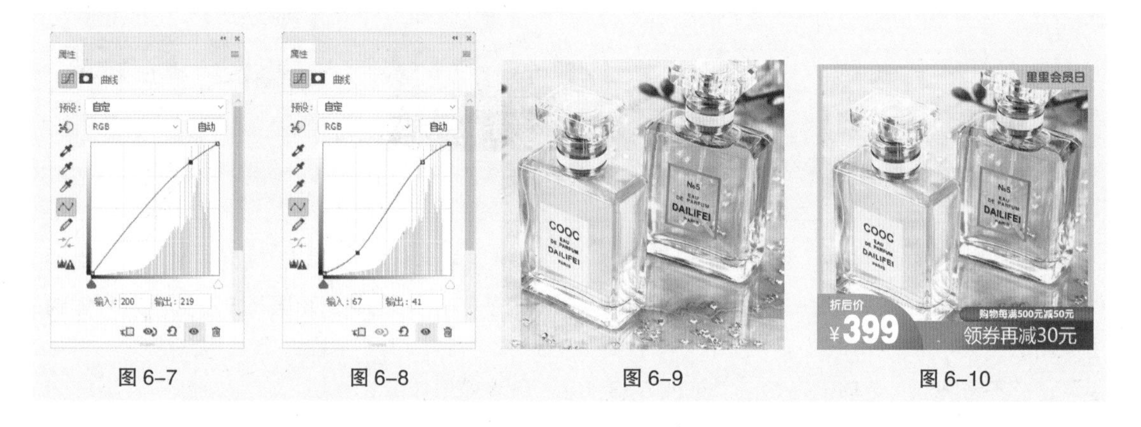

图 6-7　　图 6-8　　图 6-9　　图 6-10

6.1.2　曲线

曲线命令可以通过调整图像色彩曲线上的任意一个像素点来改变图像的色彩范围。

打开一幅图像，如图 6-11 所示。选择“图像 > 调整 > 曲线”命令，或按 Ctrl+M 组合键，弹出对话框，如图 6-12 所示。在图像中单击，如图 6-13 所示，对话框的图表上会出现一个圆圈，X 轴为色彩的输入值，Y 轴为色彩的输出值，表示在图像中单击处的像素数值，如图 6-14 所示。

图 6-11

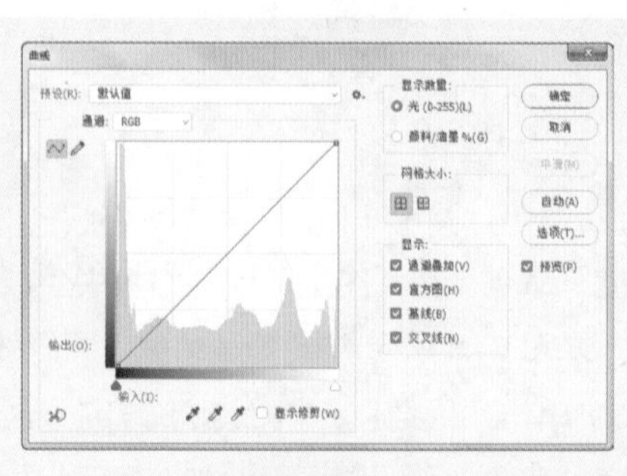

图 6-12

图 6-13

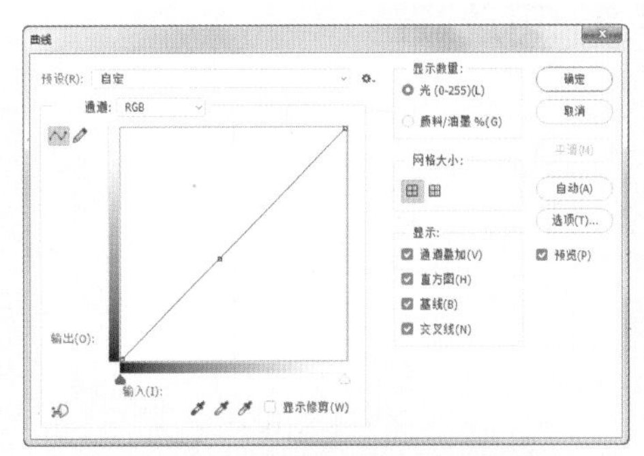

图 6-14

“通道”选项：可以选择图像的颜色调整通道。∿✎：可以改变曲线的形状，添加或删除控制点。输入 / 输出：显示图表中鼠标指针所在位置的亮度值。自动(A)：可以自动调整图像的亮度。

图 6-15 所示为调整曲线后的图像效果。

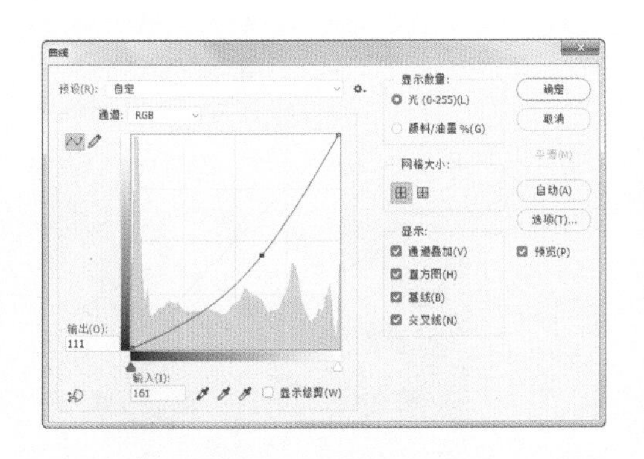

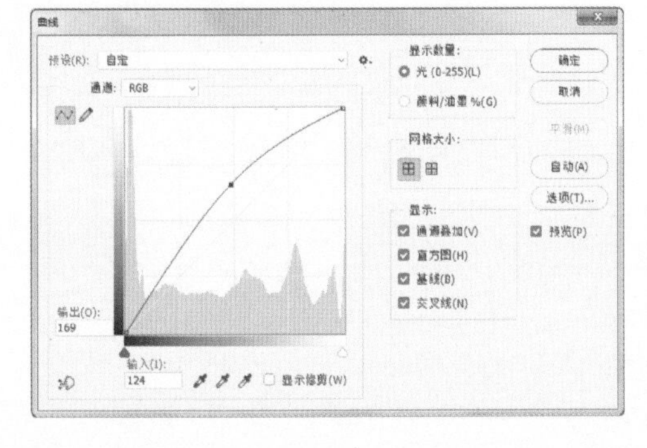

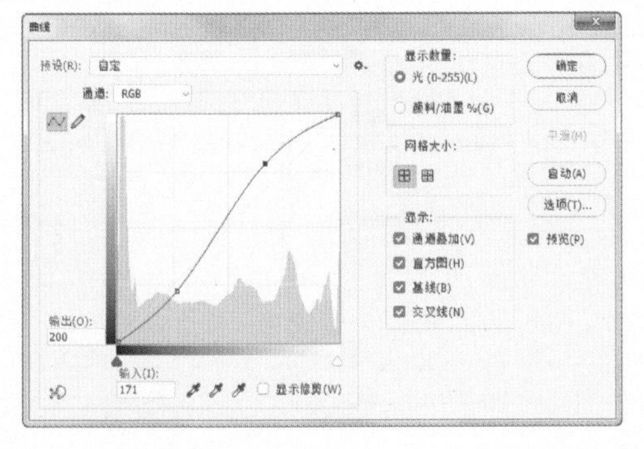

图 6-15

6.1.3 可选颜色

可选颜色命令能够将图像中的颜色替换成选择后的颜色。

打开一幅图像，如图 6–16 所示。选择“图像 > 调整 > 可选颜色”命令，弹出图 6–17 所示的对话框。对选项进行设置，如图 6–18 所示。单击“确定”按钮，效果如图 6–19 所示。

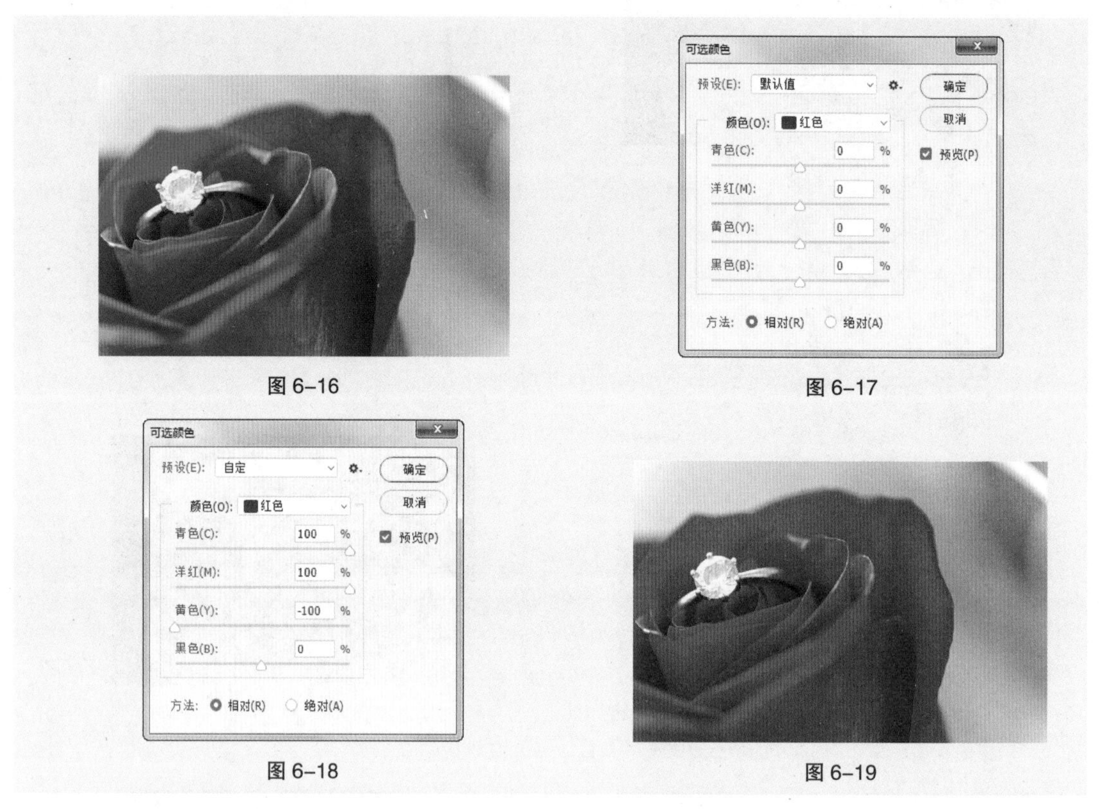

图 6–16

图 6–17

图 6–18

图 6–19

颜色：可以选择图像中含有的不同色彩，通过拖曳滑块调整青色、洋红、黄色、黑色的百分比。

方法：确定调整方法是“相对”或“绝对”。

6.1.4 色彩平衡

色彩平衡命令用于设置图像的色彩平衡效果。

选择“图像 > 调整 > 色彩平衡”命令，或按 Ctrl+B 组合键，弹出对话框，如图 6–20 所示。

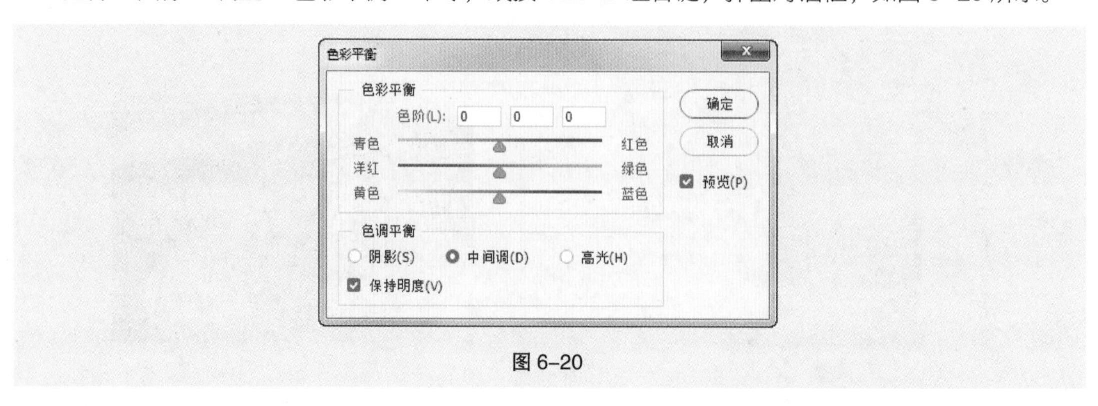

图 6–20

色彩平衡：用于添加过渡色来平衡色彩效果，通过拖曳滑块或在“色阶”项的数值框中直接输入数值调整图像色彩。色调平衡：用于选取图像的阴影、中间调和高光。保持明度：用于保持原图像的明度。

设置不同的色彩平衡后，单击“确定”按钮，效果如图 6-21 所示。

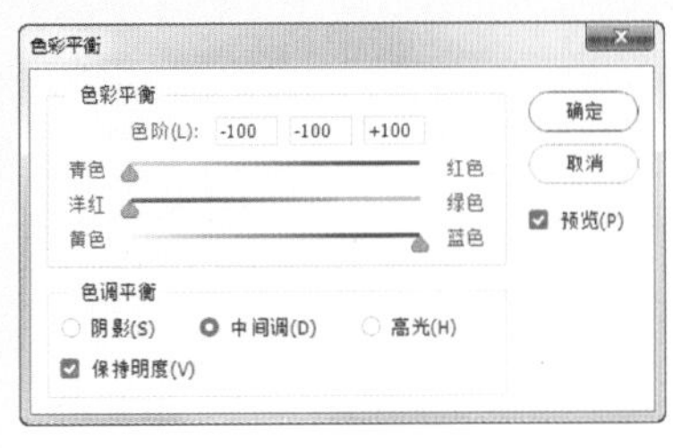

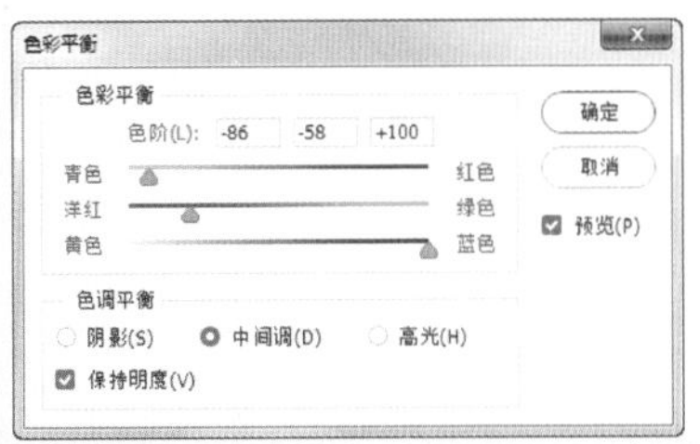

图 6-21

6.1.5 课堂案例——制作媒体娱乐公众号封面次图

【案例学习目标】学习使用渐变映射命令制作媒体娱乐公众号封面次图。

【案例知识要点】使用渐变工具填充背景，使用钢笔工具绘制多边形，使用移动工具移动图像，使用渐变映射命令调整人物图像。效果如图 6-22 所示。

【效果所在位置】云盘 /Ch06/ 效果 / 制作媒体娱乐公众号封面次图 .psd。

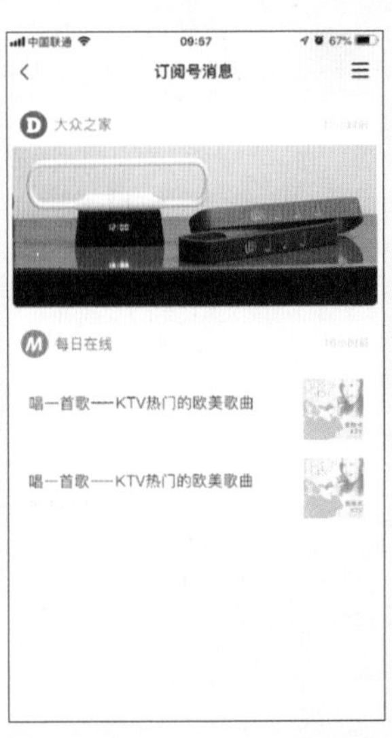

图 6-22

（1）按 Ctrl+N 组合键，新建一个文件，宽度为 200 像素，高度为 200 像素，分辨率为 72 像素 / 英寸，颜色模式为 RGB，背景内容为白色，单击“创建”按钮，新建文档。

（2）选择“渐变”工具，单击属性栏中的“点按可编辑渐变”按钮，弹出“渐变编辑器”对话框。在“位置”选项中分别输入 0、50、100 3 个位置点，并分别设置 3 个位置点颜色的 RGB 值为 0（202、229、242）、50（249、248、208）、100（202、227、204），如图 6-23 所示。单击“确定”按钮。在图像窗口中由右下角至左上角拖曳渐变色，效果如图 6-24 所示。

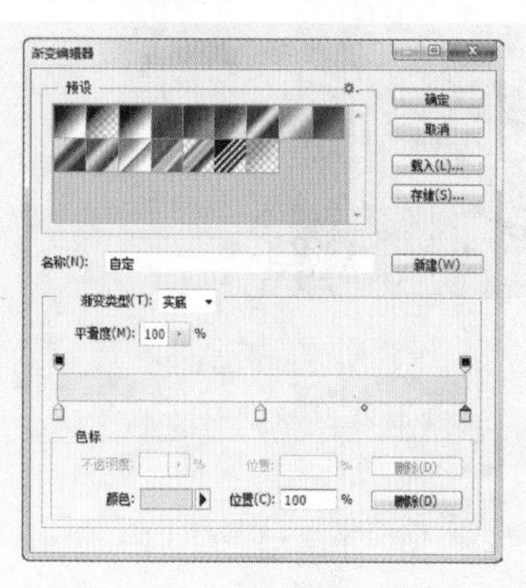

图 6-23

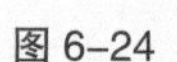

图 6-24

（3）按 Ctrl + O 组合键，打开云盘中的“Ch06 > 素材 > 制作媒体娱乐公众号封面次图 > 01”文件。选择“移动”工具，将 01 图像拖曳到新建的图像窗口中适当的位置，如图 6-25 所示。在“图层”控制面板中生成新的图层并将其命名为“人物 1”，如图 6-26 所示。

图 6-25

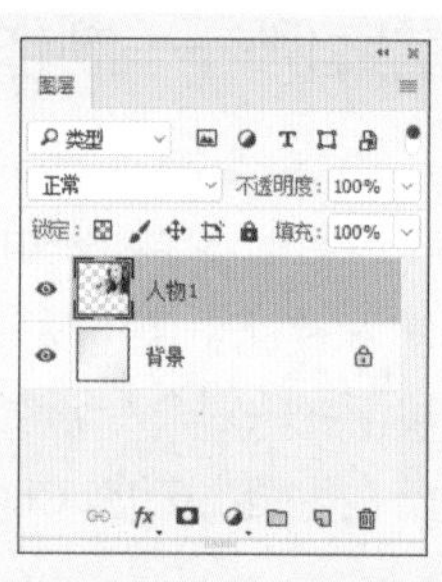

图 6-26

（4）选择“图像 > 调整 > 黑白”命令，在弹出的对话框中进行设置，如图 6-27 所示。单击“确定”按钮，效果如图 6-28 所示。

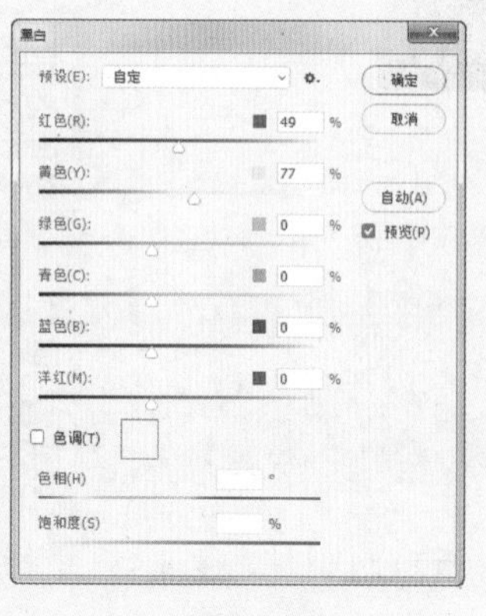

图 6-27

图 6-28

（5）在“图层”控制面板上方，将“人物 1”图层的混合模式选项设为“正片叠底”，“不透明度”选项设为 80%，如图 6–29 所示。按 Enter 键确定操作，效果如图 6–30 所示。

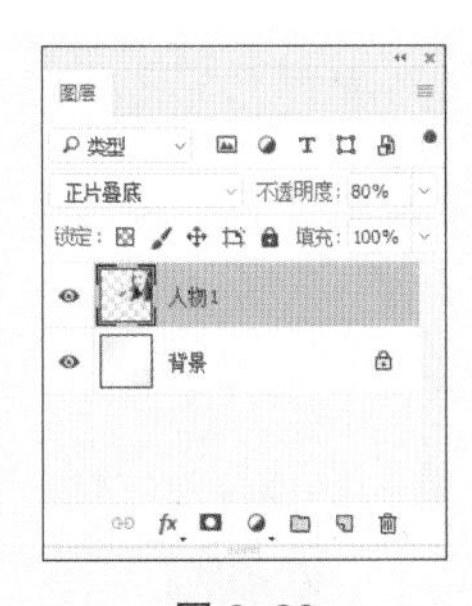

图 6–29

图 6–30

（6）选择“图像 > 调整 > 渐变映射”命令，弹出对话框。单击“灰度映射所用的渐变”按钮，弹出“渐变编辑器”对话框。将渐变色设为从橘色（255、83、16）到白色，如图 6–31 所示。单击“确定”按钮，返回到“渐变映射”对话框。单击“确定”按钮，效果如图 6–32 所示。

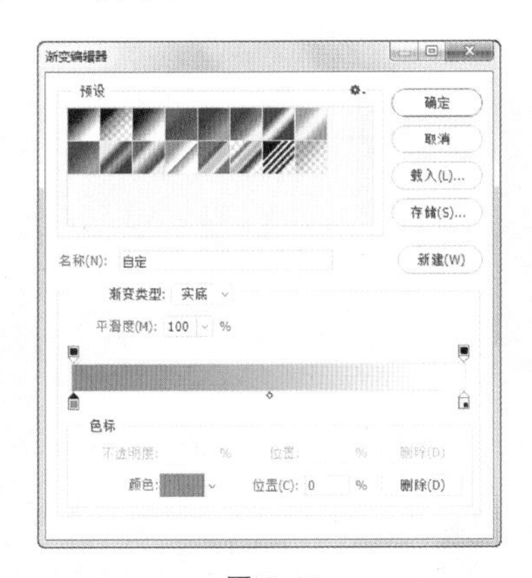

图 6–31

图 6–32

（7）单击“图层”控制面板下方的“添加图层蒙版”按钮，为图层添加蒙版，如图 6–33 所示。选择“渐变”工具，单击属性栏中的“点按可编辑渐变”按钮，弹出“渐变编辑器”对话框。将渐变色设为从黑色到白色，如图 6–34 所示。单击“确定”按钮。在 01 图像下方从下向上拖曳渐变色，效果如图 6–35 所示。

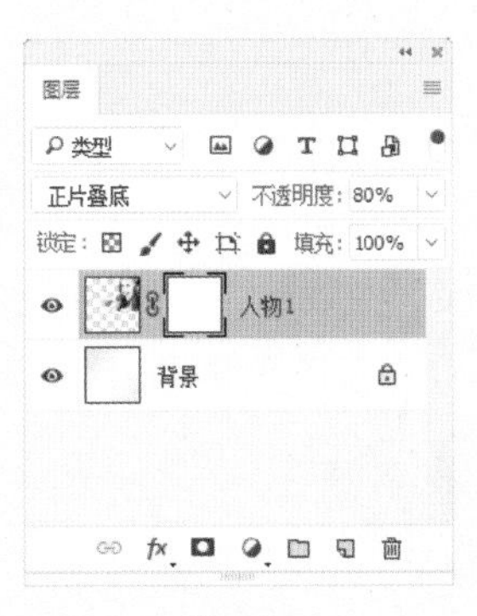

图 6–33

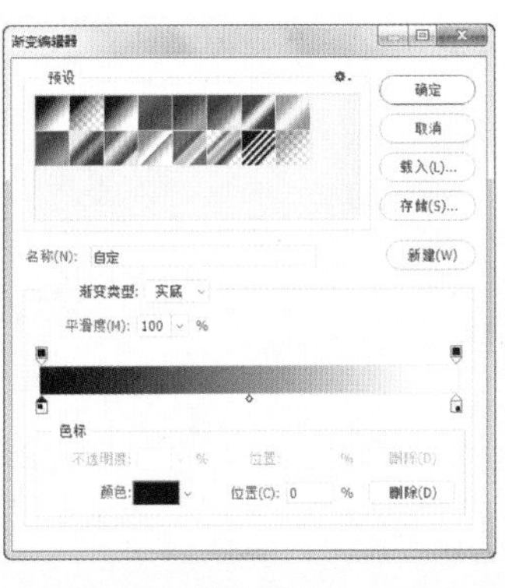

图 6–34

图 6–35

（8）按 Ctrl + O 组合键，打开云盘中的“Ch06 > 素材 > 制作媒体娱乐公众号封面次图 > 02”文件。选择“移动”工具 ，将 02 图像拖曳到新建的图像窗口中适当的位置，如图 6-36 所示。在“图层”控制面板中生成新的图层并将其命名为“人物 2”。

（9）按 Ctrl+T 组合键，在图像周围出现变换框，如图 6-37 所示。在变换框中单击鼠标右键，在弹出的快捷菜单中选择“水平翻转”命令，水平翻转图像。按 Enter 键确定操作，效果如图 6-38 所示。

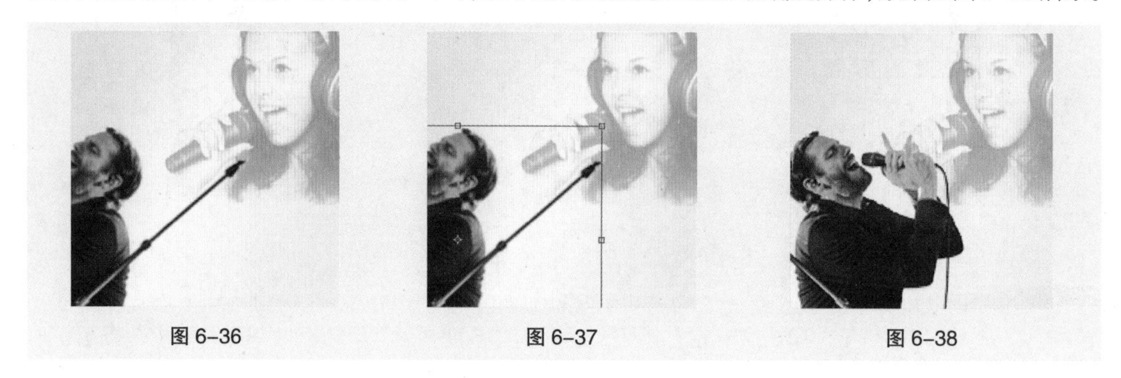

图 6-36　　图 6-37　　图 6-38

（10）选择“图像 > 调整 > 黑白”命令，在弹出的对话框中进行设置，如图 6-39 所示。单击“确定”按钮，效果如图 6-40 所示。

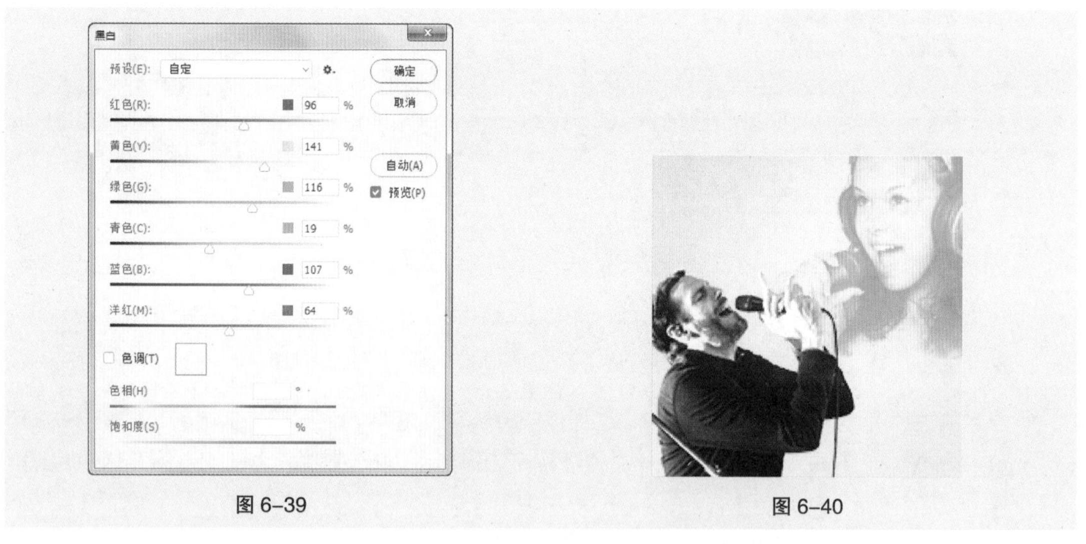

图 6-39　　图 6-40

（11）在“图层”控制面板上方，将“人物 2”图层的混合模式选项设为“正片叠底”，“不透明度”选项设为 60%，如图 6-41 所示。按 Enter 键确定操作，效果如图 6-42 所示。

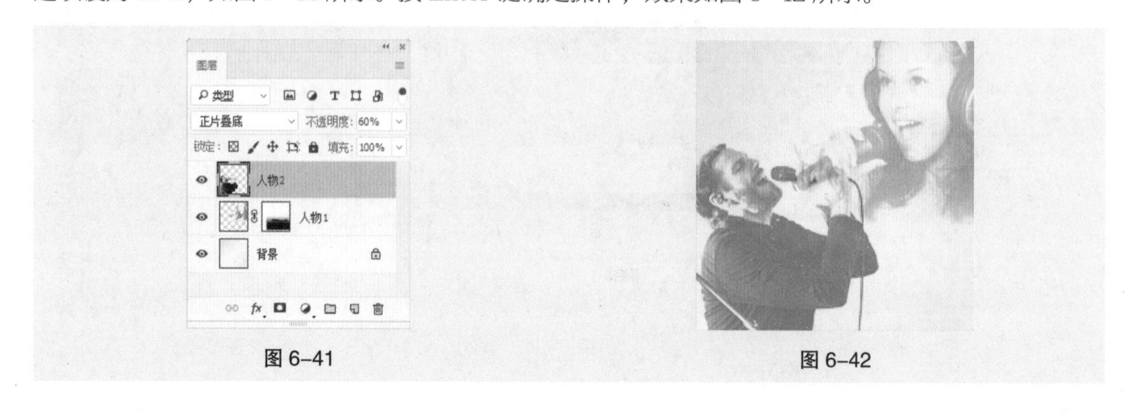

图 6-41　　图 6-42

（12）选择“图像 > 调整 > 渐变映射”命令，弹出对话框。单击“灰度映射所用的渐变”按钮 ，弹出“渐变编辑器”对话框。将渐变色设为从绿色（0、233、164）到白色，如图 6-43 所示。单击“确定”按钮，返回到“渐变映射”对话框。单击“确定”按钮，效果如图 6-44 所示。

图 6-43　　　　图 6-44

（13）按 Ctrl + O 组合键，打开云盘中的“Ch06 > 素材 > 制作媒体娱乐公众号封面次图 > 03”文件。选择“移动”工具 ，将 03 文件拖曳到新建的图像窗口中适当的位置，效果如图 6-45 所示。在“图层”控制面板中生成新的图层并将其命名为“文字”。

（14）选择“横排文字”工具 ，在适当的位置分别输入需要的文字并选取文字，在属性栏中单击“右对齐文本”按钮 。选择“窗口 > 字符”命令，弹出“字符”面板，在面板中将“颜色”设为橙色（255、144、0），其他选项的设置如图 6-46 和图 6-47 所示。按 Enter 键确定操作，效果如图 6-48 所示。在“图层”控制面板中分别生成新的文字图层。

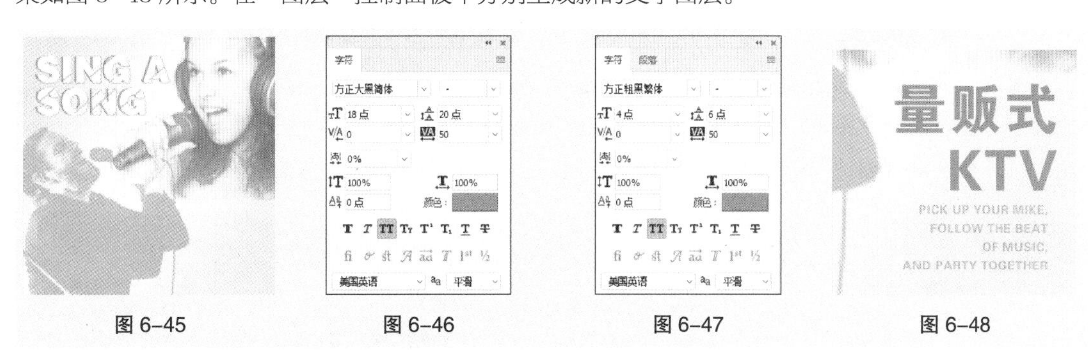

图 6-45　　　　图 6-46　　　　图 6-47　　　　图 6-48

（15）在“图层”控制面板上方，将“Pick up your mike, follow...”图层的“不透明度”选项设为 60%，如图 6-49 所示。按 Enter 键确定操作，效果如图 6-50 所示。媒体娱乐公众号封面次图制作完成。

图 6-49　　　　图 6-50

6.1.6 黑白

“黑白”命令可以将彩色图像转换为灰阶图像，也可以为灰阶图像添加单色。

6.1.7 渐变映射

渐变映射命令用于将图像的最暗和最亮色调映射为一组渐变色中的最暗和最亮色调。

打开一幅图像，如图 6-51 所示。选择“图像 > 调整 > 渐变映射”命令，弹出对话框，如图 6-52 所示。

灰度映射所用的渐变：用于选择不同的渐变形式。仿色：用于为转变色调后的图像增加仿色。反向：用于将转变色调后的图像颜色反转。

单击“灰度映射所用的渐变”按钮，在弹出的“渐变编辑器”对话框中设置渐变色，如图 6-53 所示。单击“确定”按钮，效果如图 6-54 所示。

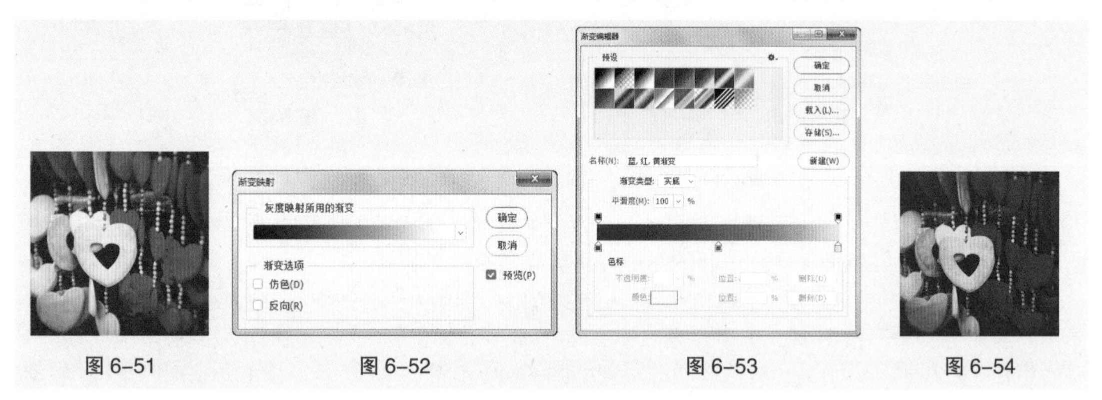

图 6-51　图 6-52　图 6-53　图 6-54

6.1.8 课堂案例——制作旅游出行微信公众号封面首图

【案例学习目标】学习使用调色命令调整风景画的颜色。

【案例知识要点】使用通道混合器命令和黑白命令调整图像。效果如图 6-55 所示。

【效果所在位置】云盘 /Ch06/ 效果 / 制作旅游出行微信公众号封面首图 .psd。

图 6-55

（1）按 Ctrl + O 组合键，打开云盘中的“Ch06 > 素材 > 制作旅游出行微信公众号封面首

图 > 01”文件，如图 6-56 所示。将“背景”图层拖曳到“图层”控制面板下方的“创建新图层”按钮 上进行复制，生成新的图层“背景 拷贝”，如图 6-57 所示。

图 6-56

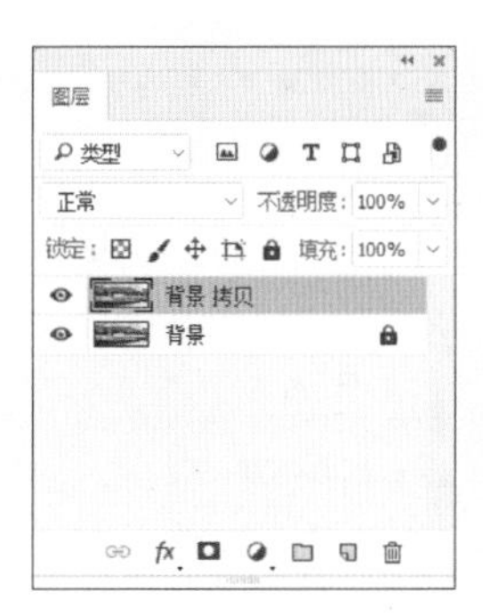

图 6-57

（2）选择“图像 > 调整 > 通道混合器”命令，在弹出的对话框中进行设置，如图 6-58 所示。单击“确定”按钮，效果如图 6-59 所示。

图 6-58

图 6-59

（3）按 Ctrl+J 组合键，复制“背景 拷贝”图层，生成新的图层并将其命名为“黑白”。选择“图像 > 调整 > 黑白”命令，在弹出的对话框中进行设置，如图 6-60 所示。单击“确定”按钮，效果如图 6-61 所示。

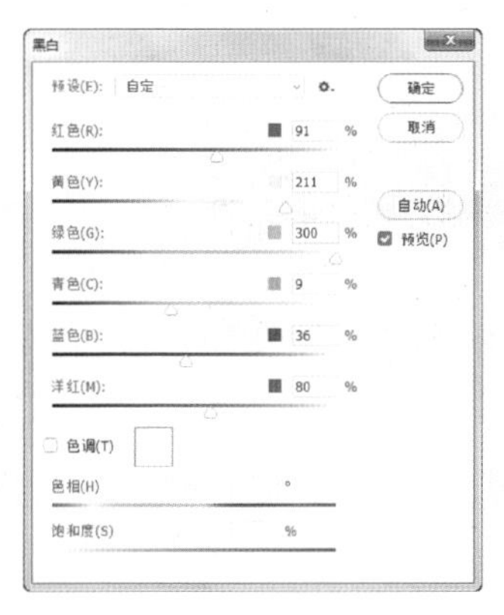

图 6-60

图 6-61

（4）在“图层”控制面板上方，将“黑白”图层的混合模式选项设为“滤色”，如图 6-62 所示，效果如图 6-63 所示。

图 6-62　　图 6-63

（5）按住 Ctrl 键的同时，选择“黑白”图层和“背景 拷贝”图层，按 Ctrl+E 组合键，合并图层，并将其命名为“效果”。选择“图像 > 调整 > 色相 / 饱和度”命令，在弹出的对话框中进行设置，如图 6-64 所示。单击“确定”按钮，效果如图 6-65 所示。

图 6-64　　图 6-65

（6）按 Ctrl + O 组合键，打开云盘中的“Ch06 > 素材 > 制作旅游出行微信公众号封面首图 > 02”文件。选择“移动”工具，将 02 图像拖曳到新建的图像窗口中适当的位置，效果如图 6-66 所示。在“图层”控制面板中生成新的图层并将其命名为“文字”。旅游出行微信公众号封面首图制作完成。

图 6-66

6.1.9　通道混合器

打开一幅图像，如图 6-67 所示。选择“图像 > 调整 > 通道混合器”命令，在弹出的对话框中进行设置，如图 6-68 所示。单击“确定”按钮，效果如图 6-69 所示。

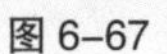

图 6-67　　图 6-68　　图 6-69

输出通道：可以选取要修改的通道。源通道：通过拖曳滑块或输入数值来调整图像。常数：可以通过拖曳滑块或输入数值来调整图像。单色：可以创建灰度模式的图像。

6.1.10　色相 / 饱和度

打开一幅图像，如图 6-70 所示。选择“图像 > 调整 > 色相 / 饱和度”命令，或按 Ctrl+U 组合键，在弹出的对话框中进行设置，如图 6-71 所示。单击“确定”按钮，效果如图 6-72 所示。

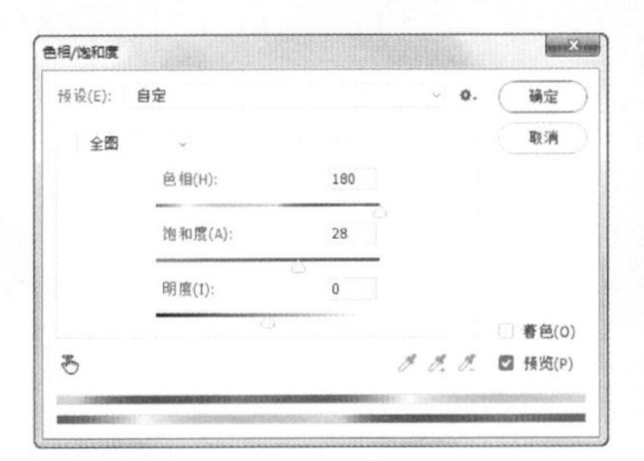

图 6-70　　图 6-71　　图 6-72

预设：用于选择要调整的色彩范围，可以通过拖曳各选项中的滑块或输入数值来调整图像的色相、饱和度和明度。着色：用于在由灰度模式转化而来的色彩模式图像中填加需要的颜色。

打开一幅图像，如图 6-73 所示。在“色相 / 饱和度”对话框中进行设置，勾选“着色”复选框，如图 6-74 所示。单击“确定”按钮，效果如图 6-75 所示。

图 6-73　　图 6-74　　图 6-75

6.1.11 课堂案例——制作汽车工业行业活动邀请

【案例学习目标】学习使用调色命令调整图像。

【案例知识要点】使用照片滤镜命令、色阶命令和亮度 / 对比度命令调整图像，使用横排文字工具和字符面板添加文字。效果如图 6-76 所示。

【效果所在位置】云盘 /Ch06/ 效果 / 制作汽车工业行业活动邀请 .psd。

图 6-76

（1）按 Ctrl+N 组合键，新建一个文件，宽度为 750 像素，高度为 1206 像素，分辨率为 72 像素 / 英寸，颜色模式为 RGB，背景内容为白色，单击“创建”按钮，新建文档。

（2）按 Ctrl + O 组合键，打开云盘中的“Ch06 > 素材 > 制作汽车工业行业活动邀请 > 01”文件，如图 6-77 所示。选择“移动”工具 ，将 01 图像拖曳到新建的图像窗口中。在“图层”控制面板中生成新的图层并将其命名为“汽车”。

（3）选择“图像 > 调整 > 照片滤镜”命令，在弹出的对话框中进行设置，如图 6-78 所示。单击“确定”按钮，效果如图 6-79 所示。

图 6-77

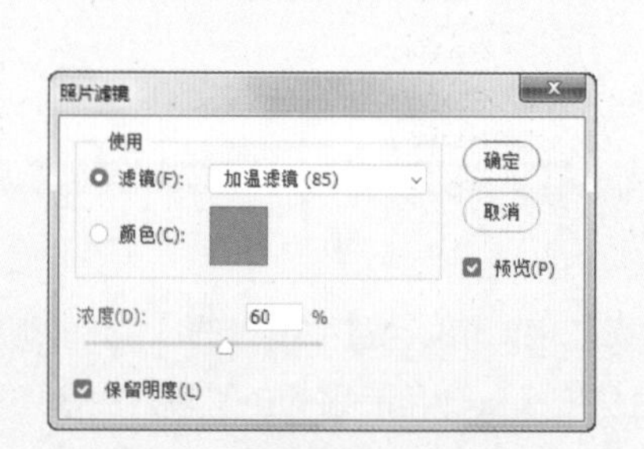

图 6-78

图 6-79

（4）按 Ctrl+L 组合键，弹出“色阶”对话框，选项的设置如图 6-80 所示。单击“确定”按钮，效果如图 6-81 所示。

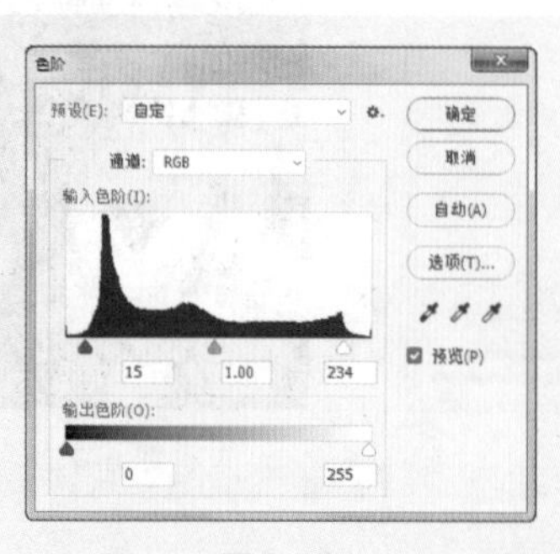

图 6-80

图 6-81

（5）选择“图像 > 调整 > 亮度 / 对比度”命令，在弹出的对话框中进行设置，如图 6-82 所示。单击“确定”按钮，效果如图 6-83 所示。

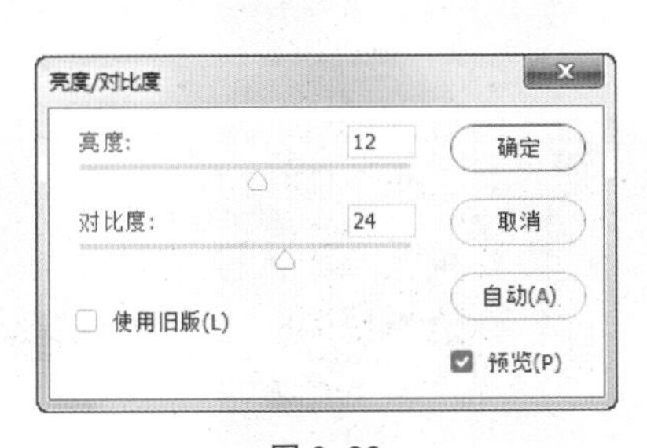

图 6-82

图 6-83

（6）选择“横排文字”工具 T，在适当的位置输入需要的文字并选取文字。选择“窗口 > 字符”命令，弹出“字符”面板。在面板中将“颜色”设为白色，其他选项的设置如图 6-84 所示。按 Enter 键确定操作，效果如图 6-85 所示。再次在适当的位置输入需要的文字并选取文字，在“字符”面板中进行设置，如图 6-86 所示。按 Enter 键确定操作，效果如图 6-87 所示。在“图层”控制面板中分别生成新的文字图层。汽车工业行业活动邀请制作完成。

图 6-84

图 6-85

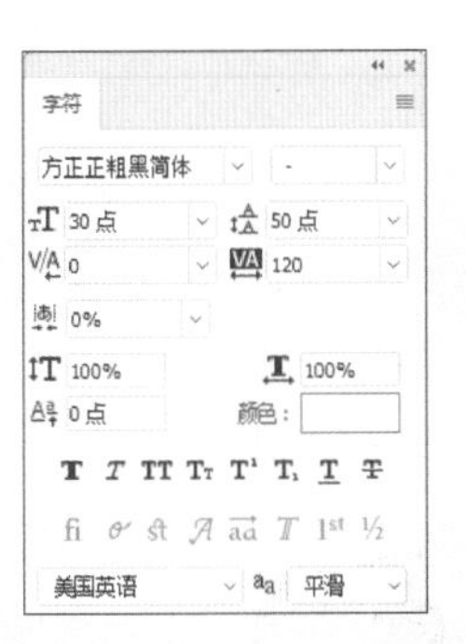

图 6-86

图 6-87

6.1.12 照片滤镜

照片滤镜命令用于模仿传统相机的滤镜效果处理图像，通过调整图片颜色可以获得各种丰富的效果。

打开一幅图片。选择“图像 > 调整 > 照片滤镜”命令，弹出对话框，如图 6-88 所示。

图 6-88

滤镜：用于选择颜色调整的过滤模式。颜色：单击此选项右侧的图标，弹出“选择滤镜颜色”对话框，可以在对话框中设置精确颜色对图像进行过滤。浓度：可以通过拖动滑块或在右侧的数值框中输入数值设置过滤颜色的百分比。保留明度：勾选此复选框，图片的白色部分颜色保持不变；取消勾选此复选框，则图片的全部颜色都随之改变。图 6-89 所示为不同选项设置后对应的效果。

图 6-89

6.1.13 色阶

打开一幅图像，如图 6-90 所示。选择“图像 > 调整 > 色阶”命令，或按 Ctrl+L 组合键，弹出对话框，如图 6-91 所示。对话框中间是一个直方图，其横坐标为 0~255，表示亮度值；纵坐标为图像的像素数值。

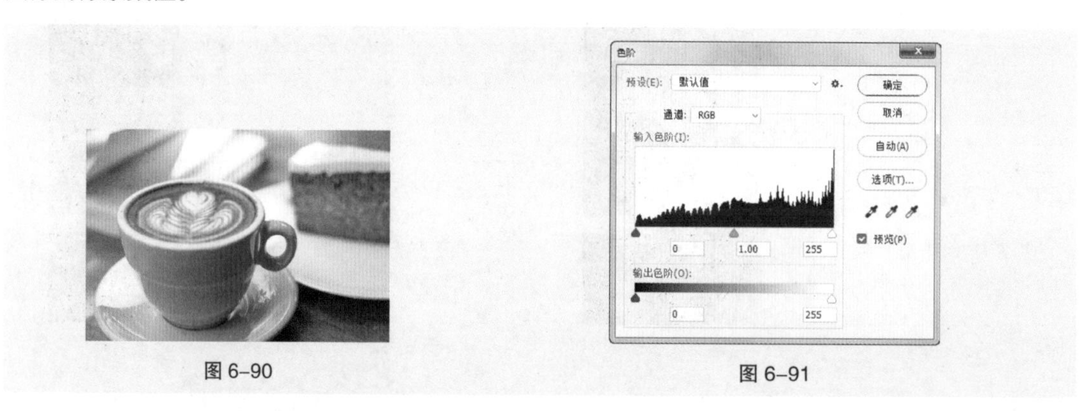

图 6-90　　图 6-91

通道：可以选择不同的颜色通道来调整图像。

输入色阶：可以通过输入数值或拖曳滑块来调整图像。左侧的数值框和黑色滑块用于调整黑色，图像中低于该亮度值的所有像素将变为黑色；中间的数值框和灰色滑块用于调整灰度，其数值范围为 0.01~9.99；右侧的数值框和白色滑块用于调整白色，图像中高于该亮度值的所有像素将变为白色。调整“输入色阶”选项的 3 个滑块后，图像将产生不同的色彩效果，如图 6-92 所示。

输出色阶：可以通过输入数值或拖曳滑块来控制图像的亮度范围。左侧的数值框和黑色滑块用于调整图像中最暗像素的亮度；右侧数值框和白色滑块用于调整图像中最亮像素的亮度。调整“输出色阶”选项的 2 个滑块后，图像将产生不同的色彩效果，如图 6-93 所示。

自动(A)：可以自动调整图像并设置层次。选项(T)...：可以进行自动颜色校正选项设置，若否，系统将以 0.10% 色阶来对图像进行加亮和变暗。取消：按住 Alt 键，转换为复位按钮，将刚调整过的色阶复位还原，重新进行设置。：分别为黑色吸管工具、灰色吸管工具和白色吸管工具。选中黑色吸管工具，用鼠标在图像中单击一点，图像中暗于单击点的所有像素都会变为黑色；用灰色吸管工具在图像中单击，单击点的像素都会变为灰色，图像中的其他颜色也会有相应调整；用白色吸管工具在图像中单击一点，图像中亮于单击点的所有像素都会变为白色。双击任意吸管工具，在弹出的颜色选择对话框中可设置吸管颜色。

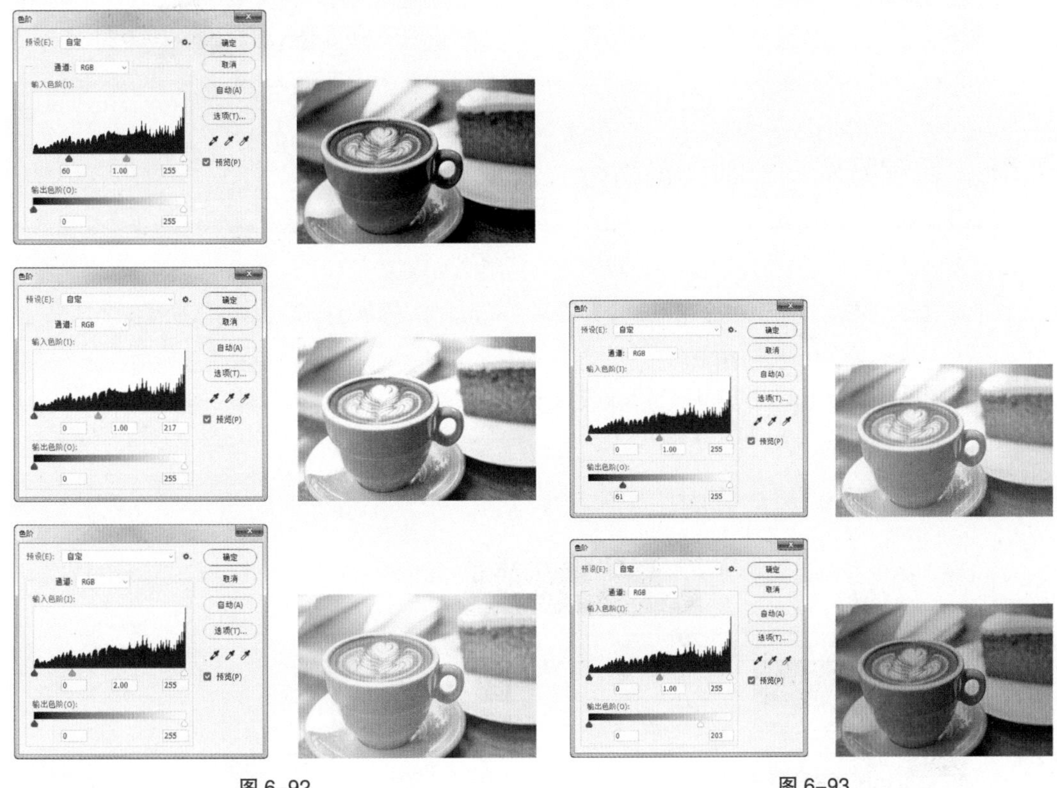

图 6-92　　图 6-93

6.1.14　亮度 / 对比度

亮度 / 对比度命令可以用来调整整个图像的亮度和对比度。

打开一幅图像，如图 6-94 所示。选择“图像 > 调整 > 亮度 / 对比度”命令，弹出图 6-95 所示的对话框，选项的设置如图 6-96 所示。单击“确定”按钮，效果如图 6-97 所示。

图 6-94

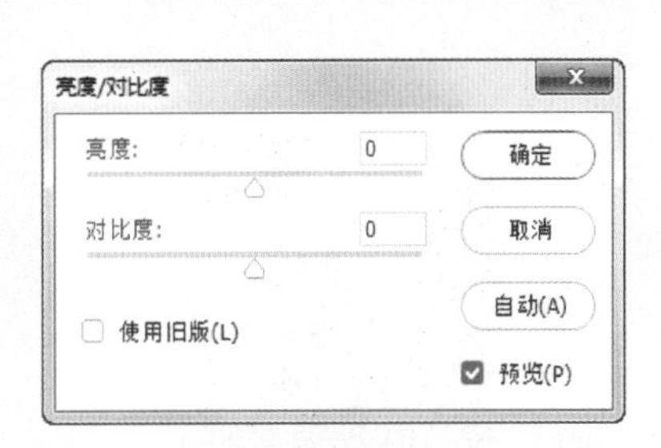

图 6-95

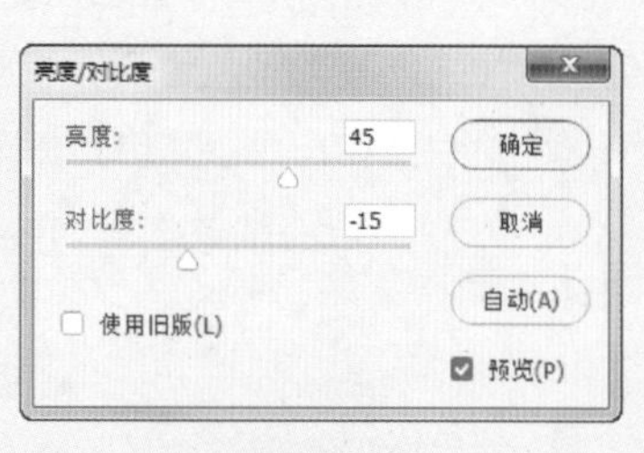

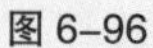
图 6-96

图 6-97

6.1.15 课堂案例——制作餐饮行业公众号封面次图

【案例学习目标】学习使用调色命令调整食物图像的颜色。

【案例知识要点】使用照片滤镜命令和阴影 / 高光命令调整美食图片，使用横排文字工具添加文字。效果如图 6–98 所示。

【效果所在位置】云盘 /Ch06/ 效果 / 制作餐饮行业公众号封面次图 .psd。

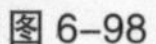
图 6–98

（1）按 Ctrl + O 组合键，打开云盘中的“Ch06 > 素材 > 制作餐饮行业公众号封面次图 > 01”文件，如图 6–99 所示。按 Ctrl+J 组合键，复制图层，在“图层”控制面板中生成新的图层“图层 1”，如图 6–100 所示。

图 6–99

图 6–100

（2）选择“图像 > 调整 > 照片滤镜”命令，在弹出的对话框中进行设置，如图 6-101 所示。单击“确定”按钮，效果如图 6-102 所示。

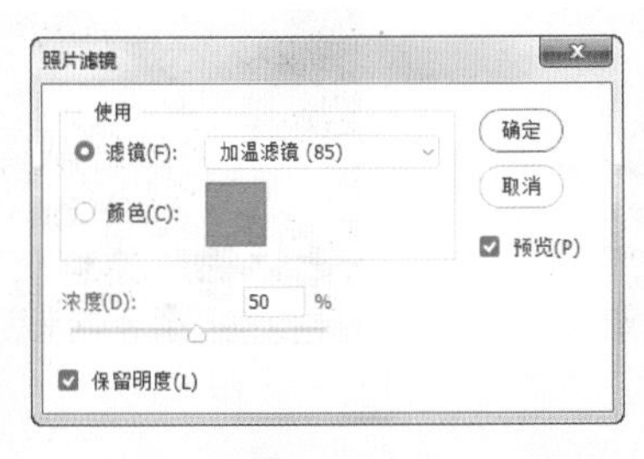

图 6-101

图 6-102

（3）选择“图像 > 调整 > 阴影 / 高光”命令，弹出对话框。勾选“显示更多选项”复选框，选项的设置如图 6-103 所示。单击“确定”按钮，图像效果如图 6-104 所示。

图 6-103

图 6-104

（4）选择“横排文字”工具 T，在适当的位置输入需要的文字并选取文字。选择“窗口 > 字符”命令，弹出“字符”面板。在面板中将“颜色”设为白色，其他选项的设置如图 6-105 所示。按 Enter 键确定操作，效果如图 6-106 所示。在“图层”控制面板中生成新的文字图层。

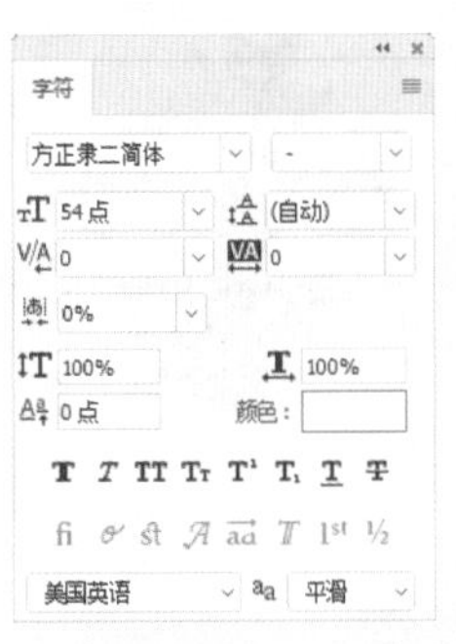

图 6-105

图 6-106

（5）再次在适当的位置输入需要的文字并选取文字，在“字符”面板中进行设置，如图 6-107 所示，效果如图 6-108 所示。在“图层”控制面板中生成新的文字图层。用相同的方法制作出如图 6-109 所示的效果，餐饮行业公众号封面次图制作完成。

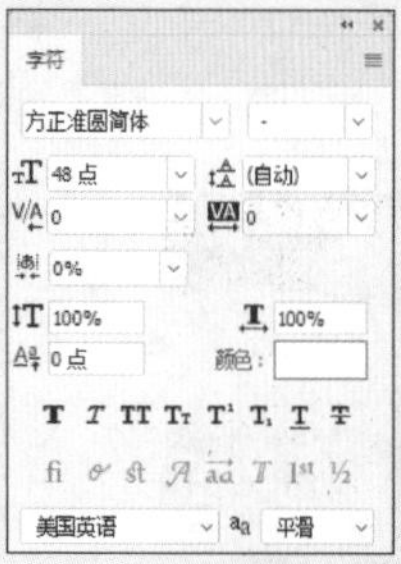

图 6-107 　　图 6-108 　　图 6-109

6.1.16　阴影与高光

阴影 / 高光命令用于快速改善图像中曝光过度或曝光不足区域的对比度，同时保持图像整体的平衡。

打开一幅图像，如图 6-110 所示。选择“图像 > 调整 > 阴影 / 高光”命令，弹出对话框，如图 6-111 所示。勾选“显示更多选项”复选框，显示更多的选项，设置如图 6-112 所示。单击“确定”按钮，效果如图 6-113 所示。

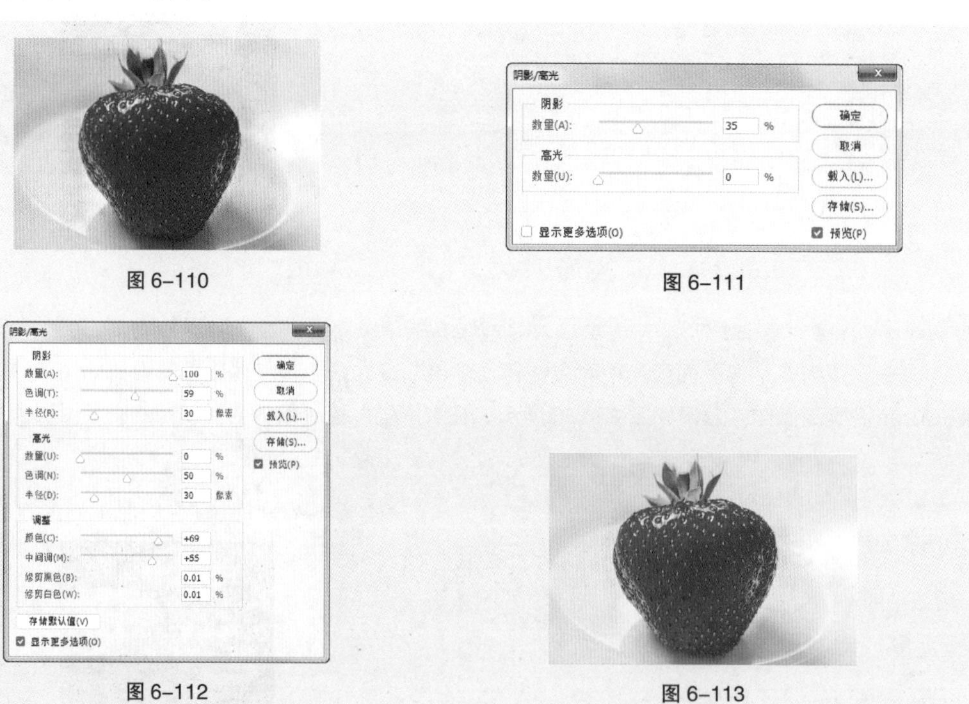

图 6-110　　图 6-111

图 6-112　　图 6-113

6.1.17　课堂案例——制作食品餐饮行业产品介绍

【案例学习目标】学习使用 HDR 色调命令制作食品餐饮行业产品介绍。

【案例知识要点】使用 HDR 色调命令调整图像。效果如图 6-114 所示。

【效果所在位置】云盘 /Ch06/ 效果 / 制作食品餐饮行业产品介绍 .psd。

图 6–114

（1）按 Ctrl+N 组合键，新建一个文件，宽度为 750 像素，高度为 1206 像素，分辨率为 72 像素 / 英寸，颜色模式为 RGB，背景内容为白色，单击“创建”按钮，新建文档。

（2）按 Ctrl + O 组合键，打开云盘中的“Ch06 > 素材 > 制作食品餐饮行业产品介绍 > 01”文件，如图 6–115 所示。选择“移动”工具 ✥，将 01 图像拖曳到新建的图像窗口中。在“图层”控制面板中生成新的图层并将其命名为“蛋糕”。

（3）选择“图像 > 调整 > HDR 色调”命令，在弹出的对话框中进行设置，如图 6–116 所示。单击“色调曲线和直方图”左侧的 › 按钮，在弹出的曲线上单击鼠标添加控制点，将“输入”项设为 84，“输出”项设为 84，如图 6–117 所示。在曲线上单击鼠标添加控制点，将“输入”项设为 26，“输出”项设为 16，如图 6–118 所示。单击“确定”按钮，效果如图 6–119 所示。

图 6–115

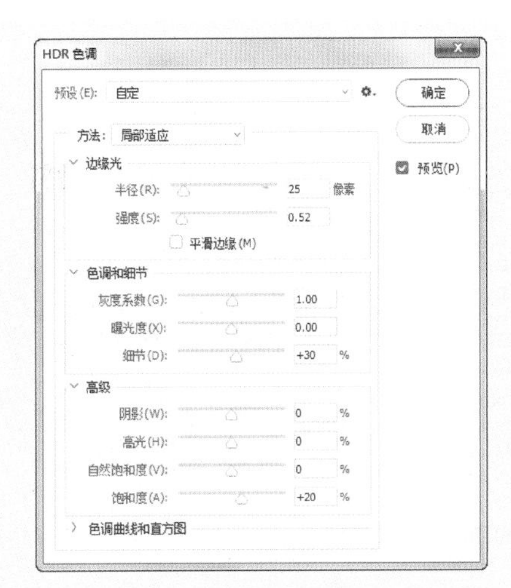

图 6–116

（4）选择“横排文字”工具 T，在适当的位置输入需要的文字并选取文字。选择“窗口 > 字符”命令，弹出“字符”面板。在面板中将“颜色”设为白色，其他选项的设置如图 6–120 所示。按 Enter 键确定操作，效果如图 6–121 所示。在“图层”控制面板中生成新的文字图层。

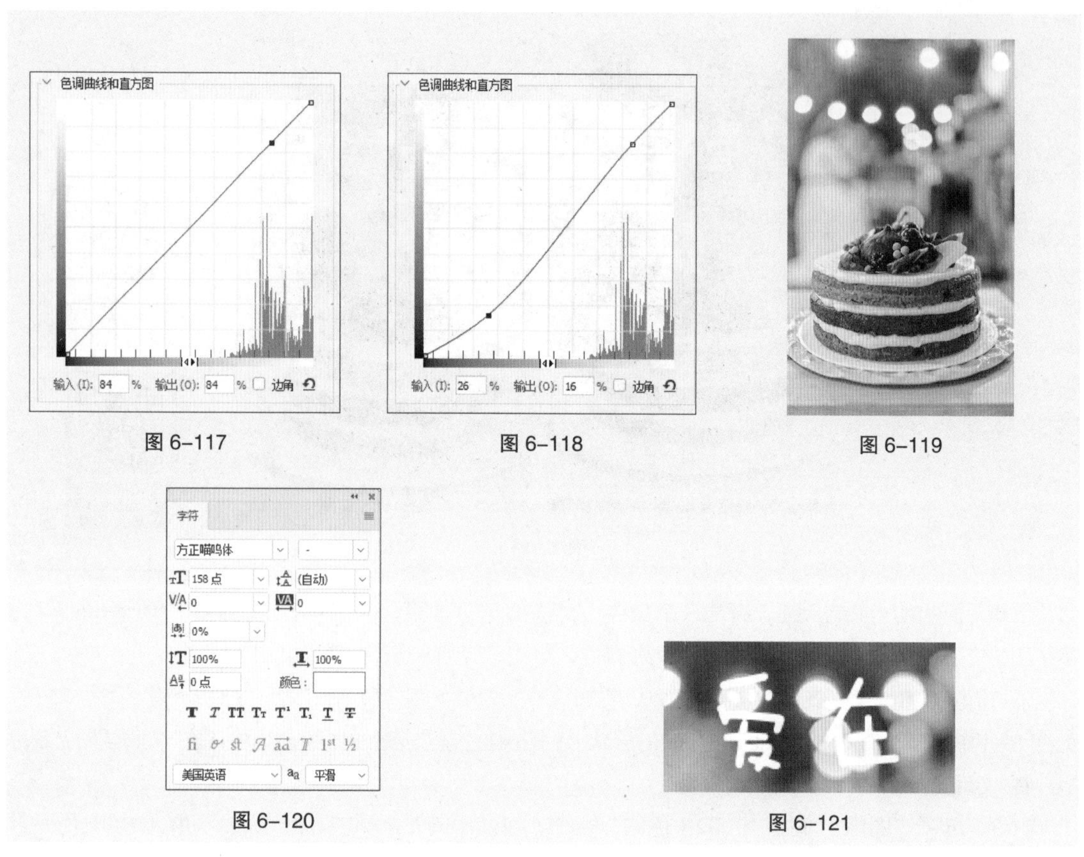

图 6-117　图 6-118　图 6-119　图 6-120　图 6-121

（5）单击“图层”控制面板下方的“添加图层样式”按钮 fx，在弹出的菜单中选择“投影”命令，弹出对话框。将投影颜色设为黑色，其他选项的设置如图 6-122 所示。单击“确定”按钮，效果如图 6-123 所示。

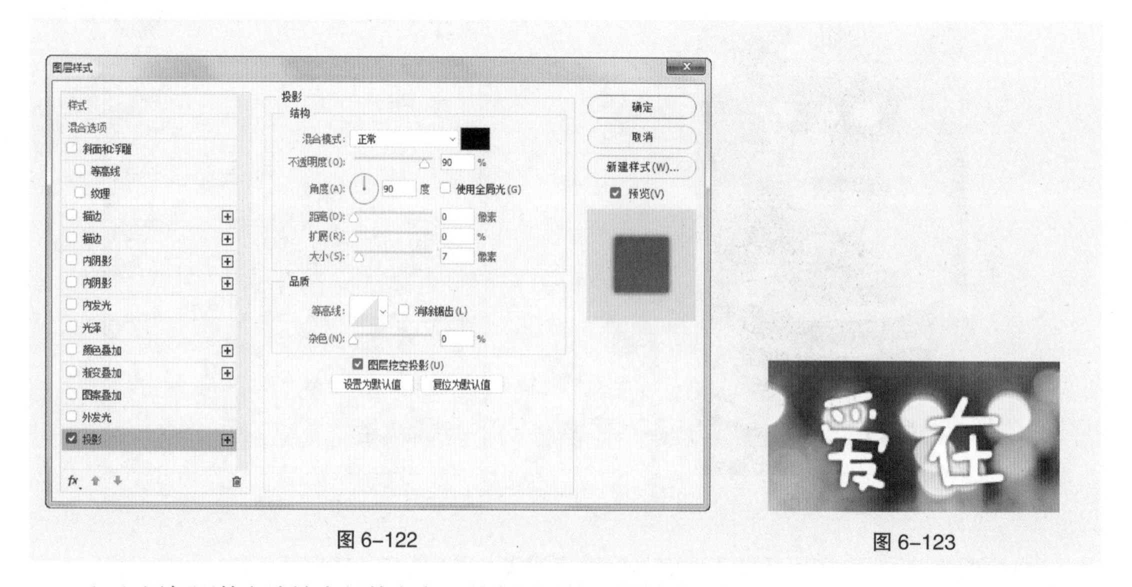

图 6-122　图 6-123

（6）用相同的方法输入其他文字，并应用“投影”样式，如图 6-124 所示。食品餐饮行业产品介绍制作完成。

图 6-124

6.1.18 HDR 色调

打开一幅图像，如图 6-125 所示。选择“图像 > 调整 > HDR 色调”命令，弹出“HDR 色调”对话框，如图 6-126 所示。在对话框中可以改变图像“HDR”的对比度和曝光度。

图 6-125

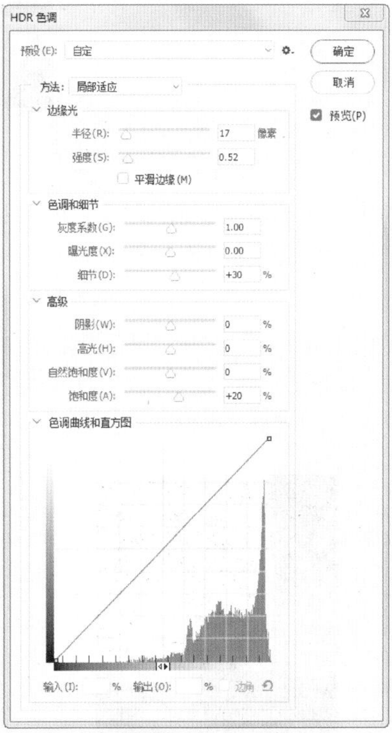

图 6-126

边缘光：用于控制调整的范围和强度。色调和细节：用于调节图像曝光度，及其在阴影、高光中细节的呈现。高级：用于调节图像色彩饱和度。色调曲线和直方图：显示照片直方图，并提供用于调整图像色调的曲线。

6.2 特殊颜色处理

6.2.1 课堂案例——制作舞蹈培训公众号运营海报

【案例学习目标】学习使用去色命令制作舞蹈培训公众号运营海报。

【案例知识要点】使用去色命令、色阶命令和亮度 / 对比度命令改变图像。效果如图 6-127 所示。

【效果所在位置】云盘 /Ch06/ 效果 / 制作舞蹈培训公众号运营海报 .psd。

图 6–127

（1）按 Ctrl+N 组合键，新建一个文件，宽度为 750 像素，高度为 1181 像素，分辨率为 72 像素 / 英寸，颜色模式为 RGB，背景内容为白色，单击“创建”按钮，新建文档。

（2）按 Ctrl+O 组合键，打开云盘中的“Ch06 > 素材 > 制作舞蹈培训公众号运营海报 > 01”文件，如图 6–128 所示。选择“移动”工具 ，将 01 图像拖曳到新建的图像窗口中。在“图层”控制面板中生成新的图层并将其命名为“人物”。

（3）选择“图像 > 调整 > 去色”命令，去除图像颜色，效果如图 6–129 所示。

图 6–128

图 6–129

（4）按 Ctrl+L 组合键，弹出“色阶”对话框，选项的设置如图 6–130 所示。单击“确定”按钮，效果如图 6–131 所示。

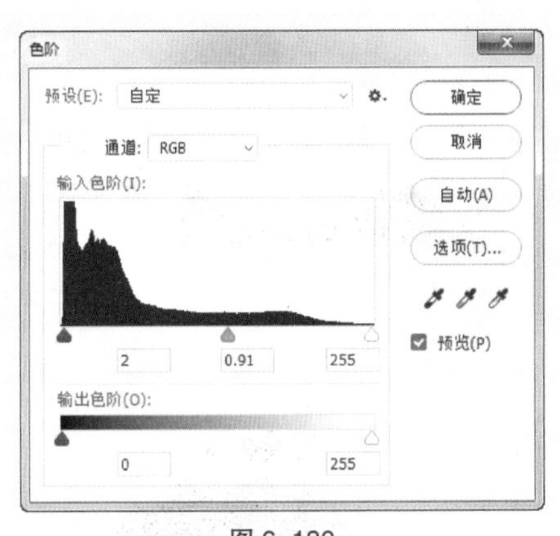

图 6–130

图 6–131

（5）选择“图像 > 调整 > 亮度 / 对比度”命令，在弹出的对话框中进行设置，如图 6–132 所示。单击“确定”按钮，效果如图 6–133 所示。

（6）按 Ctrl+O 组合键，打开云盘中的“Ch06 > 素材 > 制作舞蹈培训公众号运营海报 > 02”文件，如图 6–134 所示。选择“移动”工具 ✥，将 02 图像拖曳到新建的图像窗口中。在“图层”控制面板中生成新的图层并将其命名为“文字”。舞蹈培训公众号运营海报制作完成。

图 6–132

图 6–133

图 6–134

6.2.2 去色

“去色”命令可用于对图像的选区进行去掉图像色彩的处理。

选择“图像 > 调整 > 去色”命令，或按 Shift+Ctrl+U 组合键，可以去掉图像中的色彩，使图像变为灰度图，但图像的色彩模式并不改变。

6.2.3 阈值

阈值命令可以用来调整图像色调的反差度。

打开一幅图像，如图 6-135 所示。选择“图像 > 调整 > 阈值”命令，弹出图 6-136 所示的对话框，选项的设置如图 6-137 所示。单击“确定”按钮，效果如图 6-138 所示。

图 6-135

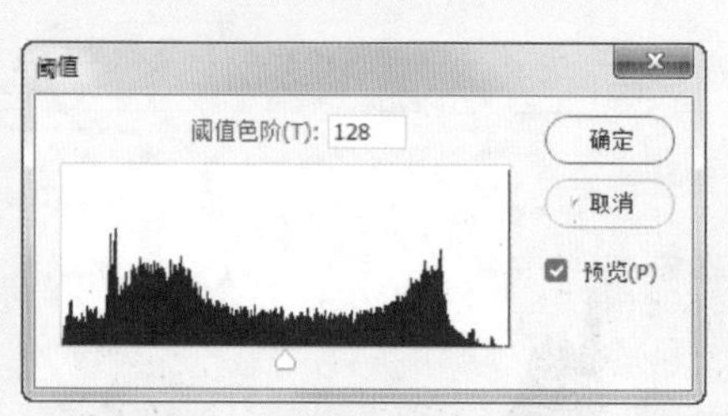

图 6-136

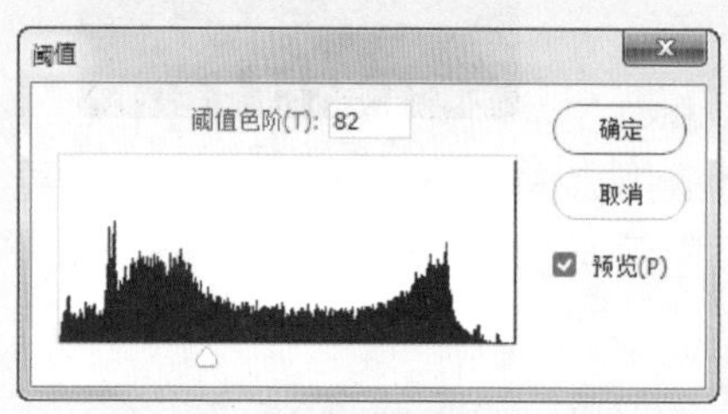

图 6-137

图 6-138

阈值色阶：可以改变图像的阈值，系统将使大于阈值的像素变为白色，小于阈值的像素变为黑色，使图像具有高度反差。

6.3 动作面板调色

6.3.1 课堂案例——制作媒体娱乐公众号封面首图

【案例学习目标】学习使用动作控制面板调整图像颜色。

【案例知识要点】使用动作面板制作媒体娱乐公众号封面首图。效果如图 6-139 所示。

【效果所在位置】云盘 /Ch06/ 制作媒体娱乐公众号封面首图 .psd。

扫码观看
本案例视频

扫码查看
扩展案例

图 6-139

（1）按 Ctrl+O 组合键，打开云盘中的“Ch06 > 素材 > 制作媒体娱乐公众号封面首图 > 01”文件，如图 6–140 所示。选择“窗口 > 动作”命令，弹出“动作”控制面板，如图 6–141 所示。单击控制面板右上方的图标 ≡，在弹出的菜单中选择“载入动作”命令，在弹出的对话框中选择云盘中的“Ch06 > 素材 > 制作媒体娱乐公众号封面首图 > 02”文件，单击“载入”按钮，载入动作命令，如图 6–142 所示。

图 6–140

图 6–141

图 6–142

（2）单击“02”选项左侧的按钮 〉，查看动作应用的步骤，如图 6–143 所示。选择“动作”控制面板中新动作的第一步，单击下方的“播放选定的动作”按钮 ▶，效果如图 6–144 所示。

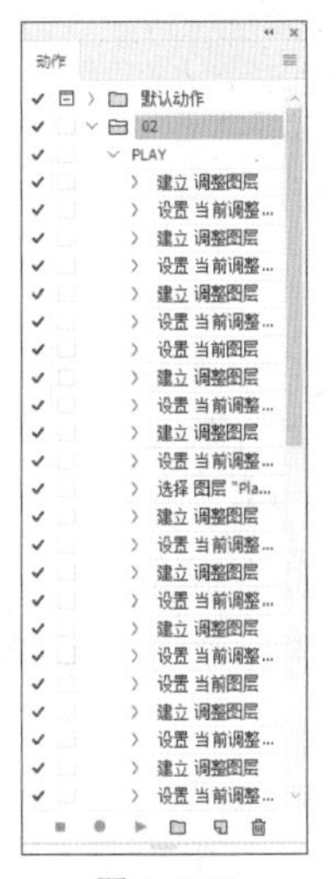

图 6–143

图 6–144

（3）选择“横排文字”工具 T.，在适当的位置输入需要的文字并选取文字。选择“窗口 > 字符”命令，弹出“字符”面板。在面板中将“颜色”设为白色，其他选项的设置如图 6–145 所示，按 Enter 键确定操作，效果如图 6–146 所示。在“图层”控制面板中生成新的文字图层。

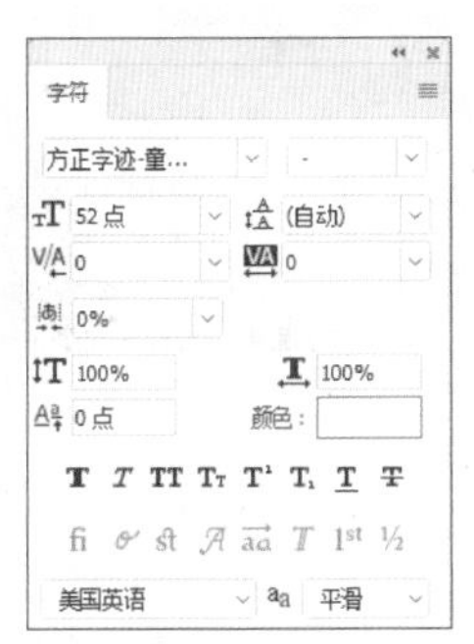

图 6–145

图 6–146

（4）选择“横排文字”工具 T.，选中英文“Gemma”，在“字符”面板中进行设置，如图 6-147 所示，效果如图 6-148 所示。

图 6-147　　图 6-148

（5）单击“图层”控制面板下方的“添加图层样式”按钮 fx.，在弹出的菜单中选择“投影”命令，弹出对话框。将投影颜色设为黑色，其他选项的设置如图 6-149 所示。单击“确定”按钮，效果如图 6-150 所示。

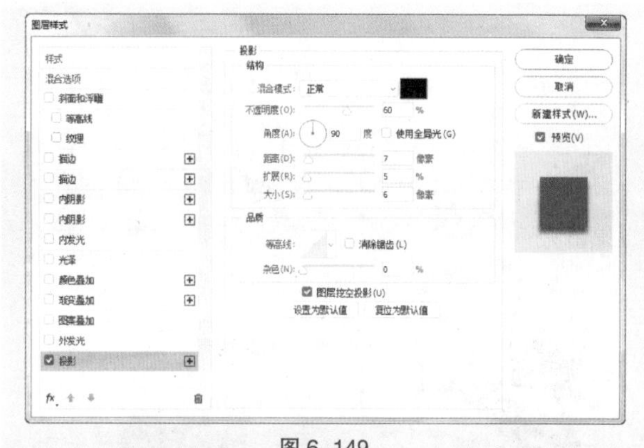

图 6-149

图 6-150

（6）选择“横排文字”工具 T.，在适当的位置输入需要的文字并选取文字。在“字符”面板中将“颜色”设为白色，其他选项的设置如图 6-151 所示。按 Enter 键确定操作，效果如图 6-152 所示。在“图层”控制面板中生成新的文字图层。

图 6-151　　图 6-152

（7）单击“图层”控制面板下方的“添加图层样式”按钮 fx.，在弹出的菜单中选择“投影”命令，弹出对话框。将投影颜色设为黑色，其他选项的设置如图 6-153 所示。单击“确定”按钮，效果如图 6-154 所示。

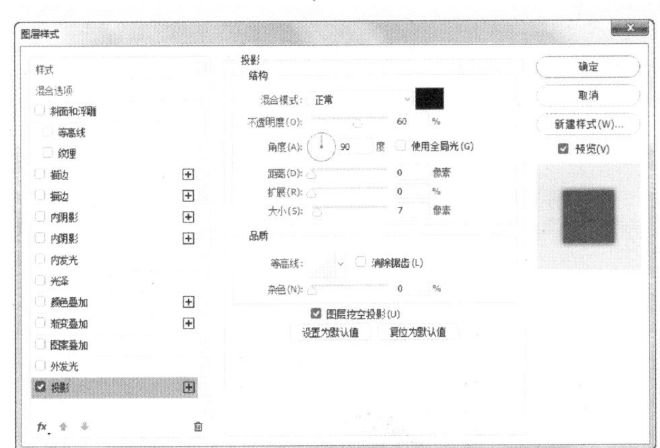

图 6-153

图 6-154

（8）用相同的方法输入文字，设置属性，并应用“投影”样式，效果如图 6-155 所示。媒体娱乐公众号封面首图制作完成。

图 6-155

6.3.2 动作面板

利用动作控制面板可以对一批进行相同处理的图像执行批处理操作，以减少重复操作。

选择“窗口 > 动作”命令，或按 Alt+F9 组合键，弹出“动作”控制面板，如图 6-156 所示。面板下方包括了“停止播放 / 记录”按钮 ■ 、“开始记录”按钮 ● 、“播放选定的动作”按钮 ▶ 、“创建新组”按钮 🗀 、“创建新动作”按钮 ⧉ 、“删除”按钮 🗑 。

单击“动作”控制面板右上方的图标 ≡ 可弹出其下拉命令菜单，如图 6-157 所示。

图 6-156

图 6-157

6.4 课堂练习——制作数码影视公众号封面首图

【练习知识要点】使用可选颜色命令和曝光度命令调整图片的颜色，使用图层蒙版调整图片显示区域，使用直排文字工具添加文字。如图 6–158 所示。

【效果所在位置】云盘 /Ch06/ 效果 / 制作数码影视公众号封面首图 .psd。

扫码观看
本案例视频

图 6–158

6.5 课后习题——制作健身运动公众号封面次图

【习题知识要点】使用渐变工具填充背景，使用钢笔工具绘制多边形，使用移动工具移动图像，使用渐变映射命令调整人物图像。效果如图 6–159 所示。

【效果所在位置】云盘 /Ch06/ 效果 / 制作健身运动公众号封面次图 .psd。

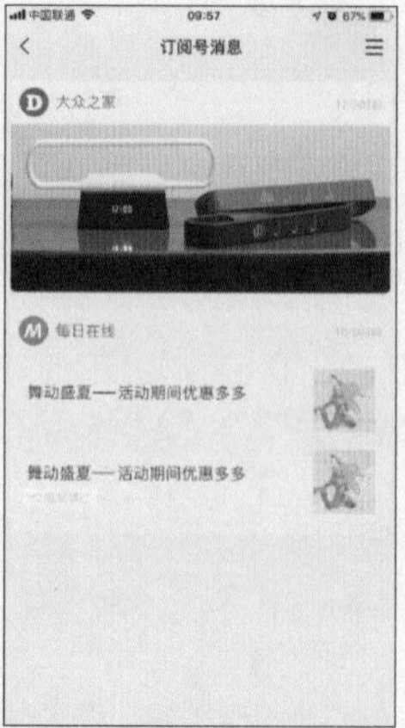

扫码观看
本案例视频

图 6–159

07

第7章 合成

本章介绍

应用 Photoshop，可以将原本不可能在一起的东西合成到一起，不仅能实现大家的想象力，而且为生活添加乐趣。本章将主要介绍图层的混合模式、图层蒙版、剪贴蒙版、矢量蒙版和快速蒙版的应用。通过本章的学习，读者可以了解并掌握合成的方法与技巧，为今后的设计工作打下基础。

学习目标

- 熟练掌握图层混合模式的应用方法。
- 掌握不同蒙版的应用技巧。

技能目标

- 掌握“家电类网站首页 Banner”的制作方法。
- 掌握“饰品类公众号封面首图”的制作方法。
- 掌握“服装类 APP 主页 Banner”的制作方法。
- 掌握“房屋地产公众号封面次图”的制作方法。
- 掌握“婚纱摄影类公众号封面首图”的制作方法。

7.1 图层混合模式

图层混合模式在图像处理及效果制作中被广泛应用，特别是在多个图像合成方面更有其独特的作用及灵活性。

7.1.1 课堂案例——制作家电类网站首页 Banner

【案例学习目标】学习使用混合模式和图层蒙版命令调整图像。

【案例知识要点】使用移动工具添加图片，使用图层混合模式和图层蒙版制作火焰。效果如图 7–1 所示。

【效果所在位置】云盘 /Ch07/ 效果 / 制作家电类网站首页 Banner.psd。

扫码观看
本案例视频

扫码查看
扩展案例

图 7–1

（1）按 Ctrl+N 组合键，新建一个文件，宽度为 1920 像素，高度为 800 像素，分辨率为 72 像素 / 英寸，颜色模式为 RGB，背景内容设为深灰色（33、33、33），单击“创建”按钮，新建文档。

（2）按 Ctrl+O 组合键，打开云盘中的“Ch07 > 素材 > 制作家电类网站首页 Banner > 01、02”文件。选择“移动”工具，分别将 01 和 02 图像拖曳到新建的图像窗口中适当的位置，效果如图 7–2 和图 7–3 所示。在“图层”控制面板中分别生成新图层并将其命名为“电暖气”和“火圈”。

图 7–2

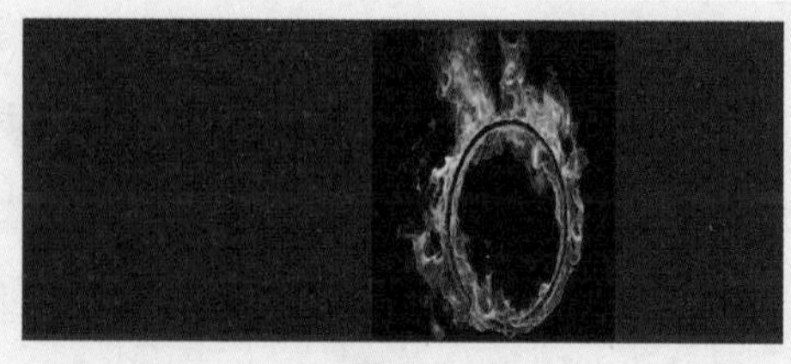

图 7–3

（3）在“图层”控制面板上方，将“火圈”图层的混合模式选项设为“滤色”，如图 7–4 所示，图像效果如图 7–5 所示。

（4）单击“图层”控制面板下方的“添加图层蒙版”按钮，为“火圈”图层添加图层蒙版，如图 7–6 所示。将前景色设为黑色。选择“画笔”工具，在属性栏中单击“画笔”选项，弹出画笔面板。在面板中选择需要的画笔形状，将“大小”项设为 300 像素，如图 7–7 所示。在图像窗口中拖曳鼠标擦除不需要的图像，效果如图 7–8 所示。

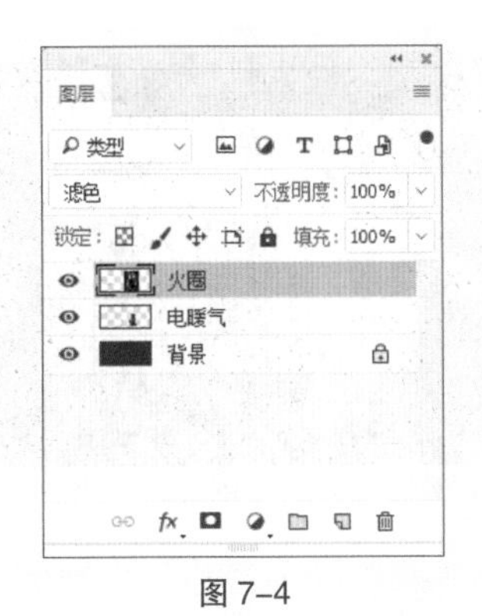

图 7–4

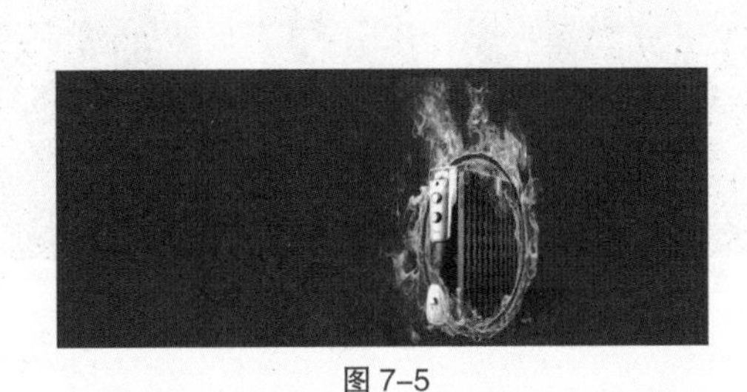
图 7–5

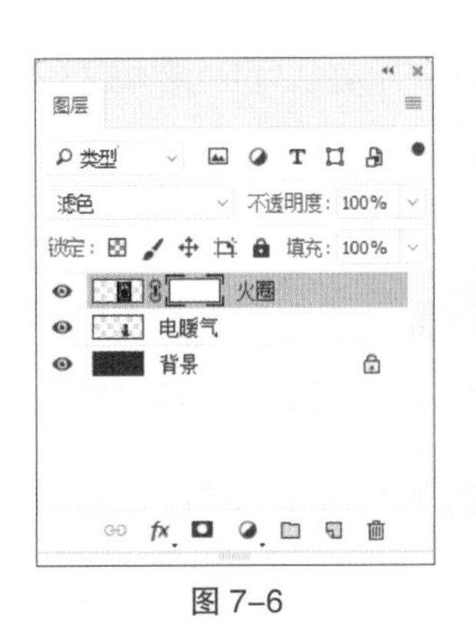

图 7–6

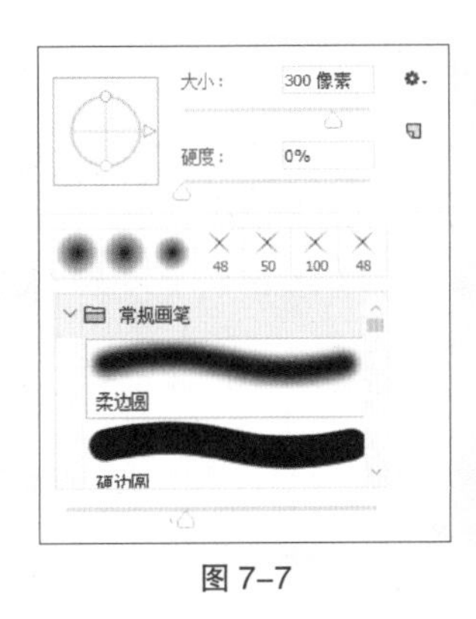

图 7–7

图 7–8

（5）按 Ctrl+O 组合键，打开云盘中的“Ch07 > 素材 > 制作家电类网站首页 Banner > 03”文件。选择“移动”工具 ，将 03 图像拖曳到新建的图像窗口中适当的位置，效果如图 7–9 所示。在“图层”控制面板中生成新图层并将其命名为“火焰”。

（6）在“图层”控制面板上方，将“火焰”图层的混合模式选项设为“滤色”。单击“图层”控制面板下方的“添加图层蒙版”按钮 ，为“火焰”图层添加图层蒙版。选择“画笔”工具 ，擦除不需要的图像，效果如图 7–10 所示。用相同的方法，用 04 文件制作出图 7–11 所示的效果。

图 7–9

图 7–10

图 7–11

（7）按 Ctrl+O 组合键，打开云盘中的“Ch07 > 素材 > 制作家电类网站首页 Banner > 04”文件。选择“移动”工具 ，将 04 图像拖曳到图像窗口中适当的位置，并调整其大小，效果如图 7–12 所示。在“图层”控制面板中生成新图层并将其命名为“文字”。

（8）在“图层”控制面板上方，将“文字”图层的混合模式选项设为“变亮”，图像效果如图 7-13 所示。家电类网站首页 Banner 制作完成。

图 7-12

图 7-13

7.1.2 图层混合模式

图层混合模式中的各种设置决定了当前图层中的图像与下面图层中的图像以何种模式进行混合。

在控制面板上方，单击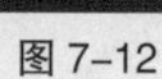选项，设定图层的混合模式，包含有 27 种模式。打开一幅图像，如图 7-14 所示，“图层”控制面板如图 7-15 所示。

图 7-14

图 7-15

在对“鱼”图层应用不同的图层模式后，效果如图 7-16 所示。

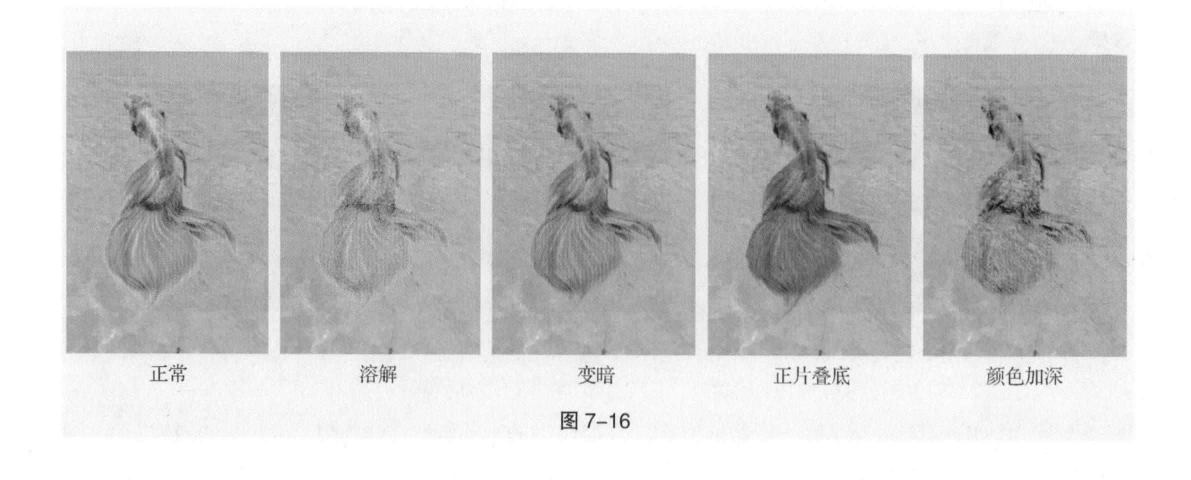

图 7-16

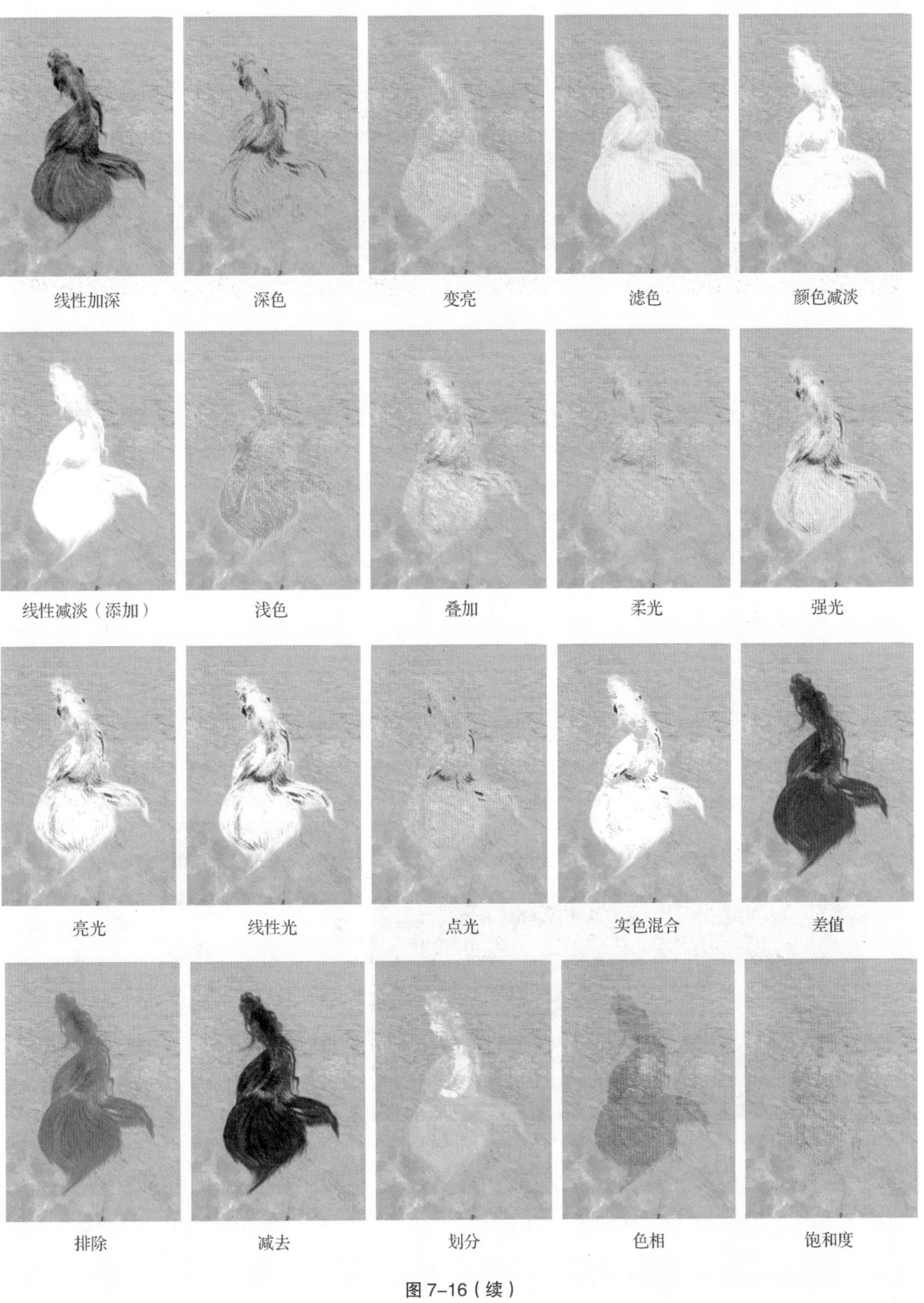
线性加深
深色
变亮
滤色
颜色减淡
线性减淡（添加）
浅色
叠加
柔光
强光
亮光
线性光
点光
实色混合
差值
排除
减去
划分
色相
饱和度

图 7-16（续）

颜色

明度

图 7-16（续）

7.2 蒙版

7.2.1 课堂案例——制作饰品类公众号封面首图

【案例学习目标】学习使用混合模式和图层蒙版命令调整图像。

【案例知识要点】使用图层的混合模式制作图片融合，使用变换命令、图层蒙版和画笔工具制作倒影。效果如图 7-17 所示。

【效果所在位置】云盘 /Ch07/ 效果 / 制作饰品类公众号封面首图 .psd。

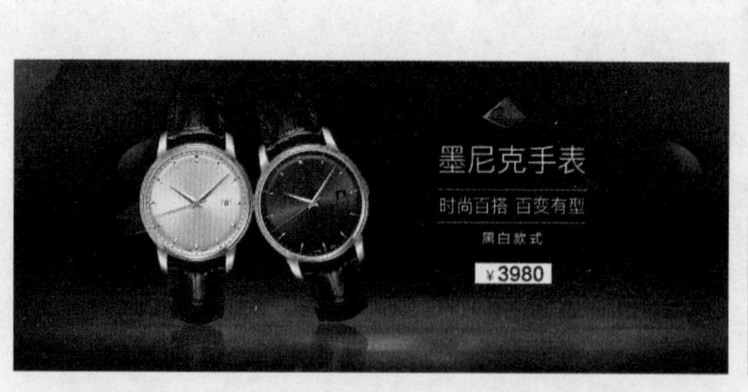

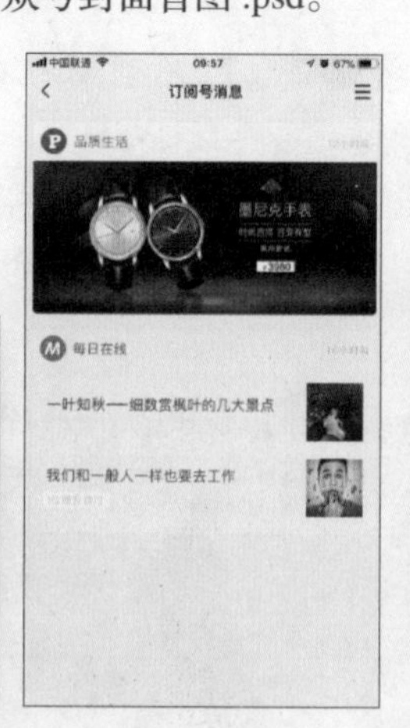

图 7-17

（1）按 Ctrl+O 组合键，打开云盘中的“Ch07 > 素材 > 制作饰品类公众号封面首图 > 01、02”文件。选择“移动”工具，将 02 图像拖曳到 01 图像窗口中适当的位置，效果如图 7-18 所示。在“图层”控制面板中生成新图层并将其命名为“齿轮”。

（2）在“图层”控制面板上方，将“齿轮”图层的混合模式选项设为“正片叠底”，如图 7-19 所示，图像效果如图 7-20 所示。

图 7-18

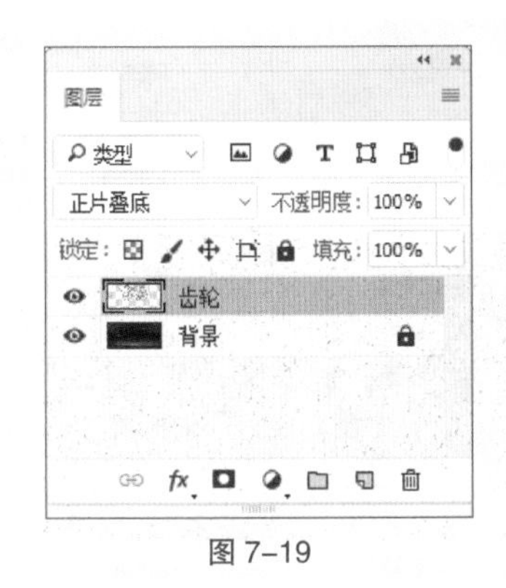

图 7-19

图 7-20

（3）按 Ctrl+O 组合键，打开云盘中的“Ch07 > 素材 > 制作饰品类公众号封面首图 > 03”文件。选择“移动”工具，将 03 图像拖曳到 01 图像窗口中适当的位置，效果如图 7-21 所示。在“图层”控制面板中生成新图层并将其命名为“手表 1”。

（4）按 Ctrl+J 组合键，复制图层，在“图层”控制面板中生成新的图层“手表 1 拷贝”。将其拖曳到“手表 1”图层的下方，如图 7-22 所示。

图 7-21

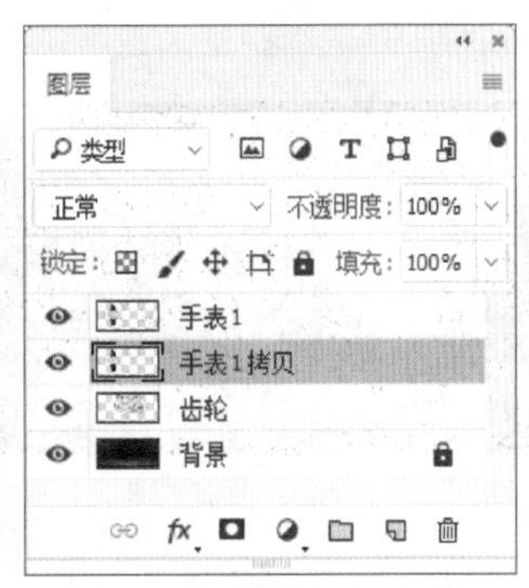

图 7-22

（5）按 Ctrl+T 组合键，在图像周围出现变换框。在变换框中单击鼠标右键，在弹出的菜单中选择“垂直翻转”命令，垂直翻转图像，并拖曳到适当的位置，按 Enter 键确定操作，效果如图 7-23 所示。单击“图层”控制面板下方的“添加图层蒙版”按钮，为图层添加蒙版，如图 7-24 所示。

（6）选择“渐变”工具，单击属性栏中的“点按可编辑渐变”按钮，弹出“渐变编辑器”对话框。将渐变色设为从黑色到白色，如图 7-25 所示，单击“确定”按钮。在图像下方从下向上拖曳渐变色，效果如图 7-26 所示。

图 7-23

图 7-24

图 7-25

图 7-26

（7）按 Ctrl+O 组合键，打开云盘中的“Ch07 > 素材 > 制作饰品类公众号封面首图 > 04”文件。选择“移动”工具 ，将 04 图像拖曳到 01 图像窗口中适当的位置，效果如图 7-27 所示。在“图层”控制面板中生成新图层并将其命名为“手表 2”。

（8）按 Ctrl+J 组合键，复制图层，在“图层”控制面板中生成新的图层“手表 2 拷贝”，将其拖曳到“手表 2”图层的下方。用上述的方法垂直翻转图像，添加图层蒙版，并拖曳渐变色，制作出如图 7-28 所示的效果。

图 7-27

图 7-28

（9）按 Ctrl+O 组合键，打开云盘中的“Ch07 > 素材 > 制作饰品类公众号封面首图 > 05”文件。选择“移动”工具 ，将 05 图像拖曳到 01 图像窗口中适当的位置，效果如图 7-29 所示。在“图层”控制面板中生成新图层并将其命名为“文字”。饰品类公众号封面首图制作完成。

图 7-29

7.2.2 添加图层蒙版

单击“图层”控制面板下方的“添加图层蒙版”按钮 ◘，为图层添加蒙版，如图 7-30 所示。按住 Alt 键的同时，单击“图层”控制面板下方的“添加图层蒙版”按钮 ◘，为图层添加遮盖全图层的蒙版，如图 7-31 所示。

图 7-30

图 7-31

选择“图层 > 图层蒙版 > 显示全部”命令，也可以为图层添加蒙版。选择“图层 > 图层蒙版 > 隐藏全部”命令，也可以为图层添加遮盖全图层的蒙版。

7.2.3 隐藏图层蒙版

按住 Alt 键的同时，单击图层蒙版缩览图，图像将被隐藏，只显示蒙版缩览图中的效果，如图 7-32 所示，“图层”控制面板如图 7-33 所示。按住 Alt 键的同时，再次单击图层蒙版缩览图，将恢复图像。按住 Alt+Shift 组合键的同时，单击图层蒙版缩览图，将同时显示图像和图层蒙版的内容。

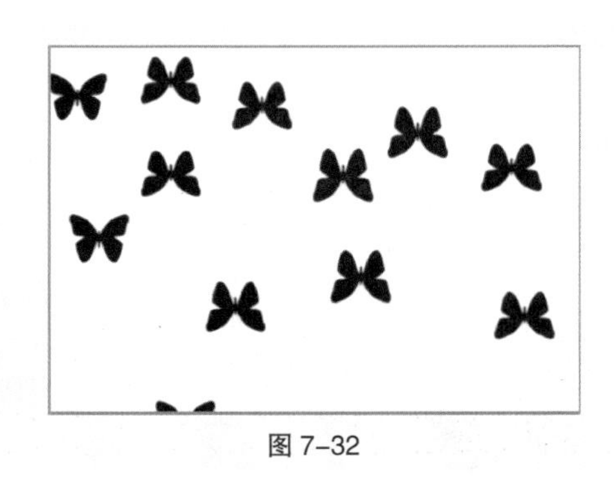

图 7-32

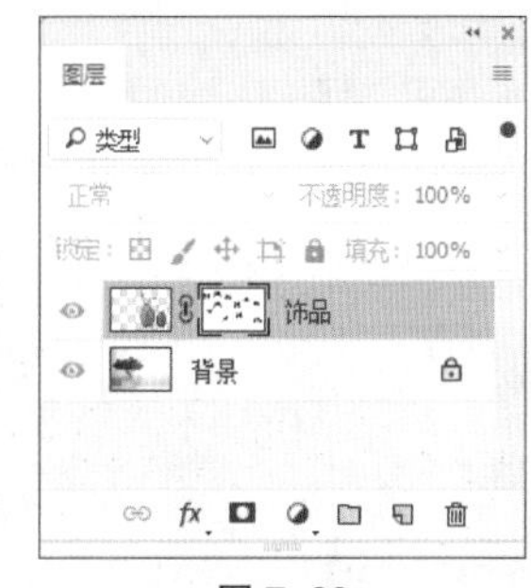

图 7-33

7.2.4 图层蒙版的链接

在“图层”控制面板中图层缩览图与图层蒙版缩览图之间存在链接图标 8，当图层图像与蒙版关联时，移动图像时蒙版会同步移动。单击链接图标 8，将不显示此图标，可以分别对图像与蒙版进行操作。

7.2.5 应用及删除图层蒙版

在“通道”控制面板中，双击“饰品 蒙版”通道，弹出“图层蒙版显示选项”对话框，如图 7-34 所示，在其中可以对蒙版的颜色和不透明度进行设置。

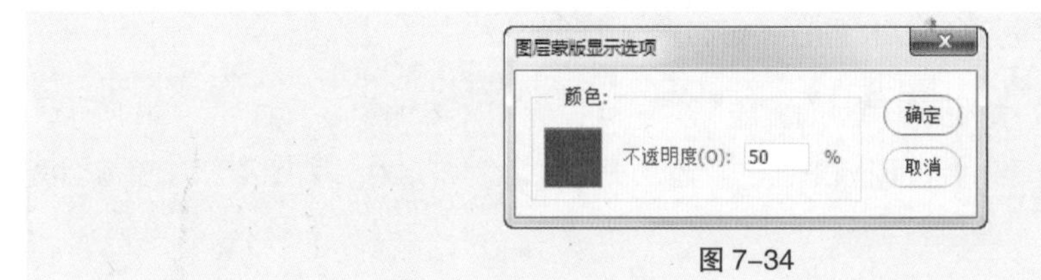

图 7-34

选择“图层 > 图层蒙版 > 停用”命令，或在按住 Shift 键的同时，单击“图层”控制面板中的图层蒙版缩览图，图层蒙版被停用，如图 7-35 所示，图像将全部显示，效果如图 7-36 所示。按住 Shift 键的同时，再次单击图层蒙版缩览图，将恢复图层蒙版，效果如图 7-37 所示。

图 7-35　　图 7-36　　图 7-37

选择“图层 > 图层蒙版 > 删除”命令，或在图层蒙版缩览图上单击鼠标右键，在弹出的下拉菜单中选择“删除图层蒙版”命令，可以将图层蒙版删除。

7.2.6　课堂案例——制作服装类 App 主页 Banner

【案例学习目标】学习使用图层蒙版和剪贴蒙版制作服装类 App 主页 Banner。

【案例知识要点】使用图层样式和创建剪贴蒙版命令制作照片。效果如图 7-38 所示。

【效果所在位置】云盘 /Ch07/ 效果 / 制作服装类 App 主页 Banner.psd。

图 7-38

（1）按 Ctrl+N 组合键，新建一个文件，宽度为 750 像素，高度为 200 像素，分辨率为 72 像素 / 英寸，颜色模式为 RGB，背景内容设为卡其色（207、197、188），单击“创建”按钮，新建文档，效果如图 7-39 所示。

（2）按 Ctrl+O 组合键，打开云盘中的“Ch07 > 素材 > 制作服装类 App 主页 Banner > 01”文件。选择“移动”工具 ，将 01 图像拖曳到新建的图像窗口中适当的位置，效果如图 7-40 所示。在“图层”控制面板中生成新图层并将其命名为“人物”。

图 7-39　　　　图 7-40

（3）单击“图层”控制面板下方的“添加图层蒙版”按钮 ◘，为“人物”图层添加图层蒙版。将前景色设为黑色，选择“画笔”工具 ，在属性栏中单击“画笔”选项，弹出画笔面板。在面板中选择需要的画笔形状，将“大小”项设为 100 像素，如图 7-41 所示。在图像窗口中拖曳鼠标擦除不需要的图像，效果如图 7-42 所示。

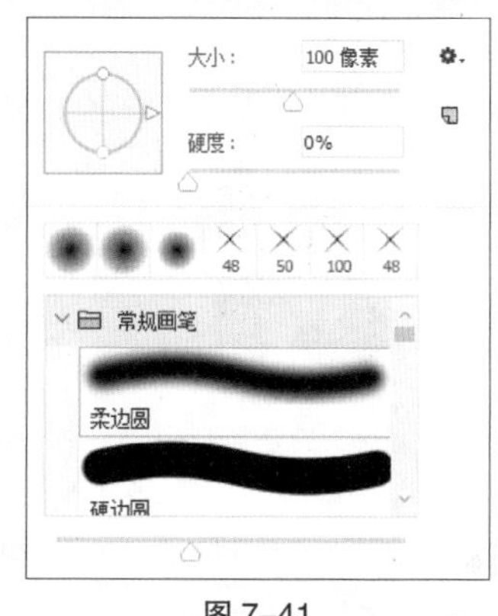

图 7-41

图 7-42

（4）选择“椭圆”工具 ，在属性栏中的“选择工具模式”选项中选择“形状”，将“填充”颜色设为白色，“描边”颜色设为无。按住 Shift 键的同时，在图像窗口中适当的位置绘制圆形，如图 7-43 所示。在“图层”控制面板中生成新的形状图层“椭圆 1”。

图 7-43

（5）选择“文件 > 置入嵌入对象”命令，弹出“置入嵌入的对象”对话框。选择云盘中的“Ch07 > 素材 > 制作服装类 App 主页 Banner > 02”文件，单击“置入”按钮，将图片置入到图像窗口中。将其拖曳到适当的位置并调整其大小，按 Enter 键确定操作。在“图层”控制面板中生成新的图层并将其命名为“图 1”。按 Alt+Ctrl+G 组合键，为“图 1”图层创建剪贴蒙版，效果如图 7-44 所示。

（6）按住 Shift 键的同时，单击“椭圆 1”图层，将需要的图层同时选取。按 Ctrl+G 组合键，群组图层并将其命名为“模特 1”，如图 7-45 所示。

（7）用相同的方法分别制作“模特 2”和“模特 3”图层组，如图 7-46 所示，效果如图 7-47 所示。

图 7-44　　图 7-45

图 7-46

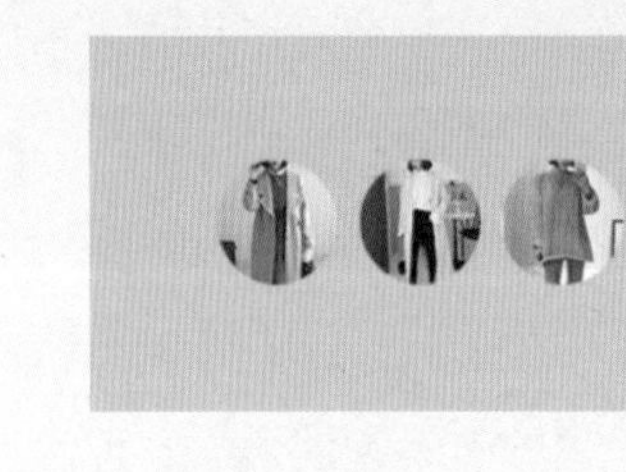

图 7-47

（8）按Ctrl+O组合键，打开云盘中的“Ch07 > 素材 > 制作服装类App主页Banner > 05”文件。选择“移动”工具 ，将05图片拖曳到新建图像窗口中适当的位置，效果如图7-48所示。在“图层”控制面板中生成新图层并将其命名为“文字”。服装类App主页Banner制作完成。

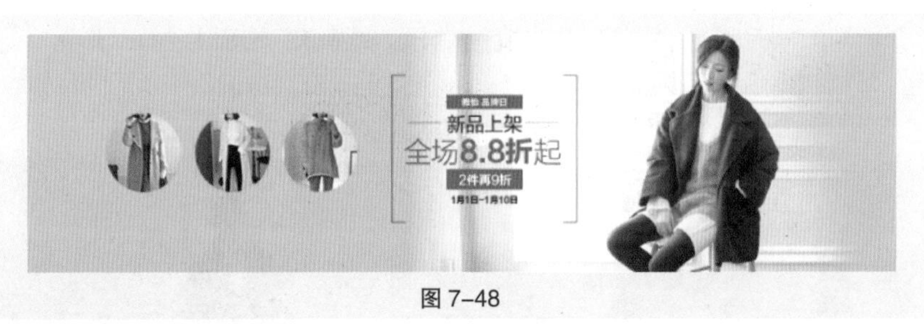

图 7-48

7.2.7　剪贴蒙版

剪贴蒙版是使用某个图层的内容来遮盖其上方的图层，遮盖效果由基底图层决定。

打开一幅图像，如图7-49所示，“图层”控制面板如图7-50所示。按住Alt键的同时，将鼠标指针放置到“图片”和“形状”的中间位置，鼠标指针变为↓□图标，如图7-51所示。

图 7-49

图 7-50

图 7-51

单击鼠标，创建剪贴蒙版，如图 7-52 所示，效果如图 7-53 所示。选择“移动”工具 ✣.，移动图像，效果如图 7-54 所示。

图 7-52

图 7-53

图 7-54

选中剪贴蒙版组上方的图层，选择“图层 > 释放剪贴蒙版”命令，或按 Alt+Ctrl+G 组合键，可取消剪贴蒙版。

7.2.8 课堂案例——制作房屋地产公众号封面次图

【案例学习目标】学习使用矢量蒙版制作封面次图主体。

【案例知识要点】使用矢量蒙版命令为图层添加矢量蒙版。效果如图 7-55 所示。

【效果所在位置】云盘 /Ch07/ 效果 / 制作房屋地产公众号封面次图 .psd。

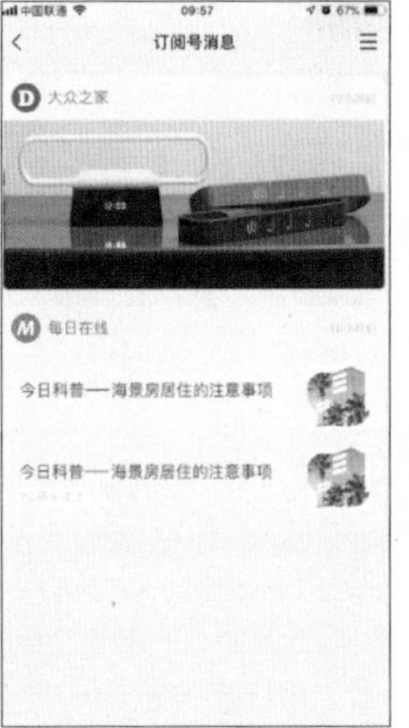

图 7-55

（1）按 Ctrl+N 组合键，新建一个文件，宽度为 200 像素，高度为 200 像素，分辨率为 72 像素 / 英寸，颜色模式为 RGB，背景内容设为白色，单击“创建”按钮，新建文档。

（2）按 Ctrl+O 组合键，打开云盘中的“Ch07 > 素材 > 制作房屋地产公众号封面次图 > 01、02”文件。选择“移动”工具 ✣.，分别将 01 和 02 图像拖曳到新建的图像窗口中适当的位置，效果如图 7-56 所示。在“图层”控制面板中生成新的图层并将其命名为“图片”和“图标”，如图 7-57 所示。

（3）按住 Ctrl 键的同时，单击“图标”图层的缩览图，图像周围生成选区。单击图层左侧的👁图标，隐藏该图层，如图 7-58 所示，效果如图 7-59 所示。

图 7-56

图 7-57

图 7-58

图 7-59

（4）选择“窗口 > 路径”命令，弹出“路径”控制面板。单击“从选区生成工作路径”按钮 ，将选区转换为路径，效果如图 7-60 所示。

（5）选中“图片”图层，选择“图层 > 矢量蒙版 > 当前路径”命令，创建矢量蒙版，效果如图 7-61 所示。房屋地产公众号封面次图制作完成。

图 7-60

图 7-61

7.2.9 矢量蒙版

打开一幅图像，如图 7-62 所示。选择“自定形状”工具 ，在属性栏中的“选择工具模式”选项中选择“路径”选项，在形状选择面板中选中“模糊点 1”图形，如图 7-63 所示。

图 7-62

图 7-63

在图像窗口中绘制路径，如图 7–64 所示。选中“图层 0”图层。选择“图层 > 矢量蒙版 > 当前路径”命令，为图层添加矢量蒙版，如图 7–65 所示，效果如图 7–66 所示。选择“直接选择”工具 ，拖曳锚点可以修改路径的形状，从而修改蒙版的遮罩区域，如图 7–67 所示。

图 7–64

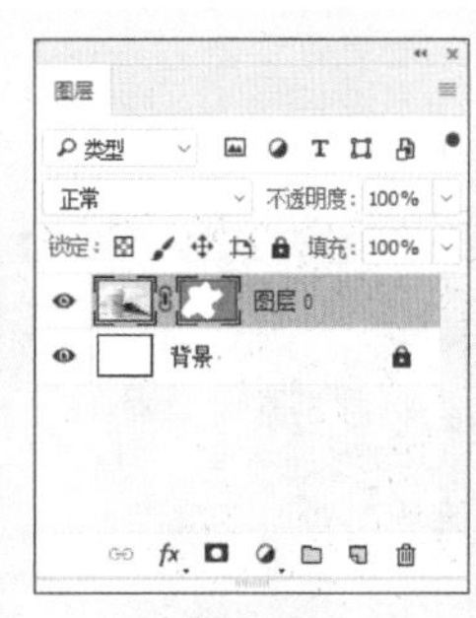

图 7–65

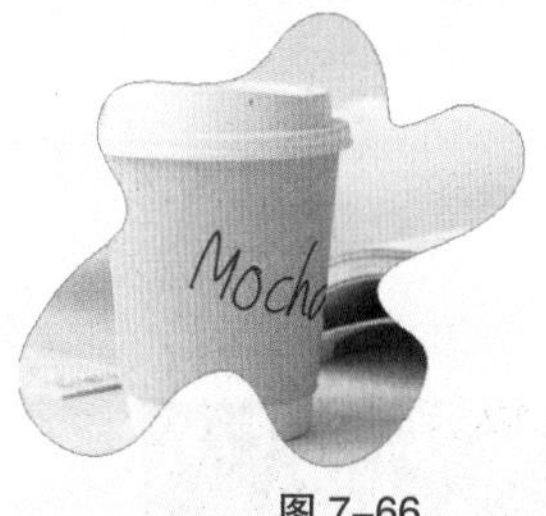

图 7–66

图 7–67

7.2.10 课堂案例——制作婚纱摄影类公众号封面首图

【案例学习目标】学习使用快速蒙版制作婚纱摄影类公众号封面首图。

【案例知识要点】使用快速蒙版、画笔工具和反向命令制作图像画框，使用横排文字工具和字符面板添加文字。效果如图 7–68 所示。

【效果所在位置】云盘 /Ch07/ 效果 / 制作婚纱摄影类公众号封面首图 .psd。

扫码观看
本案例视频

扫码查看
扩展案例

图 7–68

（1）按 Ctrl+N 组合键，新建一个文件，宽度为 900 像素，高度为 383 像素，分辨率为 72 像素 / 英寸，颜色模式为 RGB，背景内容设为白色，单击“创建”按钮，新建文档。

（2）按 Ctrl+O 组合键，打开光盘中的“Ch07 > 素材 > 制作婚纱摄影类公众号封面首图 > 01、02”文件。选择“移动”工具，分别将 01 和 02 图像拖曳到新建的图像窗口中适当的位置，效果如图 7-69 和图 7-70 所示。在“图层”控制面板中生成新的图层并将其命名为“底图”和“纹理”。

图 7-69

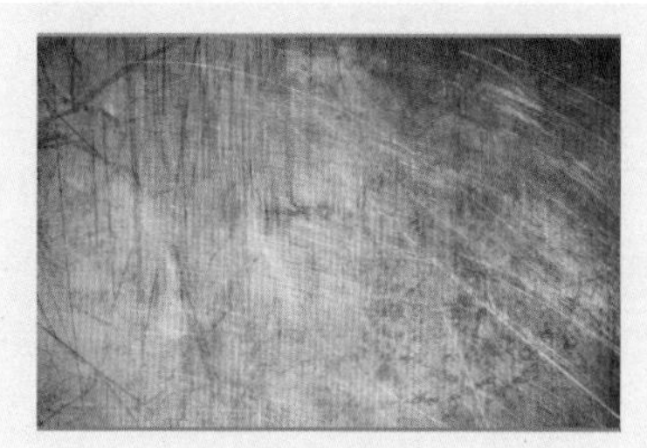

图 7-70

（3）选中“纹理”图层，在“图层”控制面板上方，将其混合模式选项设为“正片叠底”，如图 7-71 所示，图像效果如图 7-72 所示。

图 7-71

图 7-72

（4）单击“图层”控制面板下方的“添加图层蒙版”按钮，为“纹理”图层添加蒙版。将前景色设为黑色，选择“画笔”工具，在属性栏中单击“画笔”选项，弹出画笔面板。在面板中选择需要的画笔形状，将“大小”项设为 50 像素，如图 7-73 所示。在图像窗口中拖曳鼠标擦除不需要的图像，效果如图 7-74 所示。

图 7-73

图 7-74

（5）新建图层并将其命名为“画笔”。将前景色设为白色。按 Alt+Delete 组合键，用前景色填充图层。单击工具箱下方的“以快速蒙版模式编辑”按钮，进入蒙版状态。选择“画笔”工具，在属性栏中单击“画笔”选项，弹出画笔面板。在面板中单击“旧版画笔”选项组，单击“粗画笔”选项组，选择需要的画笔形状，将“大小”项设为 30 像素，如图 7-75 所示。在图像窗口中拖曳鼠标绘制图像，效果如图 7-76 所示。

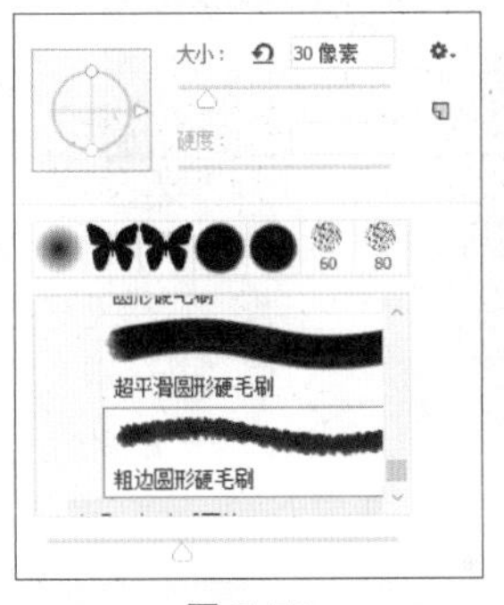

图 7-75

图 7-76

（6）单击工具箱下方的“以标准模式编辑”按钮，恢复到标准编辑状态，图像窗口中生成选区，如图 7-77 所示。按 Shift+Ctrl+I 组合键，将选区反选。按 Delete 键，删除选区中的图像。按 Ctrl+D 组合键，取消选区，效果如图 7-78 所示。

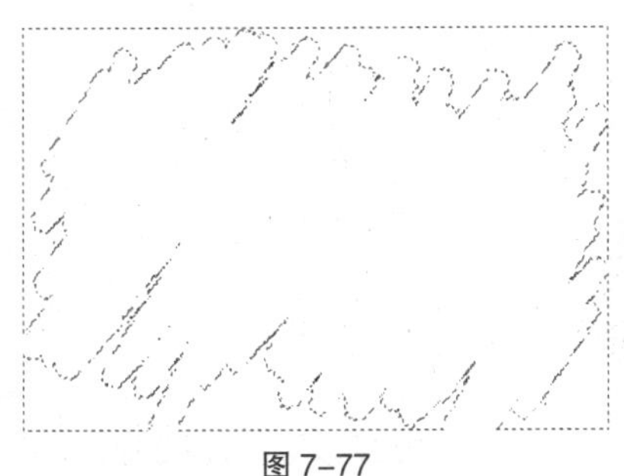
图 7-77

图 7-78

（7）选择“横排文字”工具，在适当的位置输入需要的文字并选取文字。选择“窗口 > 字符”命令，弹出“字符”面板，在面板中将“颜色”设为黄色（245、210、152），其他选项的设置如图 7-79 所示。按 Enter 键确定操作。再次在适当的位置输入需要的文字并选取文字，在“字符”面板中进行设置，如图 7-80 所示。按 Enter 键确定操作，效果如图 7-81 所示。在“图层”控制面板中分别生成新的文字图层。婚纱摄影类公众号封面首图制作完成。

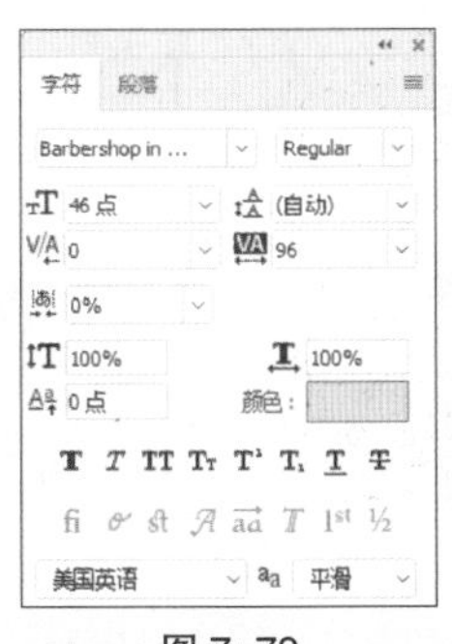

图 7-79

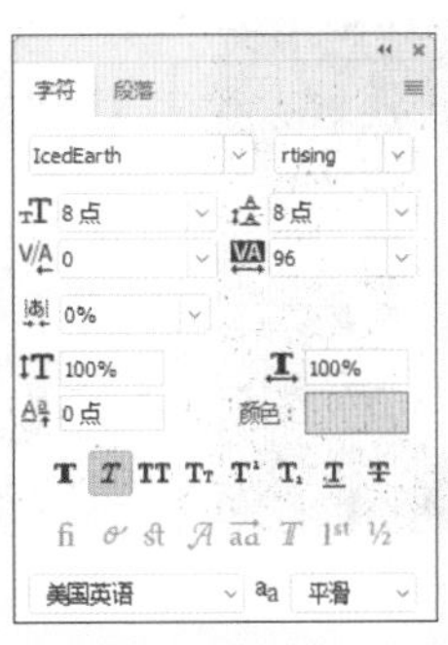

图 7-80

图 7-81

7.2.11 快速蒙版

打开一幅图像，如图 7–82 所示。选择“魔棒”工具，在图像窗口中单击图像生成选区，如图 7–83 所示。

图 7–82　　图 7–83

单击工具箱下方的“以快速蒙版模式编辑”按钮，进入蒙版状态，选区暂时消失，图像的未选择区域变为红色，如图 7–84 所示。“通道”控制面板中将自动生成快速蒙版，如图 7–85 所示。快速蒙版图像如图 7–86 所示。

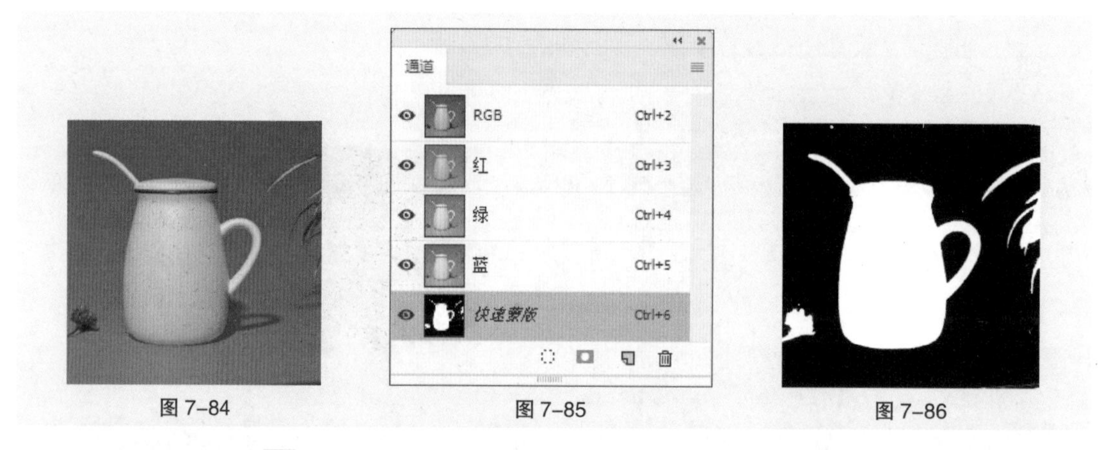

图 7–84　　图 7–85　　图 7–86

选择“画笔”工具，在属性栏中进行设置，如图 7–87 所示。将不需要的区域绘制为黑色，图像效果和快速蒙版如图 7–88、图 7–89 所示。

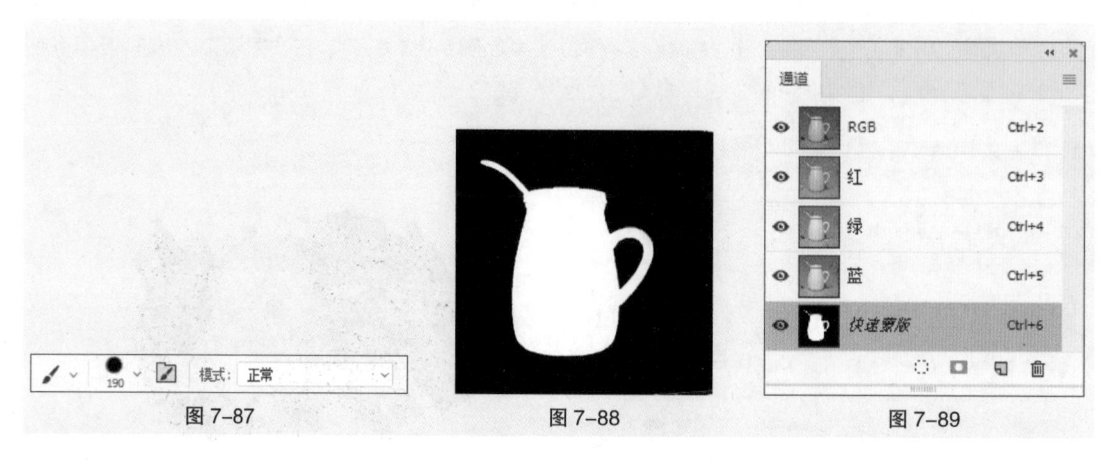

图 7–87　　图 7–88　　图 7–89

7.3 课堂练习——制作化妆品网站详情页主图

【练习知识要点】使用渐变工具制作背景，使用移动工具添加图片，使用椭圆工具、属性控制面板和图层混合模式制作光晕，使用椭圆工具和高斯模糊滤镜命令制作圆形光晕效果，使用变换命令、图层蒙版和画笔工具制作倒影，使用图层样式制作香水瓶光晕。效果如图 7–90 所示。

【效果所在位置】云盘 /Ch07/ 效果 / 制作化妆品网站详情页主图 .psd。

图 7–90

7.4 课后习题——制作摄影类公众号封面首图

【习题知识要点】使用矩形工具、图层样式和剪贴蒙版制作照片，使用移动工具添加装饰和文字。效果如图 7–91 所示。

【效果所在位置】云盘 /Ch07/ 效果 / 制作摄影类公众号封面首图 .psd。

图 7–91

第 8 章

08 特效

本章介绍

Photoshop 处理图像的功能十分强大，搭配使用不同的工具和命令，可以制作出不同特效的具有视觉冲击力的图像，达到吸引人们眼球的目的。本章将主要介绍图层样式、3D 工具和滤镜的应用。通过本章的学习，读者可以了解并掌握特效的制作方法与技巧，使制作的图片更加具有想象力和魅力。

学习目标

- 熟练掌握图层样式的应用方法。
- 了解 3D 工具的使用。
- 掌握常用滤镜的使用方法。

特效

技能目标

- 掌握“儿童服饰类网店首页 Banner”的制作方法。
- 掌握“影视传媒公众号封面首图”的制作方法。
- 掌握“彩妆网店详情页主图”的制作方法。
- 掌握“美妆护肤类公众号封面首图”的制作方法。
- 掌握“文化传媒类公众号封面首图”的制作方法。
- 掌握“极限运动类公众号封面次图”的制作方法。
- 掌握“家用电器类微信公众号封面首图”的制作方法。
- 掌握“运动健身公众号宣传海报”的方法。

8.1 图层样式

Photoshop 提供了多种图层样式可供用户选择，可以单独为图像添加一种样式，也可以同时为图像添加多种样式，从而产生丰富的变化。

8.1.1 课堂案例——制作儿童服饰类网店首页 Banner

【案例学习目标】学习使用图层样式、形状工具和文字工具制作儿童服饰类网店首页 Banner。

【案例知识要点】使用移动工具添加素材图片，使用添加图层样式命令为图片添加特殊效果，使用圆角矩形工具、直线工具和横排文字工具制作品牌及活动信息。效果如图 8-1 所示。

【效果所在位置】云盘 /Ch08/ 效果 / 制作儿童服饰类网店首页 Banner.psd。

图 8-1

（1）按 Ctrl+O 组合键，打开云盘中的“Ch08 > 素材 > 制作儿童服饰类网店首页 Banner > 01、02”文件。选择“移动”工具，将 02 图像拖曳到 01 图像窗口中适当的位置，效果如图 8-2 所示。在“图层”控制面板中生成新的图层并将其命名为“彩旗”，如图 8-3 所示。

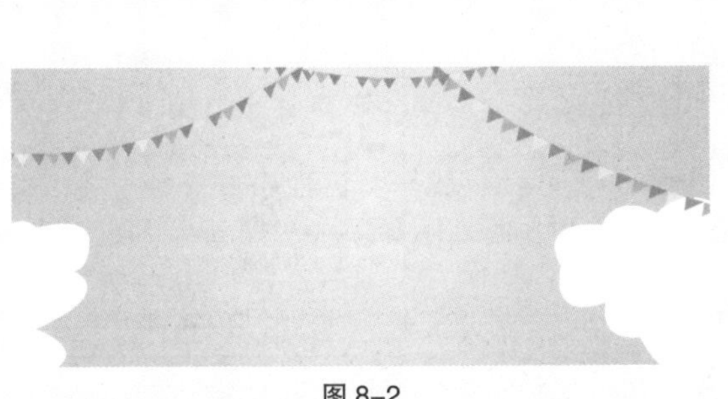

图 8-2

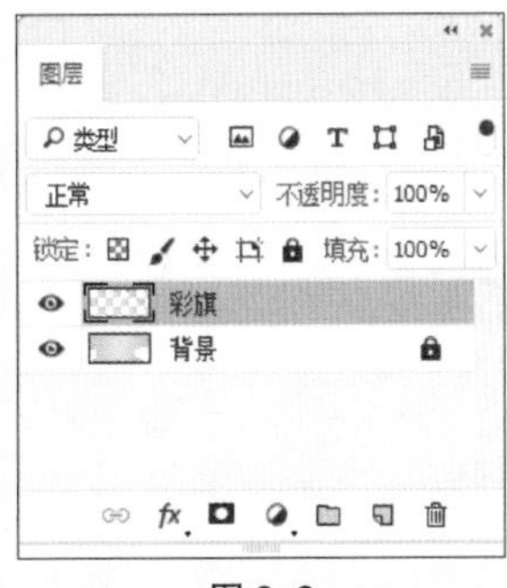

图 8-3

（2）单击“图层”控制面板下方的“添加图层样式”按钮 fx，在弹出的菜单中选择“投影”命令，弹出对话框，将投影颜色设为黑色，其他选项的设置如图 8-4 所示。单击“确定”按钮，效果如图 8-5 所示。

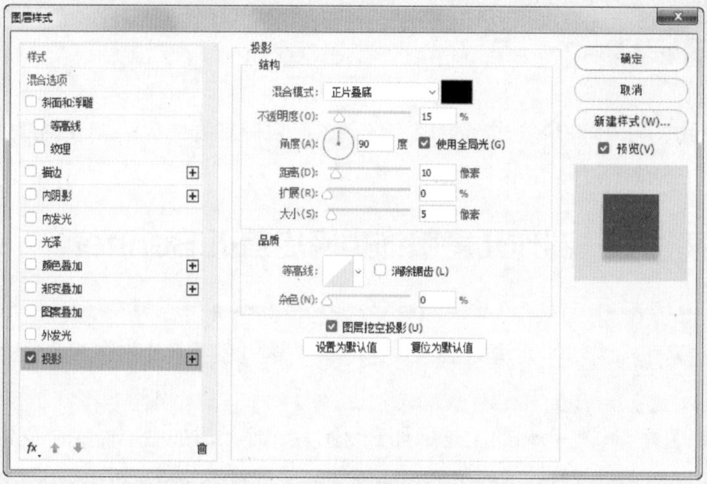

图 8-4

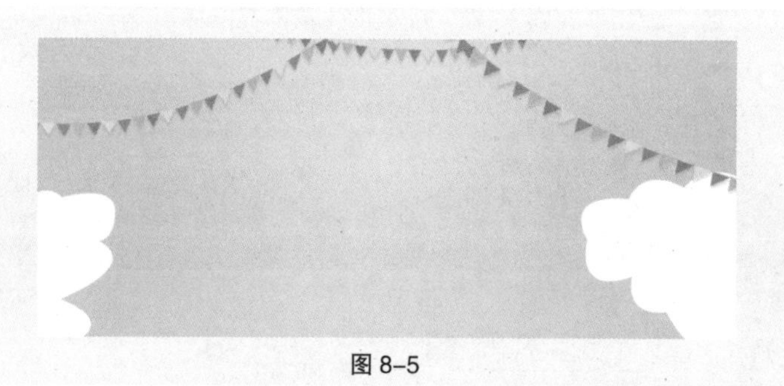

图 8-5

（3）按 Ctrl+O 组合键，打开云盘中的“Ch08 > 素材 > 制作儿童服饰类网店首页 Banner > 03、04”文件。选择“移动”工具，将 03 和 04 图像分别拖曳到 01 图像窗口中适当的位置，效果如图 8-6 所示。在“图层”控制面板中分别生成新的图层并将其命名为“中大圆”和“灯光”，如图 8-7 所示。

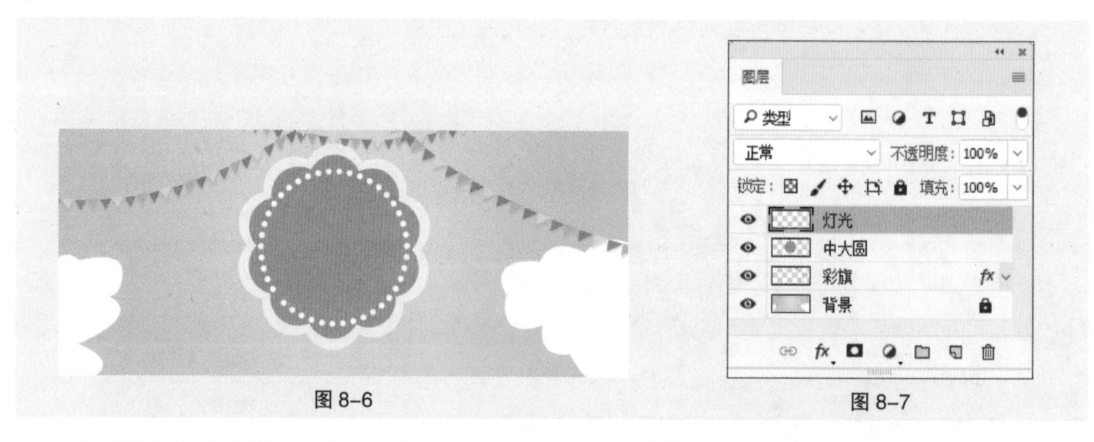

图 8-6　　图 8-7

（4）单击“图层”控制面板下方的“添加图层样式”按钮，在弹出的菜单中选择“外发光”命令，弹出对话框，将外发光颜色设为白色，其他选项的设置如图 8-8 所示。单击“确定”按钮，效果如图 8-9 所示。

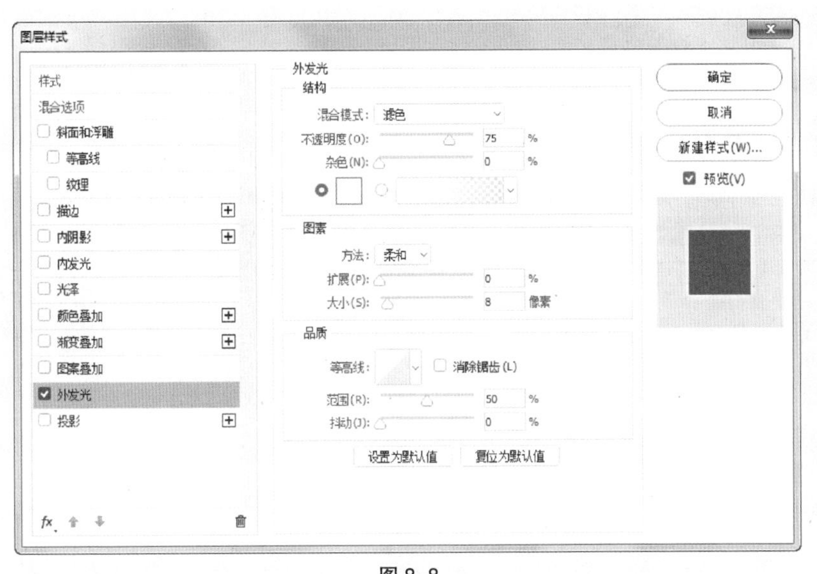

图 8-8

图 8-9

（5）按 Ctrl+O 组合键，打开云盘中的“Ch08 > 素材 > 制作儿童服饰类网店首页 Banner > 05、06、07、08、09”文件。选择“移动”工具 ✥，将 05、06、07、08 和 09 图像分别拖曳到 01 图像窗口中适当的位置，效果如图 8-10 所示。在“图层”控制面板中分别生成新的图层并将其命名为“底椭圆”“形状”“人物”“促销活动”和“装饰 1”，如图 8-11 所示。

图 8-10

图 8-11

（6）选择“横排文字”工具 T，在适当的位置输入需要的文字并选取文字。选择“窗口 > 字符”命令，弹出“字符”面板，在面板中将“颜色”设为黄色（255、255、75），其他选项的设置如图 8-12 所示。按 Enter 键确定操作，效果如图 8-13 所示。在“图层”控制面板中生成新的文字图层。

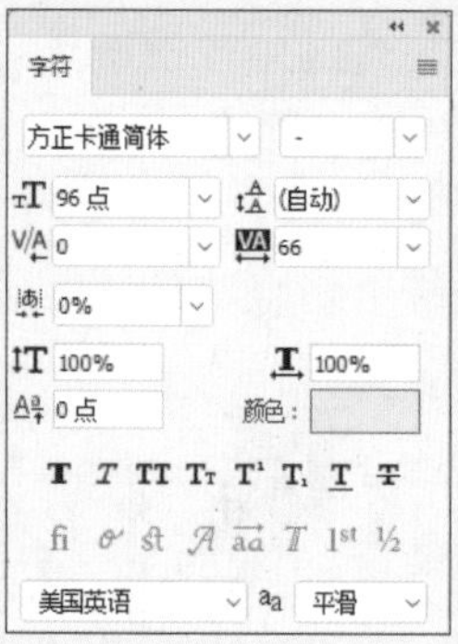

图 8-12 　　图 8-13

（7）单击“图层”控制面板下方的“添加图层样式”按钮 fx，在弹出的菜单中选择“描边”命令，弹出对话框，将描边颜色设为黑色，其他选项的设置如图 8-14 所示。单击“确定”按钮，效果如图 8-15 所示。

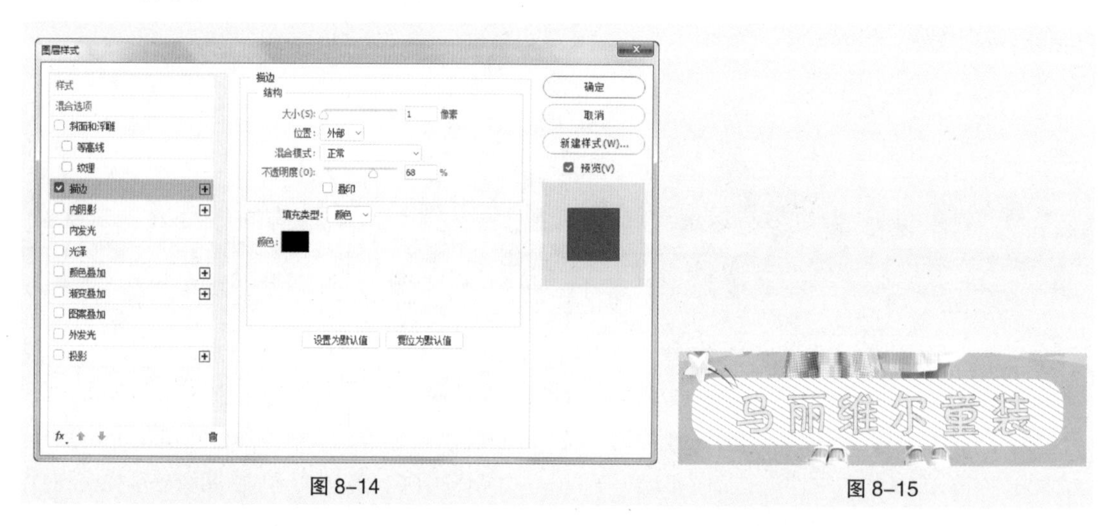

图 8-14　　图 8-15

（8）将“马丽维尔童装”图层拖曳到“图层”控制面板下方的“创建新图层”按钮上进行复制，生成“马丽维尔童装 拷贝”图层。选择“移动”工具，在图像窗口中将其拖曳到适当的位置，如图 8-16 所示。选择“横排文字”工具 T，选取需要的文字，在“字符”面板中将“颜色”设为绿色（82、223、206），按 Enter 键确定操作，效果如图 8-17 所示。

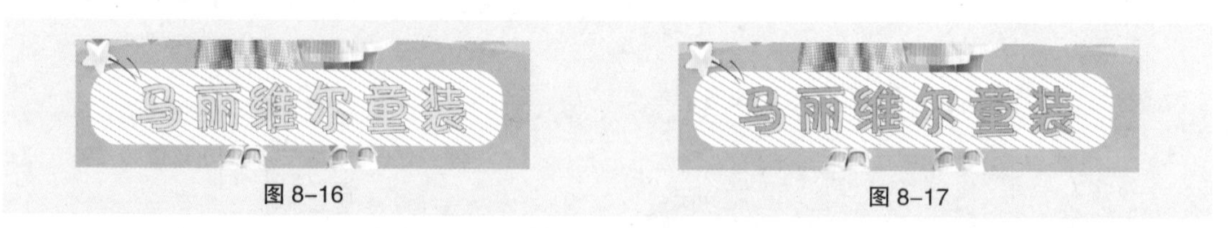

图 8-16　　图 8-17

（9）按住 Shift 键的同时，单击“装饰 1”图层，将需要的图层同时选取，按 Ctrl+G 组合键，群组图层并将其命名为“品牌”，如图 8-18 所示。

（10）按 Ctrl+O 组合键，打开云盘中的“Ch08 > 素材 > 制作儿童服饰类网店首页 Banner > 10”文件。选择“移动”工具，将 10 图像拖曳到 01 图像窗口中适当的位置，效果如图 8-19 所示。在“图层”控制面板中生成新的图层并将其命名为“装饰 2”。

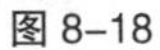

图 8-18

图 8-19

（11）选择“横排文字”工具 T，在适当的位置输入需要的文字并选取文字。在“字符”面板中将“颜色”设为黑色，其他选项的设置如图 8-20 所示。按 Enter 键确定操作，效果如图 8-21 所示。在“图层”控制面板中生成新的文字图层。

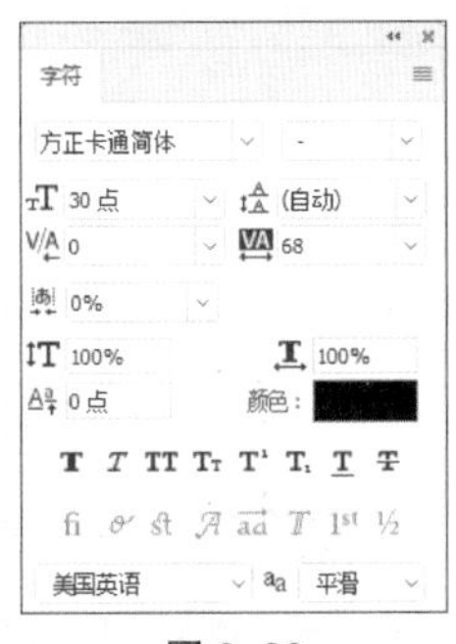

图 8-20

图 8-21

（12）选择“横排文字”工具 T，选取需要的文字，在“字符”面板中设置文字填充颜色为白色，按 Enter 键确定操作，效果如图 8-22 所示。

（13）按住 Shift 键的同时，单击“装饰 2”图层，将需要的图层同时选取，按 Ctrl+G 组合键，群组图层并将其命名为“活动文字”，如图 8-23 所示。儿童服饰类网店首页 Banner 制作完成。

图 8-22

图 8-23

8.1.2 图层样式

单击“图层”控制面板右上方的图标 ≡，在弹出的面板菜单中选择“混合选项”，弹出对话框，如图 8-24 所示，在其中可以对当前图层进行特殊效果的处理。单击左侧的任意选项，可切换到相应的对话框中进行设置。还可以单击“图层”控制面板下方的“添加图层样式”按钮 fx.，弹出其菜单命令，如图 8-25 所示，选择相应的命令，在弹出的对话框中进行设置。

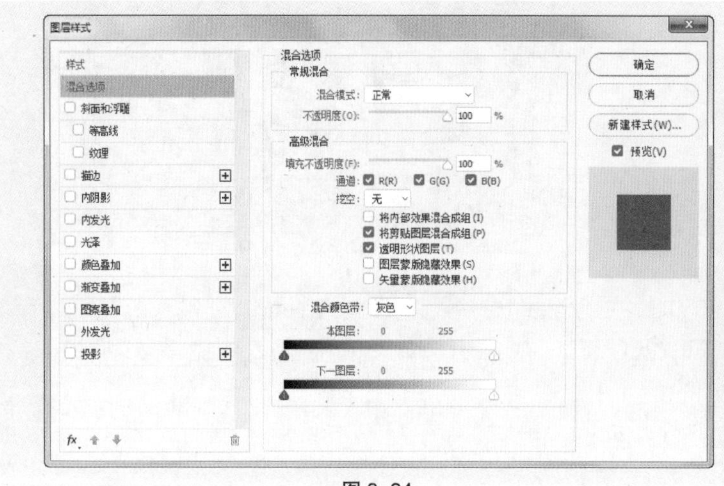

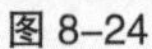
图 8-24

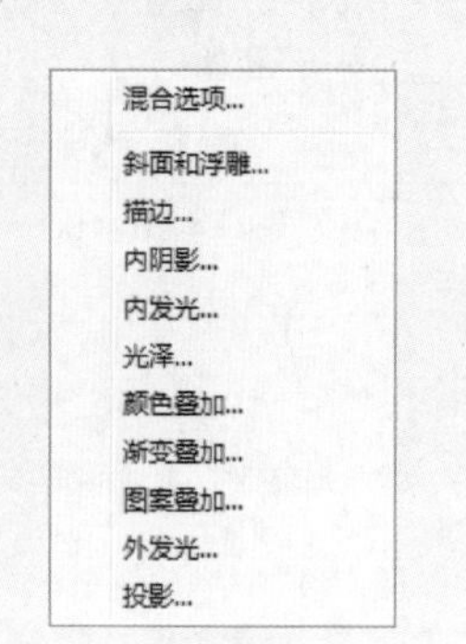

图 8-25

“斜面和浮雕”命令用于使图像产生一种倾面与浮雕的效果。“描边”命令用于为图像描边。“内阴影”命令用于使图像内部产生阴影效果。3 种命令的效果如图 8-26 所示。

斜面和浮雕

描边

内阴影

图 8-26

“内发光”命令用于在图像的边缘内部产生一种辉光效果。“光泽”命令用于使图像产生一种光泽的效果。“颜色叠加”命令用于使图像产生一种颜色叠加效果。3 种命令的效果如图 8-27 所示。

内发光

光泽

颜色叠加

图 8-27

"渐变叠加"命令用于使图像产生一种渐变叠加效果。"图案叠加"命令用于在图像上添加图案效果。"外发光"命令用于在图像的边缘外部产生一种辉光效果。"投影"命令用于使图像产生阴影效果。4 种命令的效果如图 8-28 所示。

渐变叠加

图案叠加

外发光

投影

图 8-28

8.2 3D 工具

8.2.1 课堂案例——制作影视传媒公众号封面首图

【案例学习目标】学习使用 3D 命令制作影视传媒公众号封面首图。

【案例知识要点】使用 3D 命令制作图像酷炫效果，使用直线工具绘制装饰图形，使用色阶命令调整图像色调，使用横排文字工具添加文字信息。效果如图 8-29 所示。

【效果所在位置】云盘 /Ch08/ 效果 / 制作影视传媒公众号封面首图 .psd。

图 8-29

（1）按 Ctrl+N 组合键，新建一个文件，宽度为 900 像素，高度为 383 像素，分辨率为 72 像素 / 英寸，颜色模式为 RGB，背景内容为白色，单击“创建”按钮，新建文档。

（2）按 Ctrl+O 组合键，打开云盘中的“Ch08 > 素材 > 制作影视传媒公众号封面首图 > 01”文件，如图 8-30 所示。选择“3D > 从图层新建网格 > 深度映射到 > 平面”命令，效果如图 8-31 所示。

图 8-30

图 8-31

（3）在“3D”控制面板中选择“当前视图”，在“属性”面板中进行设置，如图 8-32 所示，按 Enter 键确定操作。选择“场景”，在属性面板中单击“样式”选项，在弹出的菜单中选择“未照亮的纹理”，其他选项的设置如图 8-33 所示。按 Enter 键确定操作，效果如图 8-34 所示。在“图层”控制面板中选中“背景”图层，单击鼠标右键，在弹出的菜单中选择“转换为智能对象”，将图像转换为智能对象。

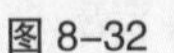

图 8-32

图 8-33

图 8-34

（4）选择“移动”工具 ，将图片拖曳到新建的图像窗口中适当的位置，并调整其大小，效果如图 8-35 所示。在“图层”控制面板中生成新的图层并将其命名为“图片”。按 Ctrl+J 组合键，复制图层，在“图层”控制面板中生成新的图层“图片 拷贝”。在图像窗口中调整其大小，效果如图 8-36 所示。

图 8-35

图 8-36

（5）单击“图层”控制面板下方的“添加图层蒙版”按钮 ◘，为图层添加蒙版。将前景色设为黑色。选择“画笔”工具 ✓，在属性栏中单击“画笔”选项，弹出画笔面板。在面板中选择需要的画笔形状，将“大小”项设为40像素，如图8-37所示。在图像窗口中拖曳鼠标擦除不需要的图像，效果如图8-38所示。

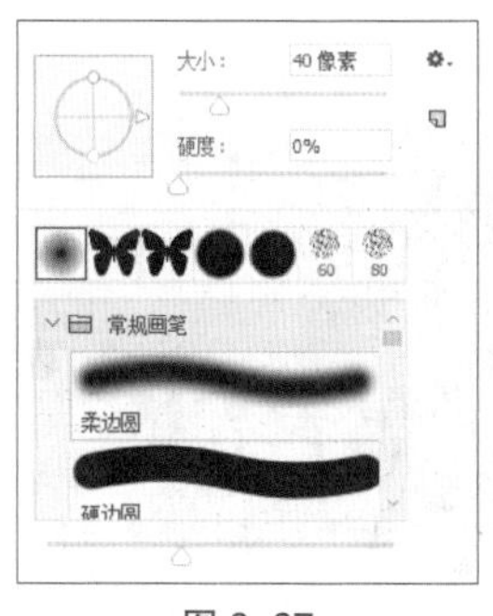

图 8-37

图 8-38

（6）单击“图层”控制面板下方的“创建新的填充或调整图层”按钮 ◑，在弹出的菜单中选择“色彩平衡”命令。在“图层”控制面板中生成“色彩平衡 1”图层。同时在弹出的“色彩平衡”面板中进行设置，如图8-39所示。按Enter键确定操作，效果如图8-40所示。

图 8-39

图 8-40

（7）单击“图层”控制面板下方的“创建新的填充或调整图层”按钮 ◑，在弹出的菜单中选择“亮度/对比度”命令。在“图层”控制面板中生成“亮度/对比度 1”图层。同时在弹出的“亮度/对比度”面板中进行设置，如图8-41所示。按Enter键确定操作，效果如图8-42所示。

图 8-41

图 8-42

（8）选择“横排文字”工具 T，在适当的位置输入需要的文字并选取文字。选择“窗口 > 字符”命令，弹出“字符”面板，在面板中将“颜色”设为深紫色（28、3、48），其他选项的设置如图 8–43 所示。按 Enter 键确定操作，效果如图 8–44 所示。在“图层”控制面板中生成新的文字图层。

图 8–43　　图 8–44

（9）单击“图层”控制面板下方的“添加图层样式”按钮 fx，在弹出的菜单中选择“描边”命令。弹出对话框，将描边颜色设为白色，其他选项的设置如图 8–45 所示。选择“投影”选项，切换到相应的对话框，将投影颜色设为黑色，其他选项的设置如图 8–46 所示。单击“确定”按钮，效果如图 8–47 所示。

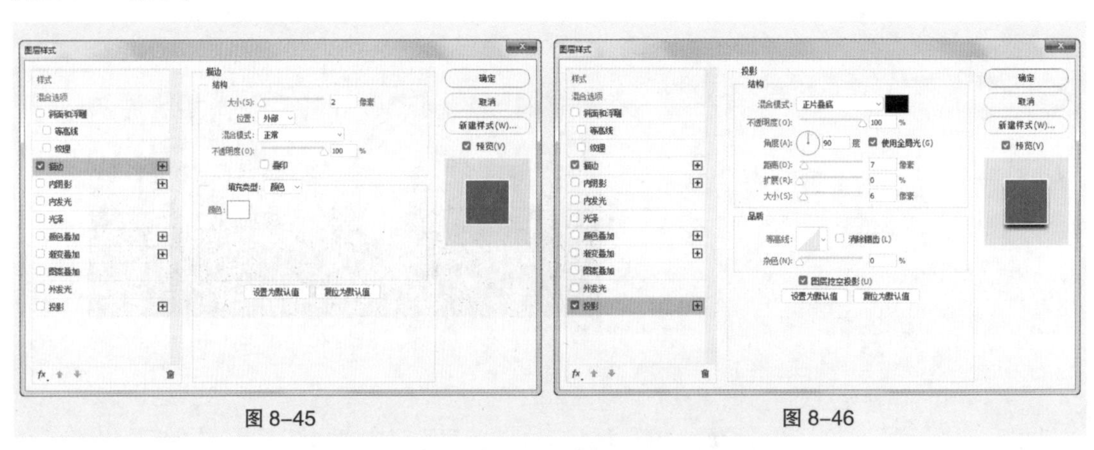

图 8–45　　图 8–46

图 8–47

（10）按 Ctrl+O 组合键，打开云盘中的“Ch07 > 素材 > 制作影视传媒公众号封面首图 > 02”文件。选择“移动”工具 ，将 02 图像拖曳到新建的图像窗口中适当的位置，如图 8–48 所示。在“图层”控制面板中生成新的图层并将其命名为“星云”。按 Alt+Ctrl+G 组合键，为“星云”图层创建剪贴蒙版，效果如图 8–49 所示。

图 8-48

图 8-49

（11）选择“横排文字”工具 T.，在适当的位置输入需要的文字并选取文字。在“字符”面板中将“颜色”设为暗蓝色（27、49、87），其他选项的设置如图 8-50 所示。按 Enter 键确定操作，效果如图 8-51 所示。在“图层”控制面板中生成新的文字图层。

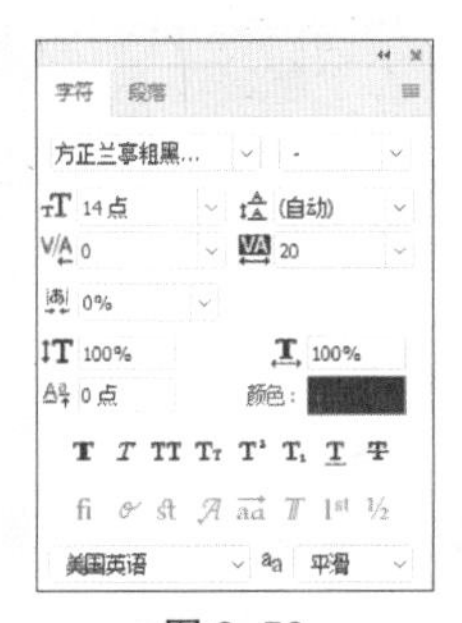

图 8-50

图 8-51

（12）选择“直线”工具 ⁄.，在属性栏的“选择工具模式”选项中选择“形状”，将“填充”选项设为无，描边颜色设为深蓝色（27、49、87），“粗细”项设为 1 像素。按住 Shift 键的同时，在图像窗口中绘制直线，效果如图 8-52 所示，在“图层”控制面板中生成新的形状图层。选择“移动”工具 ✥.，按住 Alt 键的同时，在图像窗口中进行拖曳，复制直线，效果如图 8-53 所示。

图 8-52

图 8-53

（13）按 Ctrl+O 组合键，打开云盘中的“Ch08 > 素材 > 制作影视传媒公众号封面首图 > 03”文件。选择“移动”工具 ✥.，将 03 图像拖曳到新建的图像窗口中适当的位置，如图 8-54 所示。在“图层”控制面板中生成新的图层并将其命名为“信息”。影视传媒公众号封面首图制作完成。

图 8-54

8.2.2 创建 3D 对象

在 Photoshop 中可以将平面图像转换为各种预设形状，如平面、双面平面、圆柱体、球体。只有将图层变为 3D 图层后，才能使用 3D 工具和命令。

打开一幅图像，如图 8-55 所示。选择“3D > 从图层新建网格 > 深度映射到”命令，弹出如图 8-56 所示的子菜单，选择需要的命令可以创建不同的 3D 对象，如图 8-57 所示。

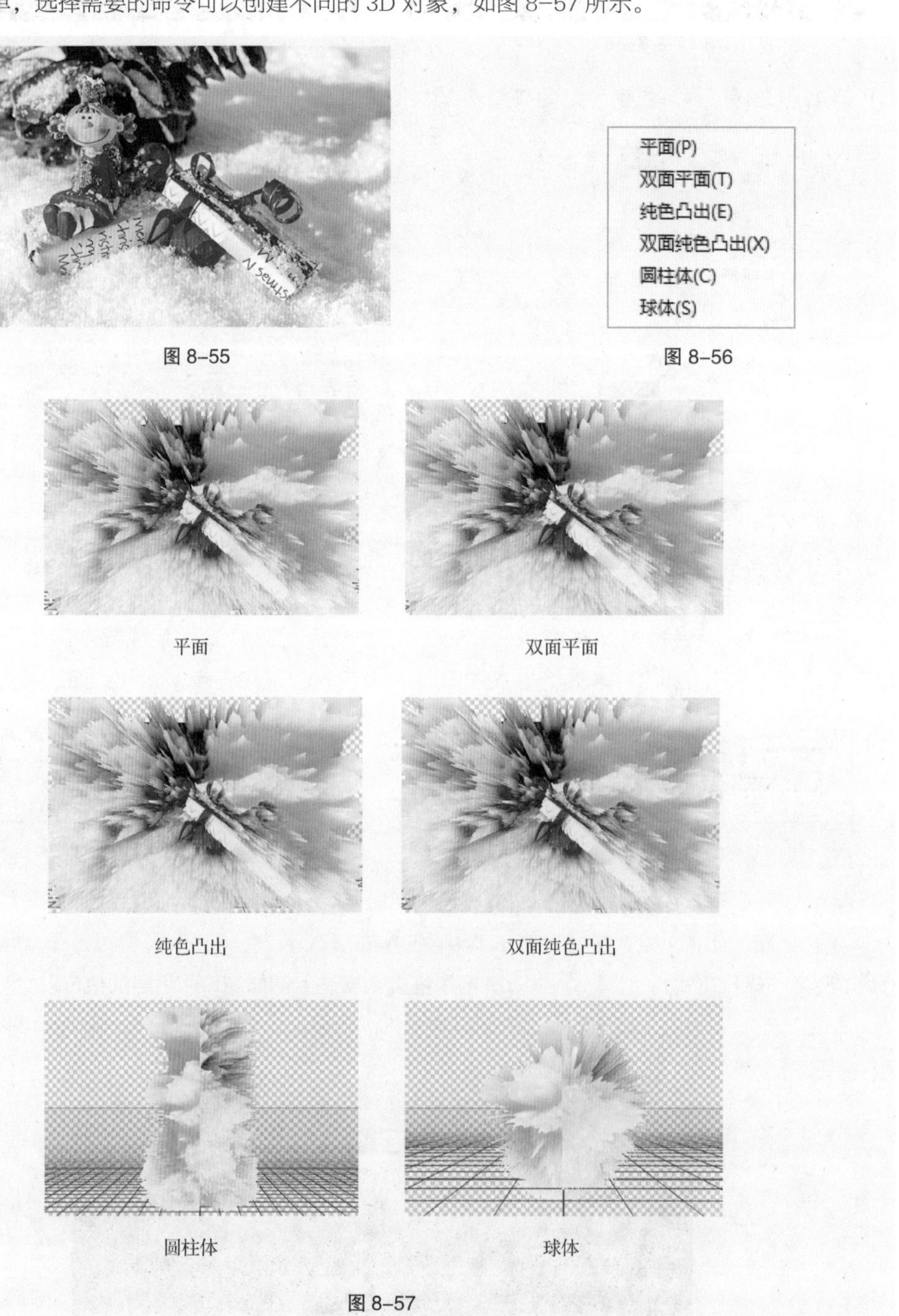

图 8-55

图 8-56

图 8-57

8.3 滤镜菜单及应用

Photoshop CC 的滤镜菜单下提供了多种滤镜，使用这些滤镜命令，可以制作出奇妙的图像效果。单击“滤镜”菜单，弹出如图 8–58 所示的下拉菜单。

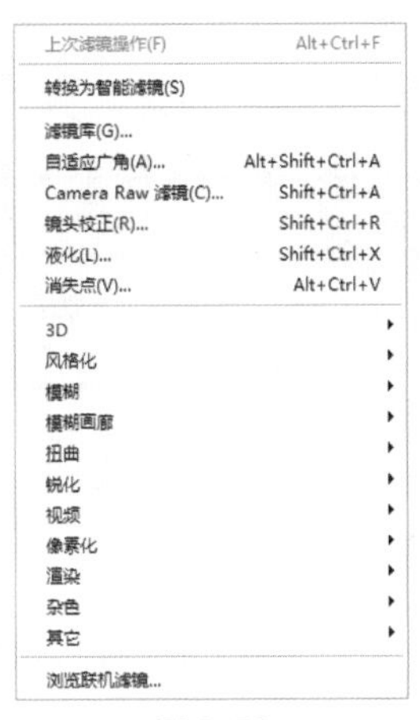

图 8–58

Photoshop CC 滤镜菜单被分为 5 部分，并用横线划分开。

第 1 部分为最近一次使用的滤镜，没有使用滤镜时，此命令为灰色，不可选择。使用任意一种滤镜后，当需要重复使用这种滤镜时，只要直接选择这种滤镜或按 Ctrl+F 组合键，即可重复使用。

第 2 部分为转换为智能滤镜，可以随时修改滤镜操作。

第 3 部分为 6 种 Photoshop CC 滤镜，每个滤镜的功能都十分强大。

第 4 部分为 11 种 Photoshop CC 滤镜组，每个滤镜组中都包含多个子滤镜。

第 5 部分为浏览联机滤镜，可进入对话框进行相关设置。

8.3.1 课堂案例——制作彩妆网店详情页主图

【案例学习目标】学习使用图层样式命令制作彩妆网店详情页主图。

【案例知识要点】使用添加图层样式命令、滤镜命令和用画笔描边路径按钮制作出粒子光。效果如图 8–59 所示。

【效果所在位置】云盘 /Ch08/ 效果 / 制作彩妆网店详情页主图 .psd。

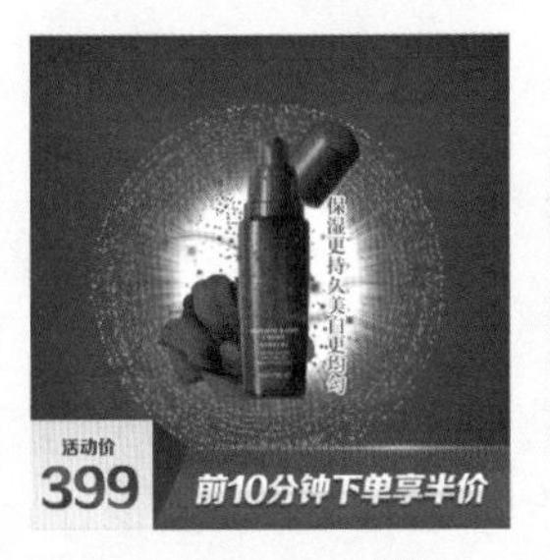

图 8–59

（1）按 Ctrl+N 组合键，新建一个文件，宽度为 800 像素，高度为 800 像素，分辨率为 72 像素 / 英寸，颜色模式为 RGB，背景内容为白色，单击“创建”按钮，新建文档。

（2）新建图层并将其命名为“背景色”。将前景色设为红色（211、0、0）。按 Alt+Delete 组合键，用前景色填充图层，效果如图 8-60 所示。

（3）单击“图层”控制面板下方的“添加图层样式”按钮 fx，在弹出的菜单中选择“内阴影”命令，弹出对话框，将阴影颜色设为黑色，其他选项的设置如图 8-61 所示。单击“确定”按钮，效果如图 8-62 所示。

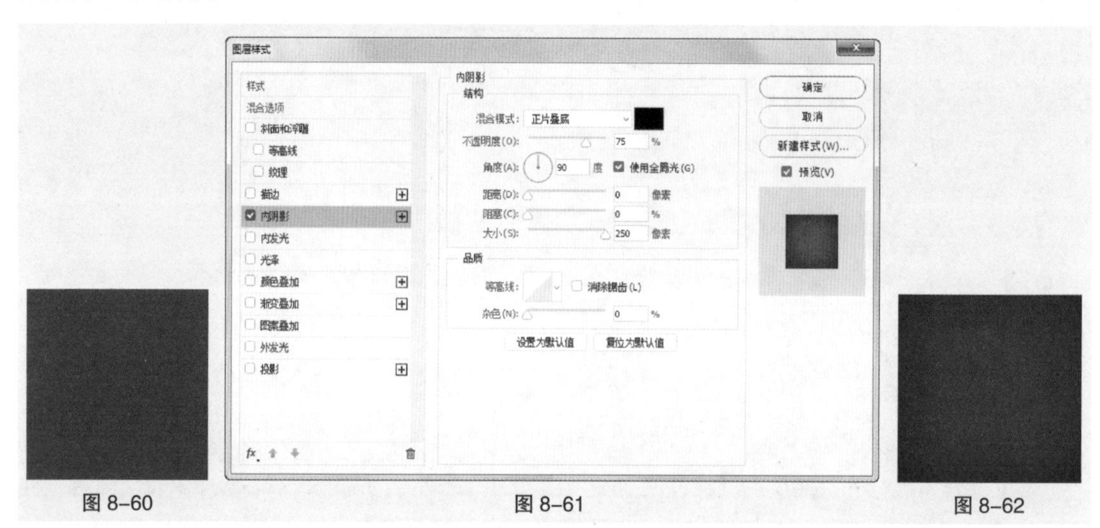

图 8-60　　图 8-61　　图 8-62

（4）新建图层并将其命名为“外光圈”。选择“椭圆选框”工具 ，按住 Shift 键的同时，在图像窗口中拖曳鼠标绘制圆形选区，如图 8-63 所示。选择“编辑 > 描边”命令，弹出对话框，将描边颜色设为白色，其他选项的设置如图 8-64 所示。单击“确定”按钮。按 Ctrl+D 组合键，取消选区，效果如图 8-65 所示。

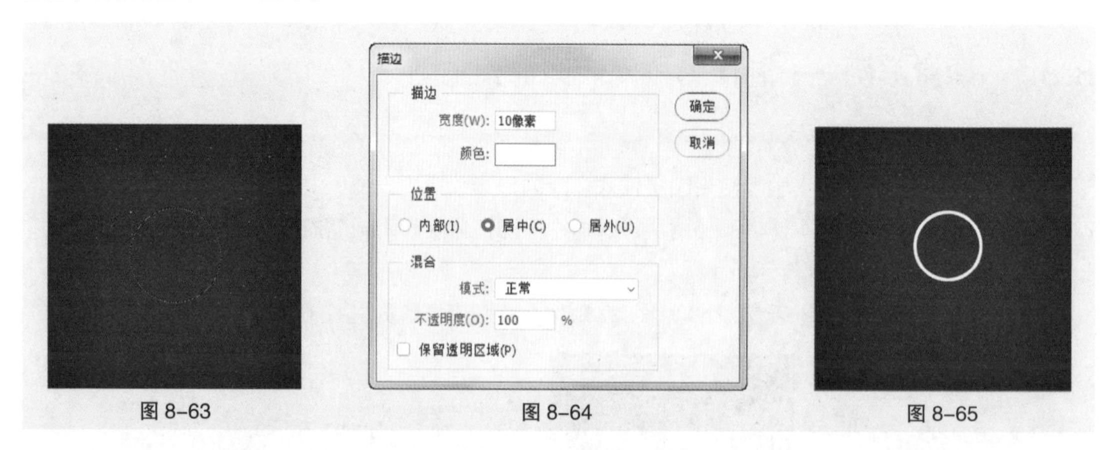

图 8-63　　图 8-64　　图 8-65

（5）选择“滤镜 > 模糊 > 高斯模糊”命令，在弹出的对话框中进行设置，如图 8-66 所示，单击确定按钮，效果如图 8-67 所示。

（6）选择“滤镜 > 扭曲 > 极坐标”命令，在弹出的对话框中进行设置，如图 8-68 所示。单击“确定”按钮，效果如图 8-69 所示。选择“图像 > 图像旋转 > 逆时针 90 度”命令，旋转图像，效果如图 8-70 所示。

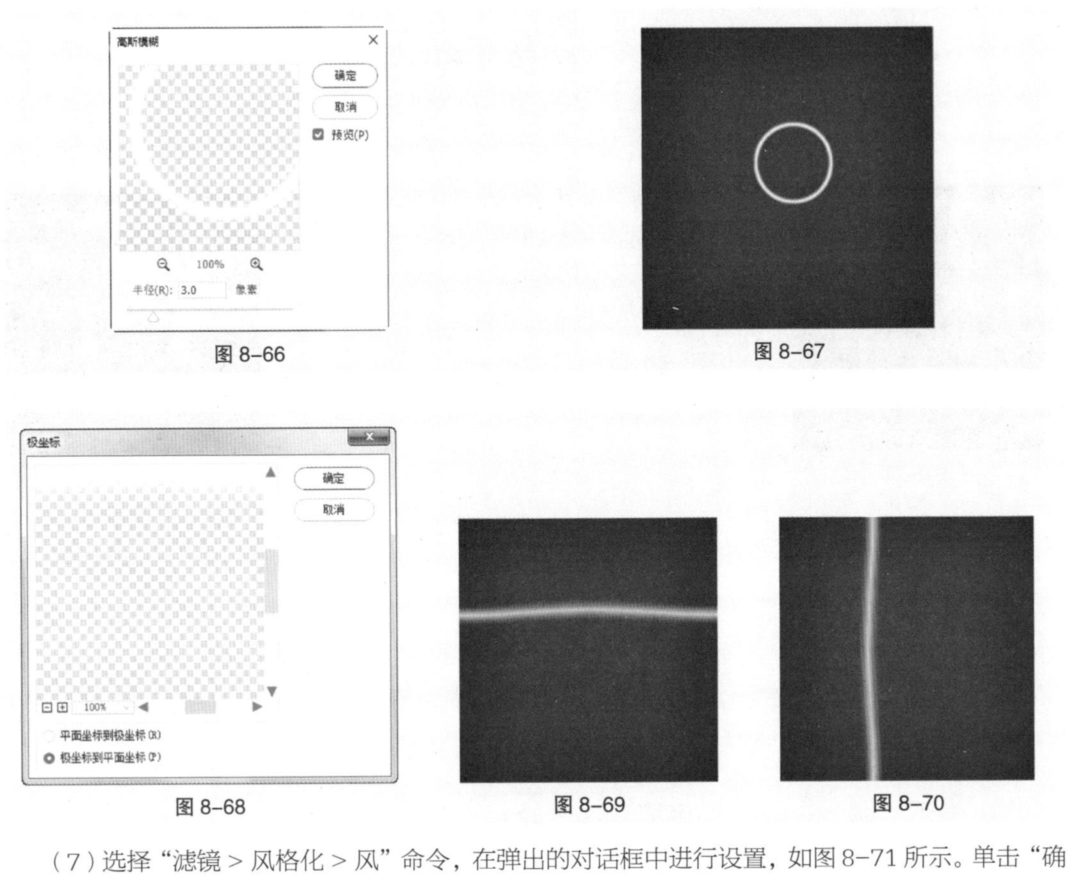

图 8-66　　图 8-67

图 8-68　　图 8-69　　图 8-70

（7）选择“滤镜 > 风格化 > 风”命令，在弹出的对话框中进行设置，如图 8-71 所示。单击“确定”按钮，效果如图 8-72 所示。按 Alt+Ctrl+F 组合键，重复使用“风”滤镜，效果如图 8-73 所示。

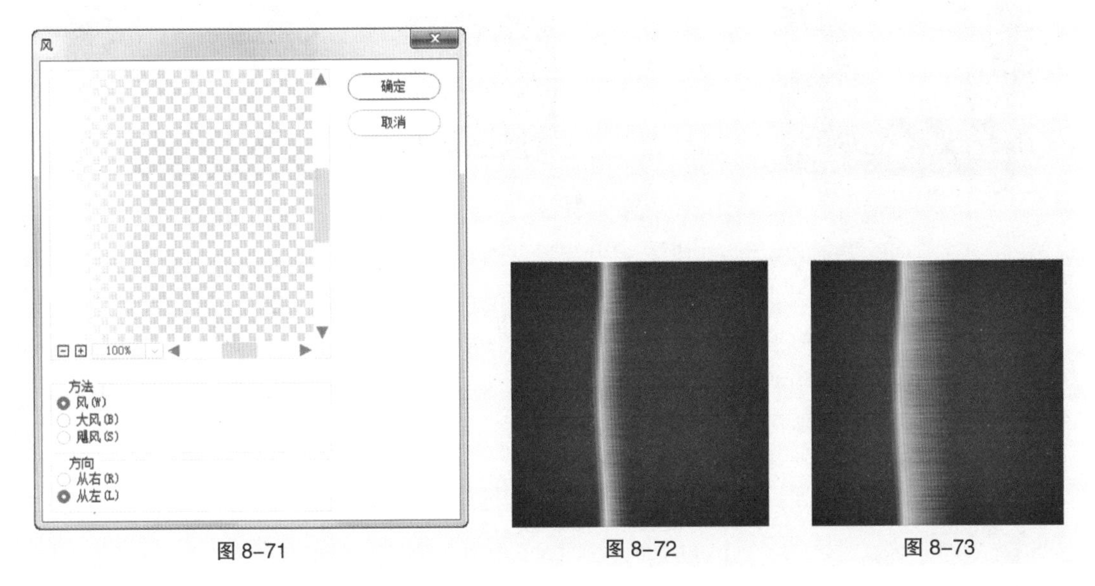

图 8-71　　图 8-72　　图 8-73

（8）选择“图像 > 图像旋转 > 顺时针 90 度”命令，效果如图 8-74 所示。选择“滤镜 > 扭曲 > 极坐标”命令，在弹出的对话框中进行设置，如图 8-75 所示。单击“确定”按钮，效果如图 8-76 所示。

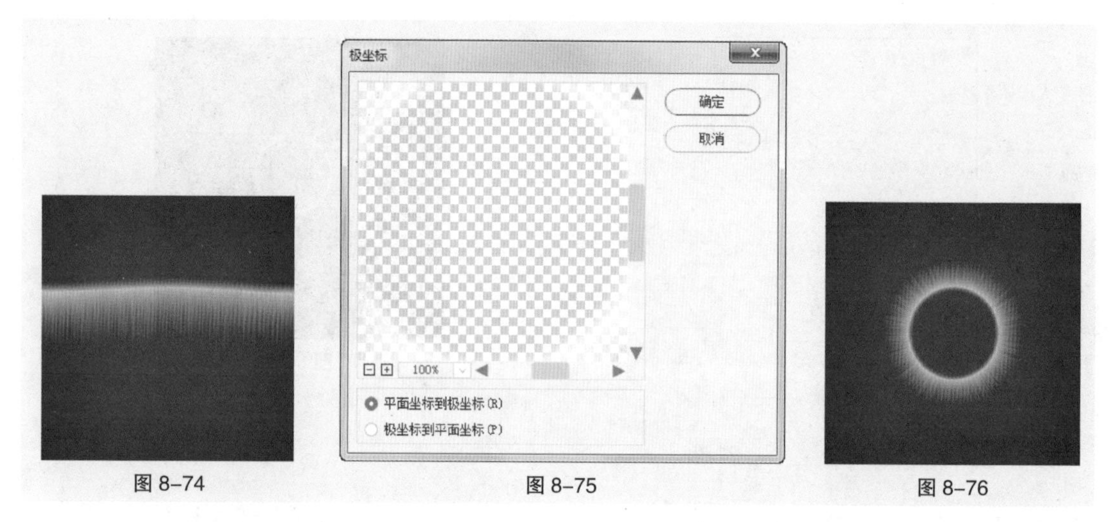

图 8-74　　图 8-75　　图 8-76

（9）按住 Ctrl 键的同时，单击“图层”控制面板下方的“创建新图层”按钮，在“外光圈”图层下方新建图层，并将其命名为“内光圈”。选择“椭圆选框”工具，在属性栏中将“羽化”项设为 6 像素，按住 Shift 键的同时，在适当的位置上绘制一个圆形。将前景色设为白色。按 Alt+Delete 组合键，用前景色填充图层，效果如图 8-77 所示。

（10）选择“滤镜 > 模糊 > 径向模糊”命令，在弹出的对话框中进行设置，如图 8-78 所示。单击“确定”按钮，效果如图 8-79 所示。

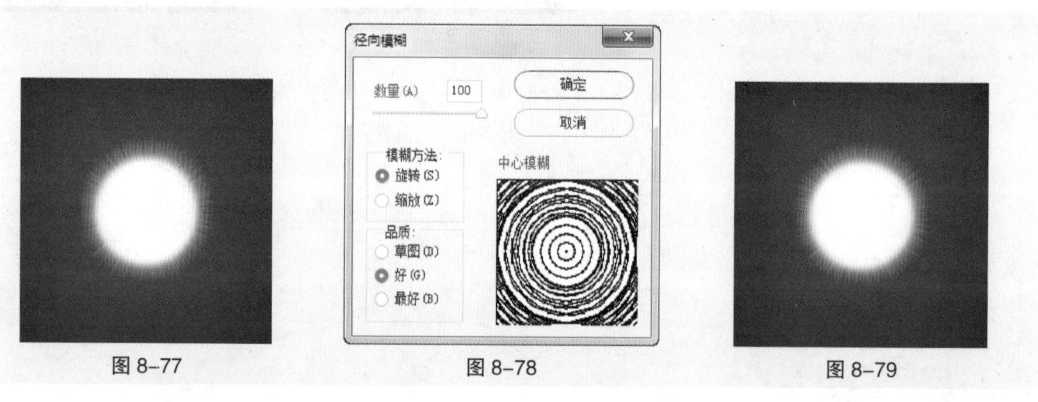

图 8-77　　图 8-78　　图 8-79

（11）在“图层”控制面板中，按住 Shift 键的同时，单击“外光圈”图层，将需要的图层同时选取。按 Ctrl+E 组合键，合并图层，并将其命名为“光”，如图 8-80 所示。

（12）单击“图层”控制面板下方的“添加图层样式”按钮，在弹出的菜单中选择“内发光”命令，弹出对话框，将发光颜色设为黄色（235、233、182），其他选项的设置如图 8-81 所示；选择“外发光”选项，切换到相应的对话框，将发光颜色设为红色（255、0、0），其他选项的设置如图 8-82 所示。单击“确定”按钮，效果如图 8-83 所示。

（13）新建图层并将其命名为“外发光”。选择“椭圆”工具，在属性栏的“选择工具模式”选项中选择“路径”，按住 Shift 键的同时，在适当的位置上绘制一个圆形路径，如图 8-84 所示。

（14）选择“画笔”工具，在属性栏中单击“切换画笔面板”按钮，弹出“画笔设置”控制面板。选择“画笔笔尖形状”选项，切换到相应的面板中进行设置，如图 8-85 所示。选择“形状动态”选项，切换到相应的面板中进行设置，如图 8-86 所示。

图 8–80

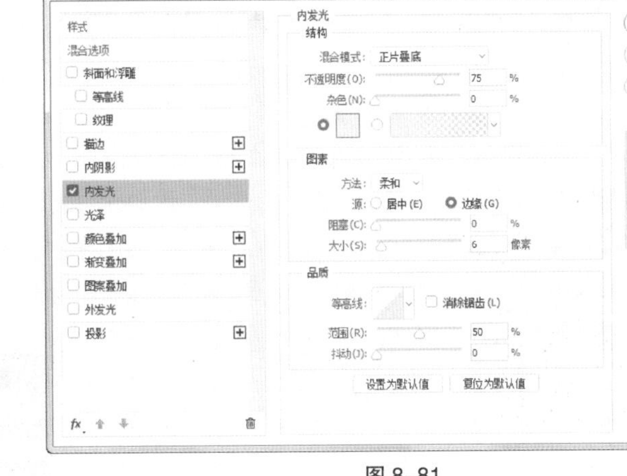

图 8–81

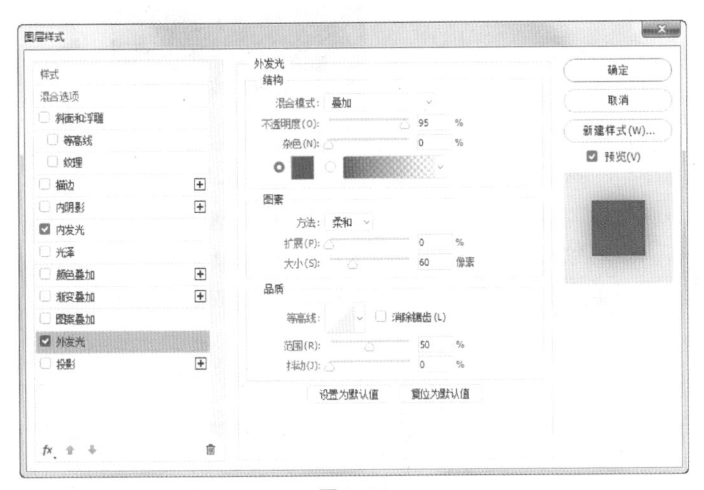

图 8–82

图 8–83

图 8–84

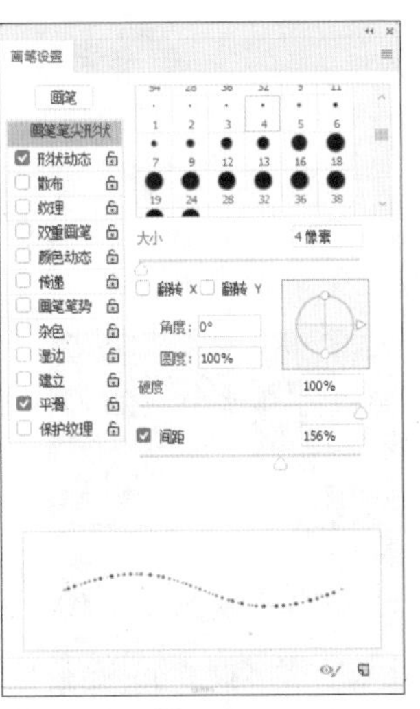

图 8–85

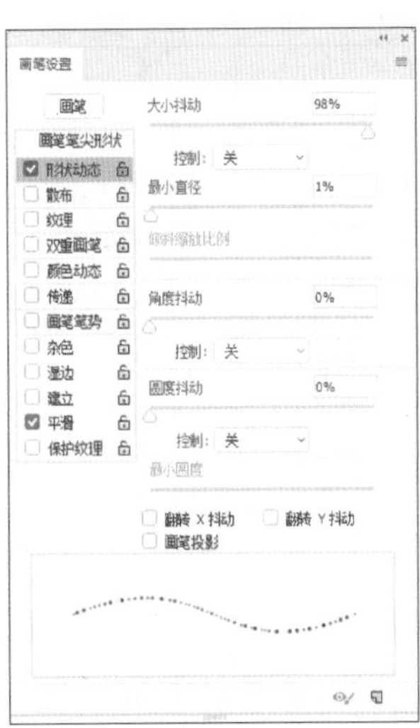

图 8–86

（15）选择“散布”选项，切换到相应的面板中进行设置，如图 8-87 所示。单击“路径”控制面板下方的“用画笔描边路径”按钮 ○ ，对路径进行描边。按 Delete 键，删除该路径，效果如图 8-88 所示。

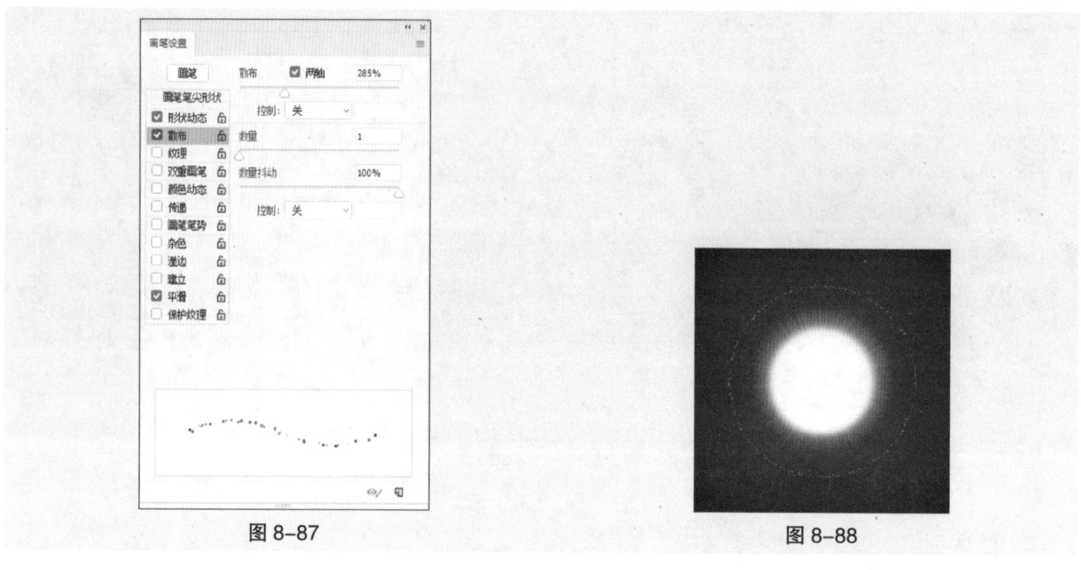

图 8-87　　图 8-88

（16）单击“图层”控制面板下方的“添加图层样式”按钮 fx，在弹出的菜单中选择“内发光”命令，弹出对话框，将发光颜色设为橘红色（255、94、31），其他选项的设置如图 8-89 所示；选择“外发光”选项，切换到相应的对话框，将发光颜色设为红色（255、0、6），其他选项的设置如图 8-90 所示。单击“确定”按钮，效果如图 8-91 所示。

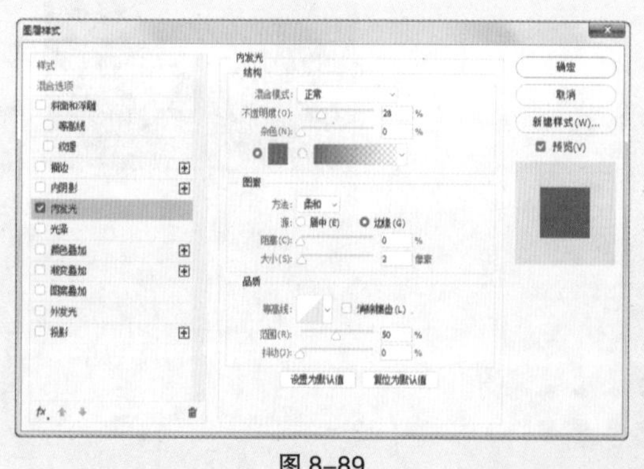

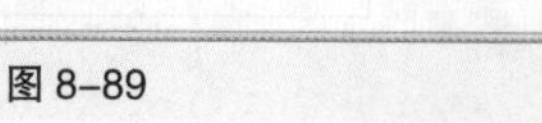

图 8-89

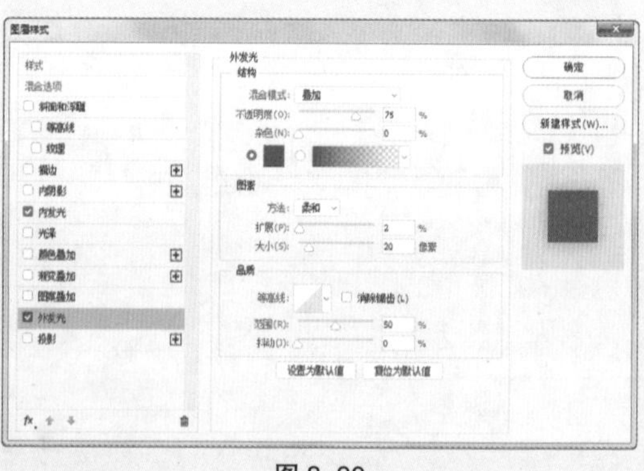

图 8-90

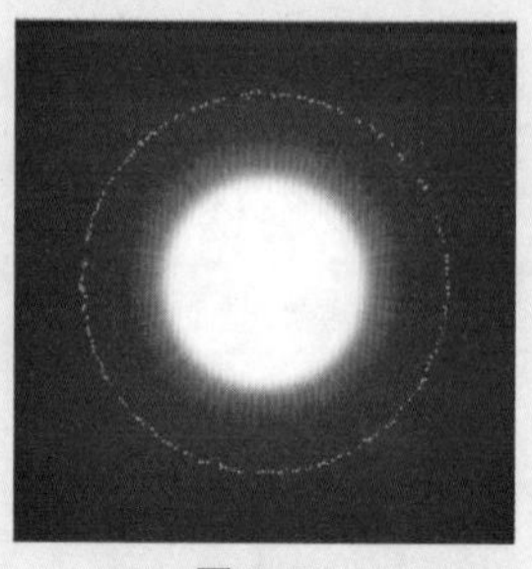

图 8-91

（17）按 Ctrl+J 组合键，复制图层，生成拷贝图层“外发光 拷贝”。按 Ctrl+T 组合键，在图像周围出现变换框，按住 Alt+Shift 组合键的同时，拖曳右上角的控制手柄等比例缩小图形，按 Enter 键确认操作，效果如图 8–92 所示。使用相同的方法复制多个图形并分别等比例缩小图形，效果如图 8–93 所示。在“图层”控制面板中，按住 Shift 键的同时，单击“外发光 拷贝 2”图层，将需要的图层同时选取。按 Ctrl+E 组合键，合并图层，并将其命名为“内光”，如图 8–94 所示。

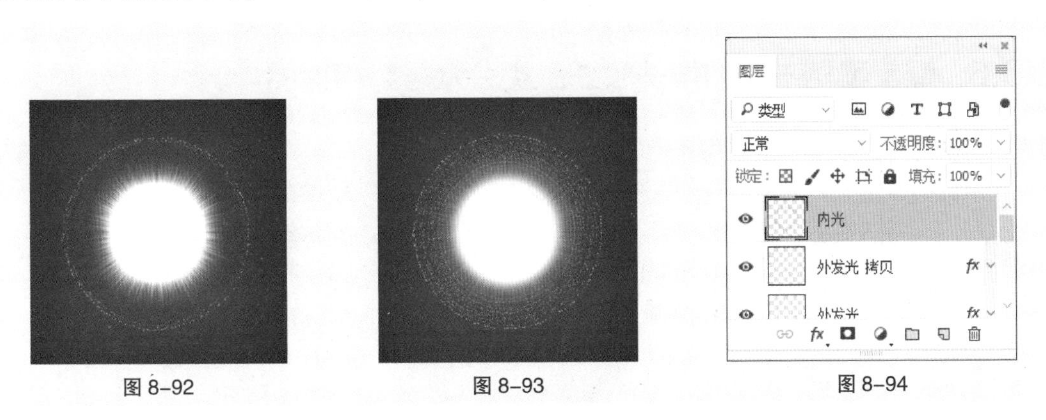

图 8–92　图 8–93　图 8–94

（18）按 Ctrl+J 组合键，复制“内光”图层。选择“滤镜 > 模糊 > 高斯模糊”命令，在弹出的对话框中进行设置，如图 8–95 所示。单击“确定”按钮，效果如图 8–96 所示。

（19）按 Ctrl+O 组合键，打开云盘中的“Ch08 > 素材 > 制作彩妆网店详情页主图 > 01、02”文件。选择“移动”工具 ，将 01 和 02 图像分别拖曳到新建的图像窗口中适当的位置，效果如图 8–97 所示。在“图层”控制面板中分别生成新的图层并将其命名为“化妆品”和“文字”。彩妆网店详情页主图制作完成。

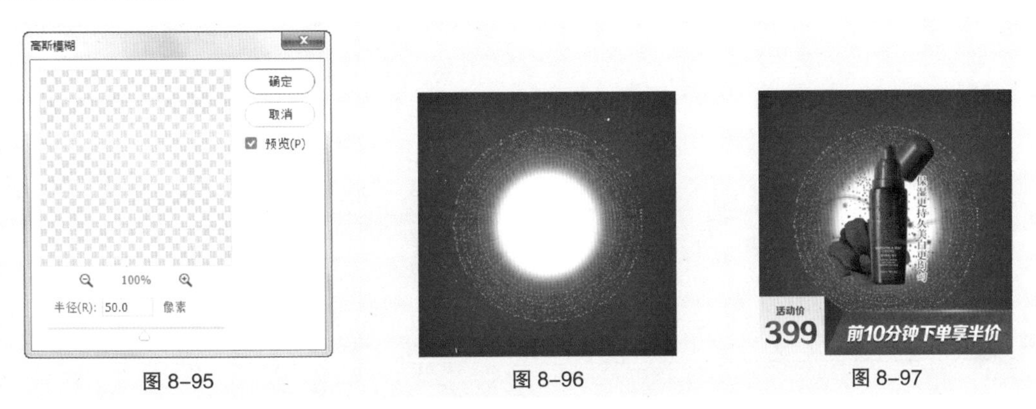

图 8–95　图 8–96　图 8–97

8.3.2　极坐标

利用极坐标滤镜可以制作出图像坐标从直角坐标转为极坐标，或从极坐标转为直角坐标的效果。它能将直的物体拉弯，圆形物体拉直。

8.3.3　风

利用风滤镜可以在图像中生成水平线条，产生风吹效果。注意此滤镜只产生水平方向的效果，要产生其他方向的效果，需要先旋转图像。

8.3.4 径向模糊

利用径向模糊滤镜可以在图像上产生缩放或旋转的模糊效果。

8.3.5 高斯模糊

利用高斯模糊滤镜可以在图像上制作出比较强烈的模糊效果。

8.3.6 课堂案例——制作美妆护肤类公众号封面首图

【案例学习目标】学习使用液化滤镜制作美妆护肤类公众号封面首图。

【案例知识要点】使用矩形选框工具绘制选区，使用变形命令调整图像，使用液化滤镜调整脸型。效果如图 8-98 所示。

【效果所在位置】云盘 /Ch08/ 效果 / 制作美妆护肤类公众号封面首图 .psd。

图 8-98

（1）按 Ctrl+N 组合键，新建一个文件，宽度为 900 像素，高度为 383 像素，分辨率为 72 像素 / 英寸，颜色模式为 RGB，背景内容为紫色（190、124、159），单击“创建”按钮，新建文档。

（2）按 Ctrl+O 组合键，打开云盘中的“Ch08 > 素材 > 制作美妆护肤类公众号封面首图 > 01”文件，如图 8-99 所示。将“背景”图层拖曳到控制面板下方的“创建新图层”按钮 上进行复制，生成新的图层“背景 拷贝”，如图 8-100 所示。

（3）选择“滤镜 > 液化”命令，弹出对话框。选择“脸部”工具，在预览窗口中拖曳鼠标，调整脸部宽度，如图 8-101 所示。

（4）选择“向前变形”工具，将“画笔大小”项设为 100，“画笔压力”项设为 100。在预览窗口中拖曳鼠标，调整左侧脸部的大小，如图 8-102 所示。

图 8-99

图 8-100

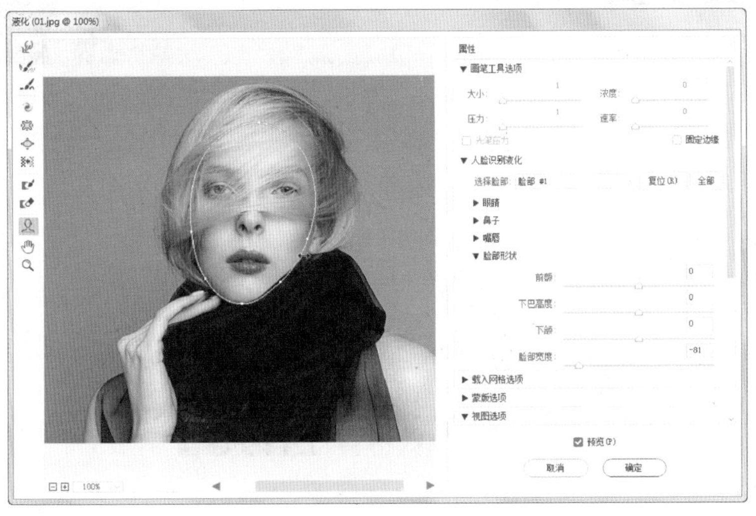

图 8-101

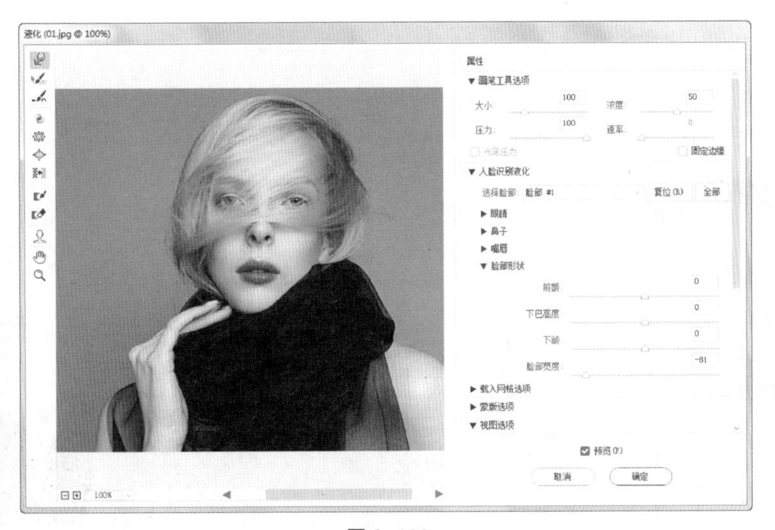

图 8-102

（5）选择“褶皱”工具，将“画笔大小”项设为 30，在预览窗口中拖曳鼠标，调整嘴部的大小，如图 8-103 所示。单击“确定”按钮，效果如图 8-104 所示。

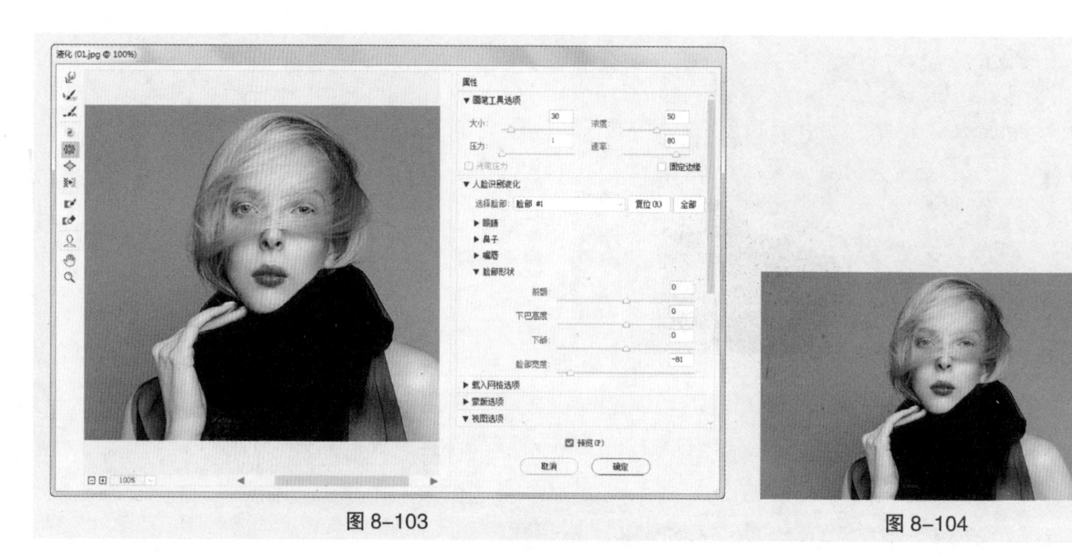

图 8-103　　图 8-104

（6）选择“移动”工具 ✥，将 01 图像拖曳到新建的图像窗口中适当的位置并调整大小，效果如图 8-105 所示。在“图层”控制面板中生成新的图层并将其命名为“人物”。

图 8-105

（7）单击“图层”控制面板下方的“添加图层蒙版”按钮 ◘，为“人物”图层添加蒙版。选择“渐变”工具 ■，单击属性栏中的“点按可编辑渐变”按钮 ▇▇▇ ，弹出“渐变编辑器”对话框。将渐变色设为从黑色到白色，如图 8-106 所示，单击“确定”按钮。在图像窗口中从左向右拖曳渐变色，效果如图 8-107 所示。

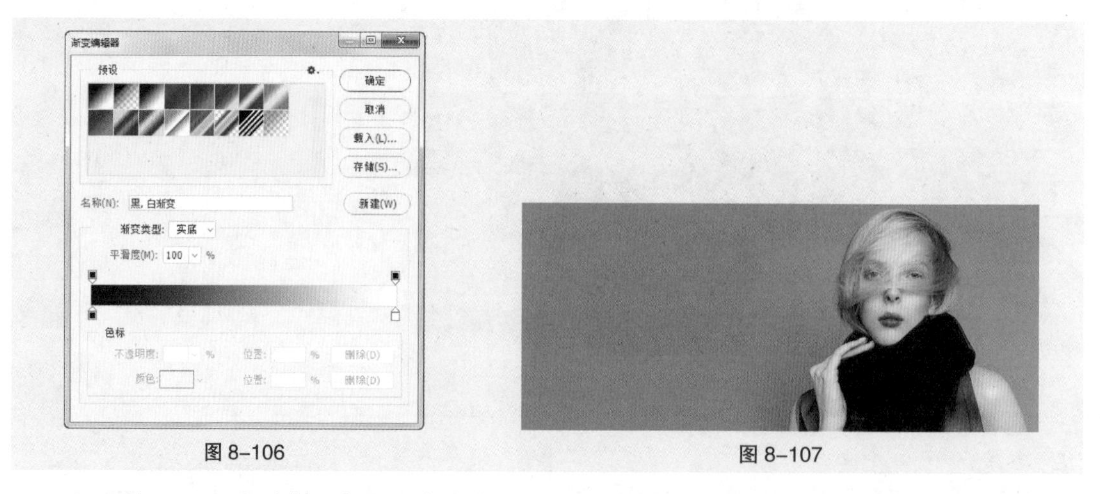

图 8-106　　图 8-107

（8）按 Ctrl+O 组合键，打开云盘中的“Ch08 > 素材 > 制作美妆护肤类公众号封面首图 > 02、03”文件。选择“移动”工具 ✥，将 02 和 03 图片分别拖曳到新建的图像窗口中适当的位置，如图 8-108 所示。在“图层”控制面板中分别生成新的图层并将其命名为“文字”和“化妆品”。美妆护肤类公众号封面首图制作完成。

图 8-108

8.3.7 液化

利用液化滤镜命令可以制作出各种类似液化的图像变形效果。

打开一幅图像，如图 8-109 所示。选择“滤镜 > 液化”命令，或按 Shift+Ctrl+X 组合键，弹出“液化”对话框，如图 8-110 所示。

图 8-109

图 8-110

左侧的工具箱由上到下分别为“向前变形”工具、“重建”工具、“平滑”工具、“顺时针旋转扭曲”工具、“褶皱”工具、“膨胀”工具、“左推”工具、“冻结蒙版”工具、“解冻蒙版”工具、“脸部”工具、“抓手”工具和“缩放”工具。

画笔工具选项组：“大小”选项用于设定所选工具的笔触大小；“浓度”选项用于设定画笔的浓重度；“压力”选项用于设定画笔的压力，压力越小，变形的过程越慢；“速率”选项用于设定画笔的绘制速度；“光笔压力”选项用于设定压感笔的压力。

人脸识别液化选项组：可以通过调整“人脸识别液化”区域中的滑块，对面部特征进行适当更改。

载入网格选项组：用于载入或存储网格。

蒙版选项组：用于选择通道蒙版的形式。选择“无”按钮，可以不制作蒙版；选择“全部蒙住”按钮，可以为全部的区域制作蒙版；选择“全部反相”按钮，可以解冻蒙版区域并冻结剩余的区域。

视图选项组：勾选“显示参考线”复选框可以显示参考线；勾选“显示面部叠加”复选框可以显示面部叠加；勾选“显示图像”复选框可以显示图像；勾选“显示网格”复选框可以显示网格，“网格大小”选项用于设置网格的大小，“网格颜色”选项用于设置网格的颜色；勾选“显示蒙版”

复选框，可以显示蒙版，"蒙版颜色"选项用于设置蒙版的颜色。勾选"显示背景"复选框，在"使用"选项的下拉列表中可以选择"所有图层"；在"模式"选项的下拉列表中可以选择不同的模式；在"不透明度"选项中可以设置不透明度。

画笔重建选项组："重建"按钮用于对变形的图像进行重置；"恢复全部"按钮用于将图像恢复到打开时的状态。

在对话框中设置图像变形参数，如图 8-111 所示。单击"确定"按钮，图像变形效果如图 8-112 所示。

图 8-111

图 8-112

8.3.8 课堂案例——制作文化传媒类公众号封面首图

【案例学习目标】学习使用彩色半调命令制作网点图像。

【案例知识要点】使用彩色半调滤镜命令制作网点图像，使用色阶命令调整图像，使用镜头光晕滤镜命令添加光晕。效果如图 8-113 所示。

【效果所在位置】云盘 /Ch08/ 效果 / 制作文化传媒类公众号封面首图 .psd。

图 8-113

（1）按 Ctrl+O 组合键，打开云盘中的“Ch08 > 素材 > 制作文化传媒类公众号封面首图 > 01”文件，如图 8–114 所示。将“背景”图层拖曳到控制面板下方的“创建新图层”按钮 上进行复制，生成新的图层并将其命名为“人物”，如图 8–115 所示。

图 8–114

图 8–115

（2）选择“滤镜 > 像素化 > 彩色半调”命令，在弹出的对话框中进行设置，如图 8–116 所示。单击“确定”按钮，效果如图 8–117 所示。

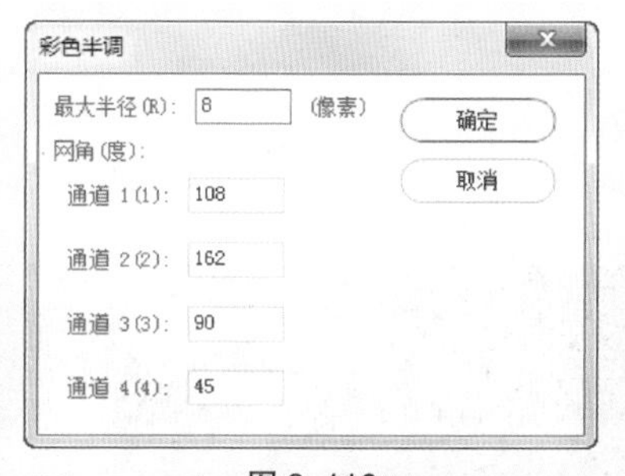

图 8–116

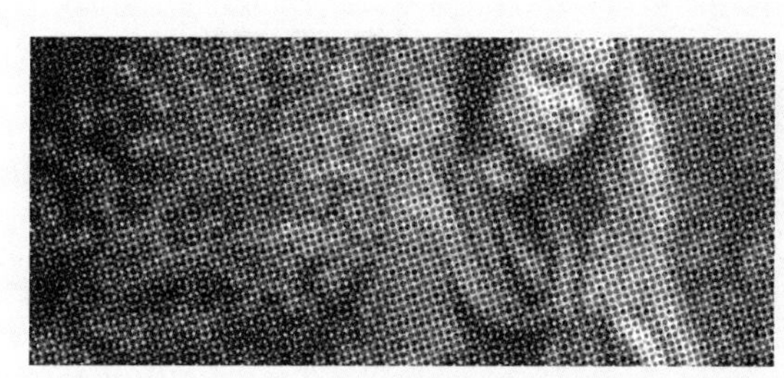

图 8–117

（3）选择“滤镜 > 模糊 > 高斯模糊”命令，在弹出的对话框中进行设置，如图 8–118 所示。单击“确定”按钮，效果如图 8–119 所示。

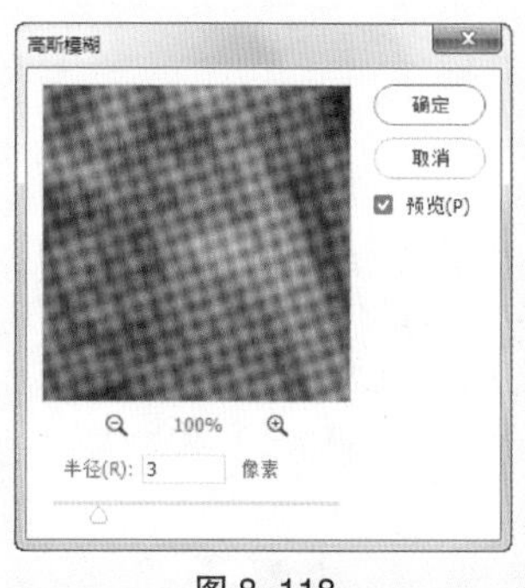

图 8–118

图 8–119

（4）在“图层”控制面板上方，将“人物”图层的混合模式选项设为“柔光”，图像效果如图 8–120 所示。

（5）按 D 键，恢复默认前景色和背景色。选择“背景”图层，按 Ctrl+J 组合键，复制图层，生成新的图层并将其命名为“人物 2”。将“人物 2”图层拖曳到“人物”图层的上方，如图 8–121 所示。

图 8-120　　图 8-121

（6）选择“滤镜 > 滤镜库”命令，在弹出的对话框中进行设置，如图 8-122 所示。单击“确定”按钮，效果如图 8-123 所示。

图 8-122　　图 8-123

（7）选择“滤镜 > 渲染 > 镜头光晕”命令，在弹出的对话框中进行设置，如图 8-124 所示。单击“确定”按钮，效果如图 8-125 所示。

图 8-124　　图 8-125

（8）在“图层”控制面板上方，将“人物 2”图层的混合模式选项设为“变暗”，如图 8-126 所示，图像效果如图 8-127 所示。

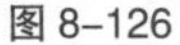
图 8-126

图 8-127

（9）选择“滤镜 > 模糊画廊 > 光圈模糊”命令，进入编辑界面，在图像窗口中调整圆钉，如图 8-128 所示。“模糊工具”面板的设置如图 8-129 所示，单击属性栏中的“确定”按钮，效果如图 8-130 所示。

图 8-128

图 8-129

图 8-130

（10）按 Ctrl+O 组合键，打开云盘中的“Ch08 > 素材 > 制作文化传媒类公众号封面首图 > 02”文件。选择“移动”工具 ，将 02 图像拖曳到图像窗口中适当的位置，如图 8-131 所示。在“图层”控制面板中生成新的图层并将其命名为“文字”。文化传媒类公众号封面首图制作完成。

图 8-131

8.3.9 光圈模糊

光圈模糊滤镜可以将椭圆焦点范围之外的图像模糊。

8.3.10 彩色半调

彩色半调滤镜可以产生彩色网点效果。

打开一幅图像，如图 8-132 所示。选择“滤镜 > 像素化 > 彩色半调”命令，弹出图 8-133 所示的对话框。

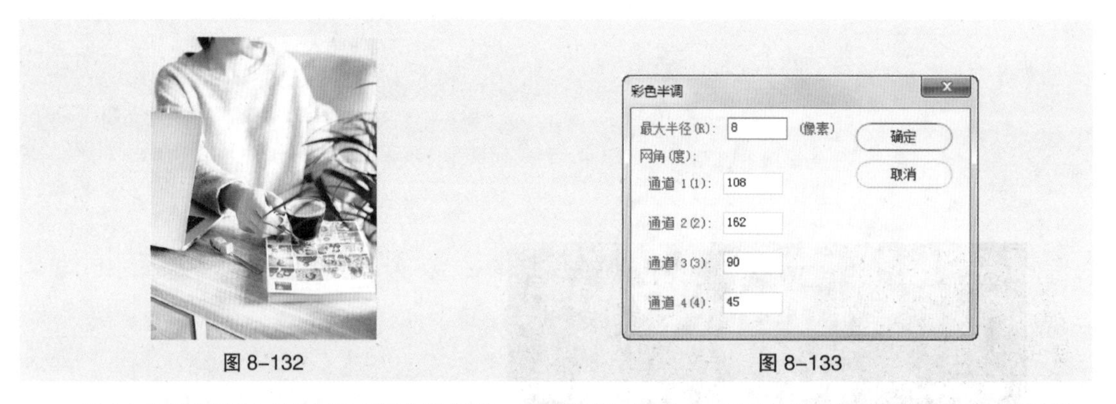

图 8-132　　图 8-133

“最大半径”项用于最大像素填充的设置，它控制着网格大小。“网角（度）”项用于设定屏蔽度数，4 个通道分别代表填入颜色之间的角度。

对话框的设置如图 8-134 所示，单击“确定”按钮，效果如图 8-135 所示。

图 8-134　　图 8-135

8.3.11 半调图案

半调图案滤镜可以使用前景色和背景色在当前图像中产生网板图案的效果。

打开一幅图像，如图 8-136 所示。选择“滤镜 > 滤镜库”命令，弹出对话框，设置如图 8-137 所示。

图 8-136

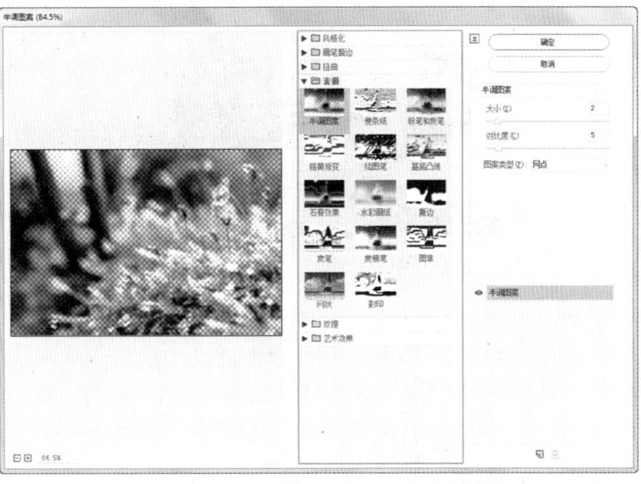

图 8-137

“大小”项用于调节网格间距的大小。此参数取值越大，产生的网格间距也越大。“对比度”项用于调节前景色的对比度。“图案类型”选项用于选择图案的类型。

对话框的设置如图 8-138 所示。单击“确定”按钮，效果如图 8-139 所示。

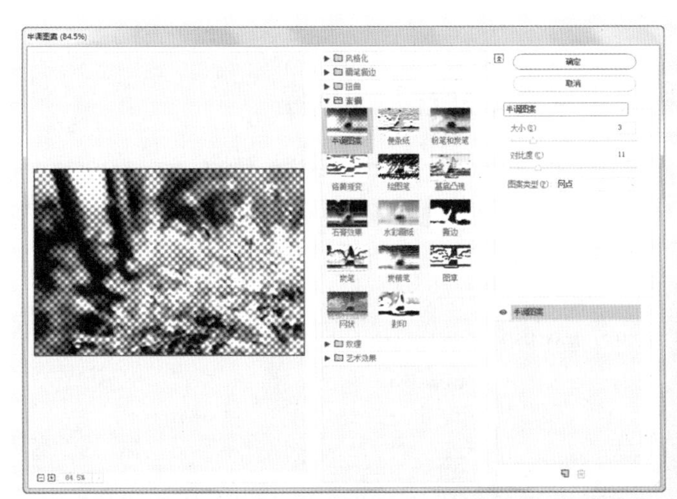

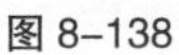

图 8-138

图 8-139

8.3.12 镜头光晕

镜头光晕滤镜可以生成摄像机镜头炫光的效果，它可自动调节摄像机炫光的位置。

打开一幅图像，如图 8-140 所示。选择“滤镜 > 渲染 > 镜头光晕”命令，弹出图 8-141 所示的对话框。

在预览框中可以通过拖动十字光标来设定炫光位置。“亮度”项用于控制斑点的亮度大小。此参数设置过高时，整个画面会变成一片白色。“镜头类型”选项组用于设定摄像机镜头的类型。

对话框的设置如图 8-142 所示。单击“确定”按钮，效果如图 8-143 所示。

图 8-140

图 8-141

图 8-142

图 8-143

8.3.13 课堂案例——制作极限运动类公众号封面次图

【案例学习目标】学习使用极坐标命令制作震撼的视觉效果。

【案例知识要点】使用极坐标滤镜命令扭曲图像，使用裁剪工具裁剪图像，使用图层蒙版和画笔工具修饰照片。效果如图 8-144 所示。

【效果所在位置】云盘 /Ch08/ 效果 / 制作极限运动类公众号封面次图 .psd。

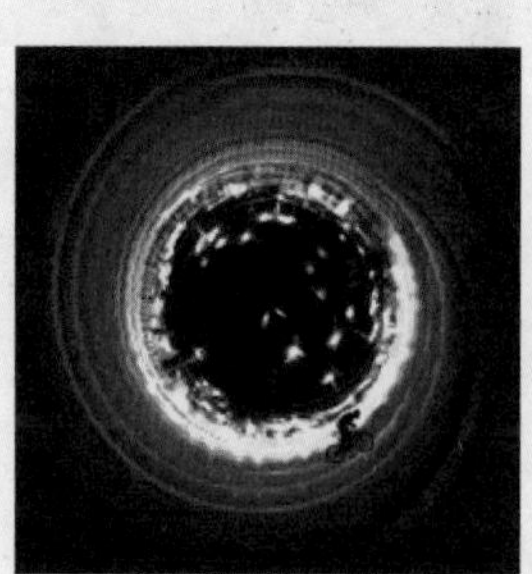

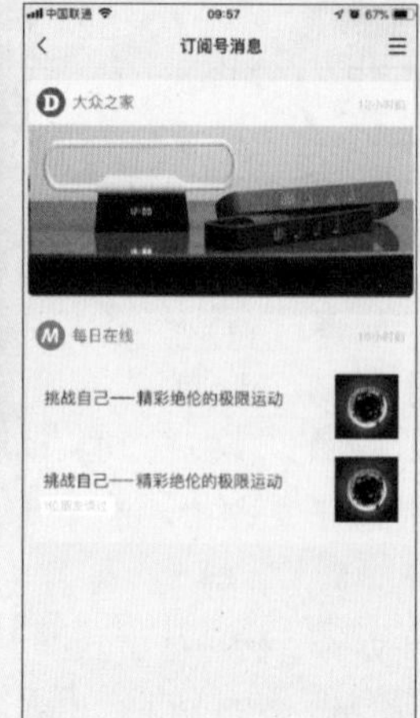

图 8-144

（1）按 Ctrl+O 组合键，打开云盘中的“Ch08 > 素材 > 制作极限运动类公众号封面次图 > 01”文件，如图 8-145 所示。将“背景”图层拖曳到控制面板下方的“创建新图层”按钮 上进行复制，生成新的图层并将其命名为“旋转”，如图 8-146 所示。

图 8-145

图 8-146

（2）选择“裁剪”工具 ，属性栏中的设置如图 8-147 所示。在图像窗口中适当的位置拖曳一个裁切区域，如图 8-148 所示。按 Enter 键确定操作，效果如图 8-149 所示。

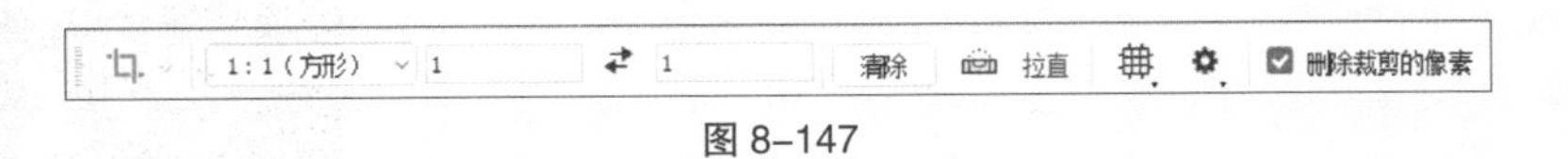

图 8-147

图 8-148

图 8-149

（3）选择“滤镜 > 扭曲 > 极坐标”命令，在弹出的对话框中进行设置，如图 8-150 所示。单击“确定”按钮，效果如图 8-151 所示。

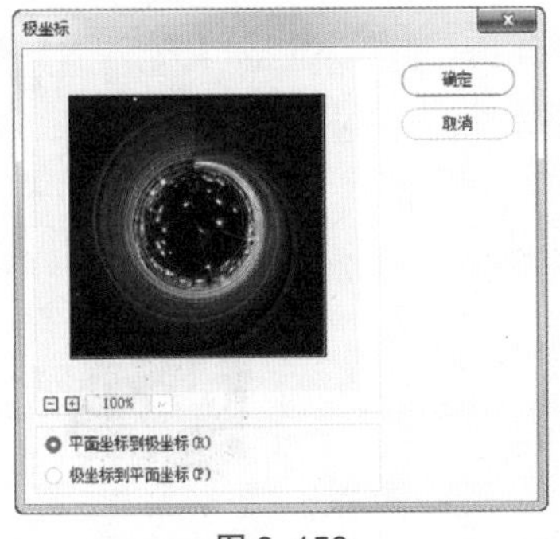

图 8-150

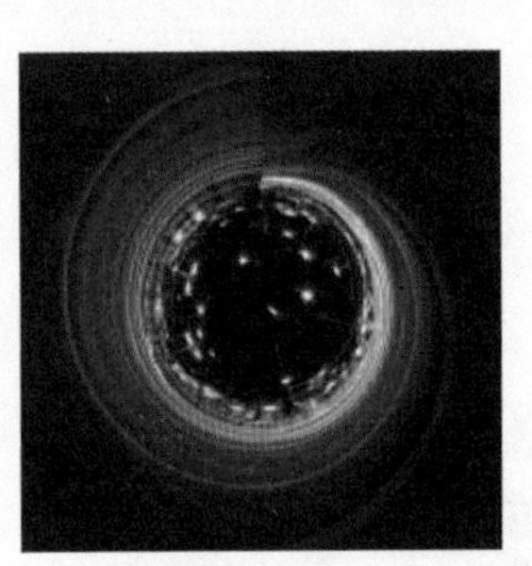
图 8-151

（4）按 Ctrl+J 组合键，复制“旋转”图层，生成新的图层“旋转 拷贝”，如图 8-152 所示。

（5）按 Ctrl+T 组合键，在图像周围出现变换框，将鼠标指针放在变换框的控制手柄外边，指针变为旋转图标，拖曳鼠标将图像旋转到适当的角度，按 Enter 键确定操作，效果如图 8-153 所示。

图 8–152

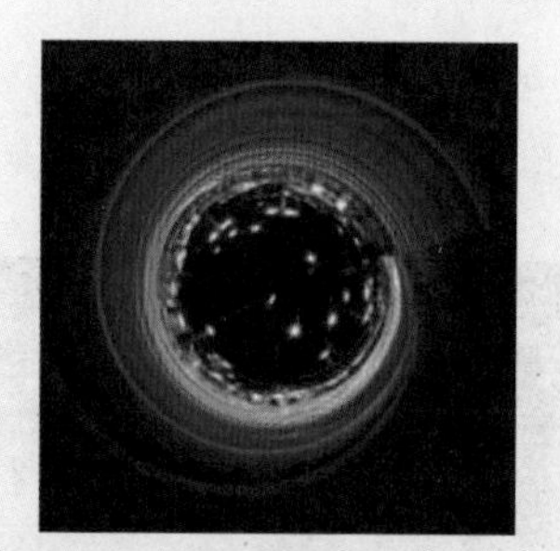
图 8–153

（6）单击“图层”控制面板下方的“添加图层蒙版”按钮，为图层添加蒙版，如图 8–154 所示。将前景色设为黑色。选择“画笔”工具，在属性栏中单击“画笔”选项，弹出画笔面板。在面板中选择需要的画笔形状，将“大小”项设为 10 像素，如图 8–155 所示。在属性栏中将“不透明度”项设为 80%，在图像窗口中拖曳鼠标擦除不需要的图像，效果如图 8–156 所示。

图 8–154

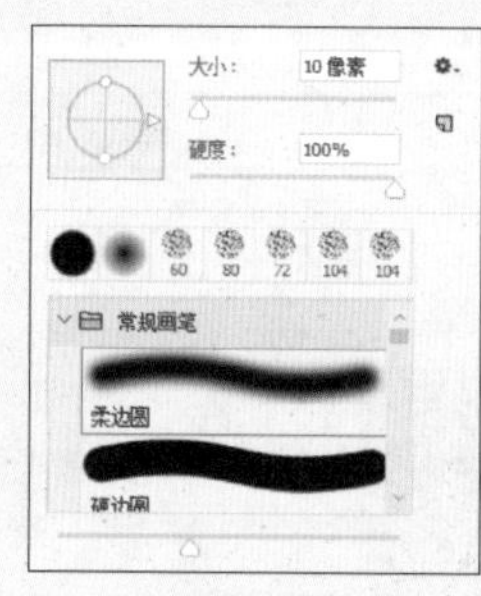

图 8–155

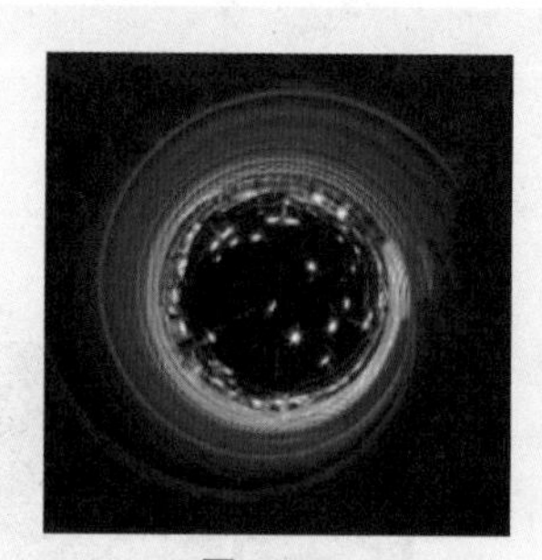
图 8–156

（7）按住 Ctrl 键的同时，选择“旋转 拷贝”和“旋转”图层。按 Ctrl+E 组合键，合并图层并将其命名为“底图”。按 Ctrl+J 组合键，复制“底图”图层，生成新的图层“底图 拷贝”，如图 8–157 所示。

（8）选择“滤镜 > 扭曲 > 波浪”命令，在弹出的对话框中进行设置，如图 8–158 所示。单击“确定”按钮，效果如图 8–159 所示。在“图层”控制面板上方，将“底图 拷贝”图层的混合模式选项设为“颜色减淡”，如图 8–160 所示，图像效果如图 8–161 所示。

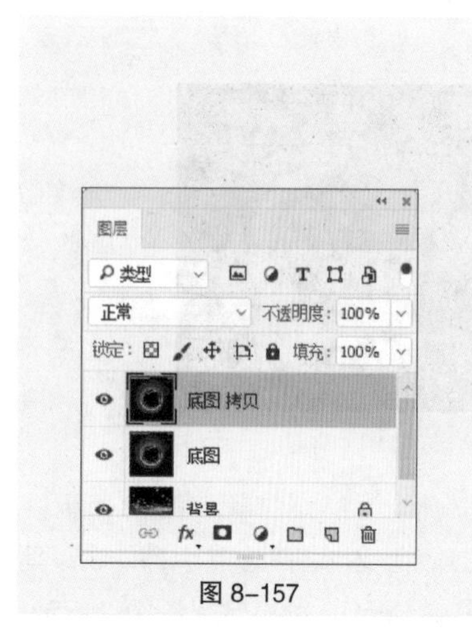

图 8–157

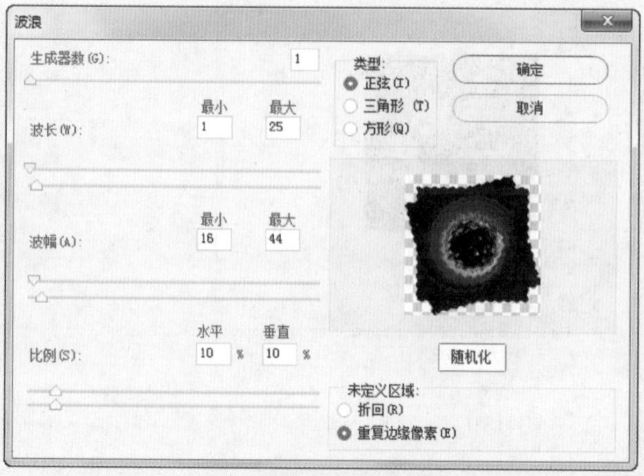

图 8–158

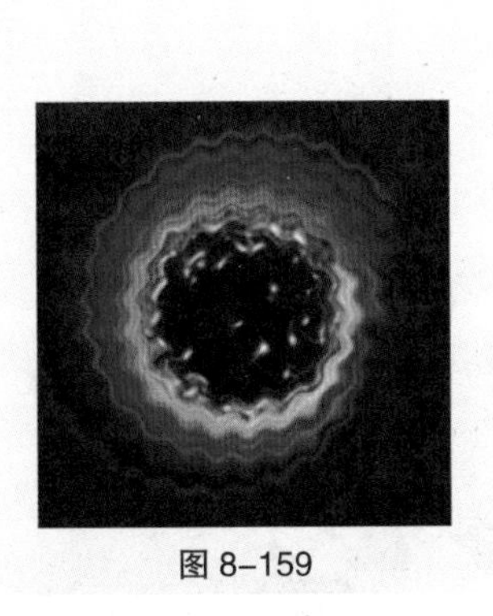

图 8-159

图 8-160

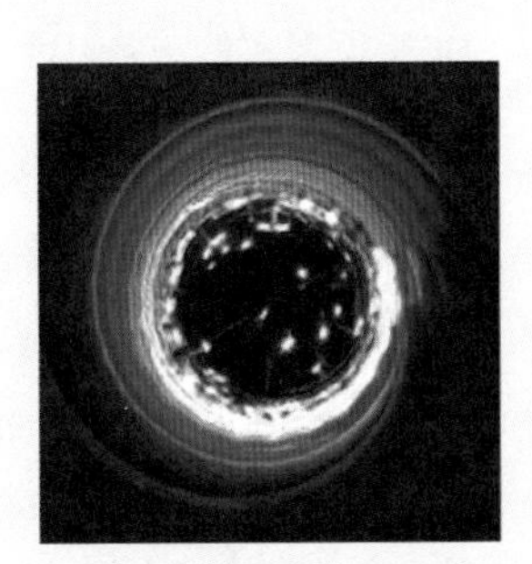

图 8-161

（9）选择“文件 > 置入嵌入对象”命令，弹出“置入嵌入的对象”对话框。选择云盘中的“Ch08 > 素材 > 制作极限运动类公众号封面次图 > 02”文件，单击“置入”按钮，将图片置入到图像窗口中，拖曳到适当的位置并调整大小，按 Enter 键确定操作，效果如图 8-162 所示。在“图层”控制面板中生成新的图层并将其命名为“自行车”。极限运动类公众号封面次图制作完成。

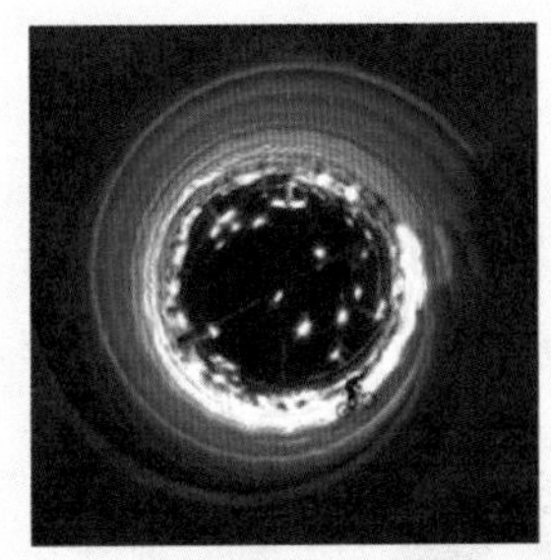

图 8-162

8.3.14 波浪

波浪滤镜是 Photoshop 中一个比较复杂的滤镜，选择不同的波长可以使图像产生不同的波动效果。

打开一幅图像，如图 8-163 所示。选择“滤镜 > 扭曲 > 波浪”命令，弹出图 8-164 所示的对话框。

图 8-163

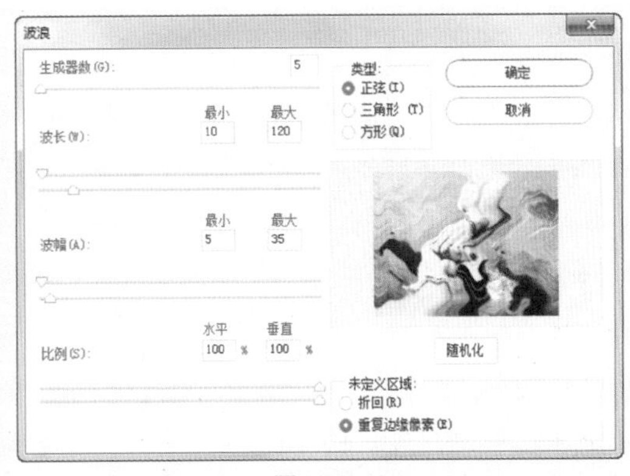

图 8-164

“生成器数”选项用来控制产生波的总数。此参数设置越高，产生的图像越模糊。“波长”选项用于控制波峰的间距，有两个选项。“波幅”选项用于调节产生波的波幅，它与上一个参数的设置相同。“比例”选项用于决定水平、垂直方向的变形度。“类型”选项组用来规定波的形状。“未定义区域”选项组用于设定未定义区域的类型。

对话框的设置如图 8-165 所示。单击“确定”按钮，效果如图 8-166 所示。

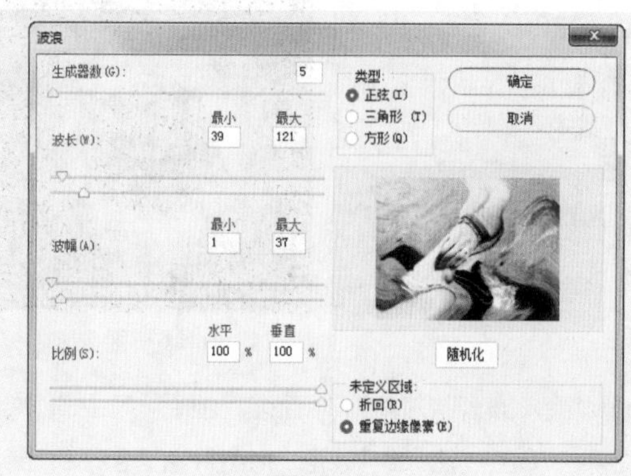

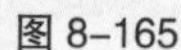
图 8-165

图 8-166

8.3.15 课堂案例——制作家用电器类微信公众号封面首图

【案例学习目标】学习使用 USM 锐化命令锐化图像。

【案例知识要点】使用 USM 锐化命令调整照片清晰度。效果如图 8-167 所示。

【效果所在位置】云盘 /Ch08/ 效果 / 制作家用电器类微信公众号封面首图 .psd。

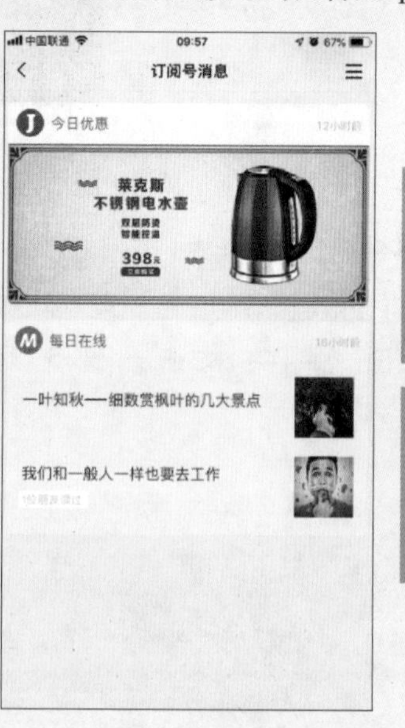

图 8-167

（1）按 Ctrl+N 组合键，新建一个文件，宽度为 900 像素，高度为 383 像素，分辨率为 72 像素 / 英寸，颜色模式为 RGB，背景内容为白色，单击“创建”按钮，新建文档。

（2）按 Ctrl+O 组合键，打开云盘中的“Ch08 > 素材 > 制作家用电器类微信公众号封面首图 > 01”文件。选择“移动”工具，将 01 图像拖曳到新建的图像窗口中适当的位置，效果如图 8-168 所示。在“图层”控制面板中生成新的图层并将其命名为“底图”。

图 8–168

（3）单击“图层”控制面板下方的“添加图层样式”按钮 fx，在弹出的菜单中选择“描边”命令。弹出对话框，将描边颜色设为深红色（139、0、0），其他选项的设置如图 8–169 所示。单击“确定”按钮，效果如图 8–170 所示。

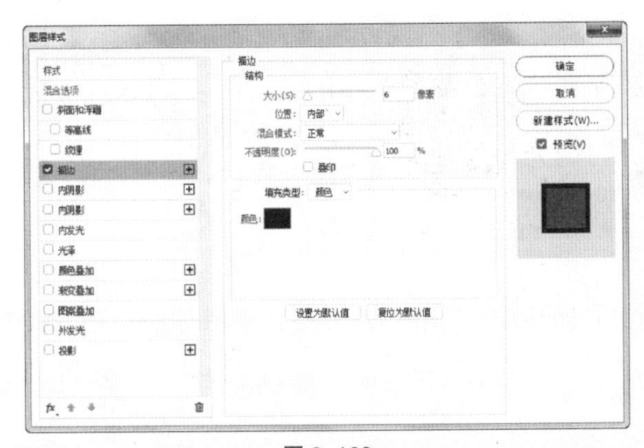

图 8–169

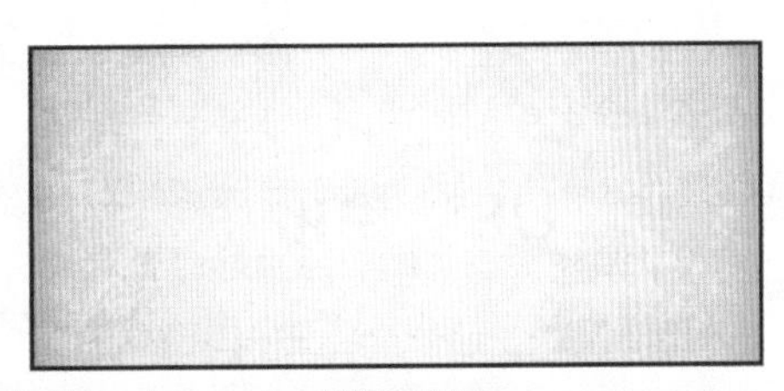

图 8–170

（4）按 Ctrl+O 组合键，打开云盘中的“Ch08 > 素材 > 制作家用电器类微信公众号封面首图 > 02、03”文件。选择“移动”工具 ✥，将 02 和 03 图像分别拖曳到新建的图像窗口中适当的位置，效果如图 8–171 所示。在“图层”控制面板中分别生成新的图层并将其命名为“边框”和“热水壶”，如图 8–172 所示。

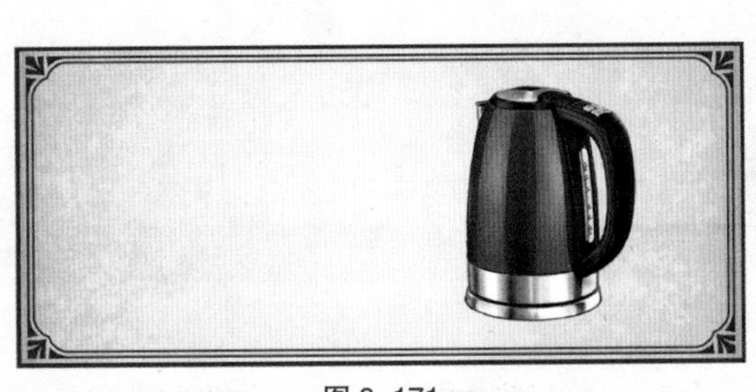

图 8–171

图 8–172

（5）选中“热水壶”图层，选择“滤镜 > 锐化 > USM 锐化”命令，在弹出的对话框中进行设置，如图 8–173 所示。单击“确定”按钮，效果如图 8–174 所示。

（6）按 Ctrl+O 组合键，打开云盘中的“Ch08 > 素材 > 制作家用电器类微信公众号封面首图 > 04”文件。选择“移动”工具 ✥，将 04 图像拖曳到新建的图像窗口中适当的位置，如图 8–175 所示。在“图层”控制面板中生成新的图层并将其命名为“文字”。家用电器类微信公众号封面首图制作完成。

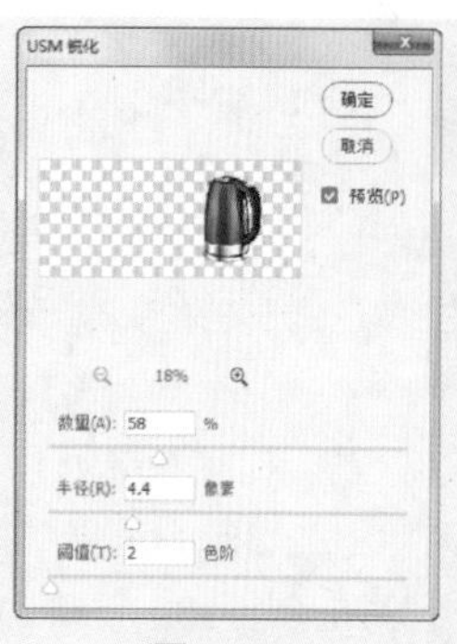

图 8–173

图 8–174

图 8–175

8.3.16　USM 锐化

USM 锐化滤镜可以产生边缘轮廓锐化的效果。

打开一幅图像，如图 8–176 所示。选择“滤镜 > 锐化 > USM 锐化”命令，弹出图 8–177 所示的对话框，可以设置锐化的数量、半径、和阈值。设置如图 8–178 所示，单击“确定”按钮，效果如图 8–179 所示。

图 8–176

图 8–177

图 8–178

图 8–179

8.3.17 课堂案例——制作运动健身公众号宣传海报

【案例学习目标】学习使用杂色命令制作图像艺术效果。

【案例知识要点】使用添加杂色滤镜命令添加照片杂色，使用照片滤镜命令为图像加色。效果如图 8-180 所示。

【效果所在位置】云盘 /Ch08/ 效果 / 制作运动健身公众号宣传海报 .psd。

扫码观看
本案例视频

扫码查看
扩展案例

图 8-180

（1）按 Ctrl+N 组合键，新建一个文件，宽度为 750 像素，高度为 1181 像素，分辨率为 72 像素 / 英寸，颜色模式为 RGB，背景内容为白色，单击“创建”按钮，新建文档。

（2）选择“矩形”工具 ，在属性栏中的“选择工具模式”选项中选择“形状”，将“填充”颜色设为黑色，“描边”颜色设为无。在图像窗口中适当的位置绘制矩形，如图 8-181 所示。在“图层”控制面板中生成新的形状图层“矩形 1”。

（3）选择“直接选择”工具 ，选取需要的锚点，如图 8-182 所示。按住 Shift 键的同时，拖曳锚点到适当的位置，效果如图 8-183 所示。

图 8-181

图 8-182

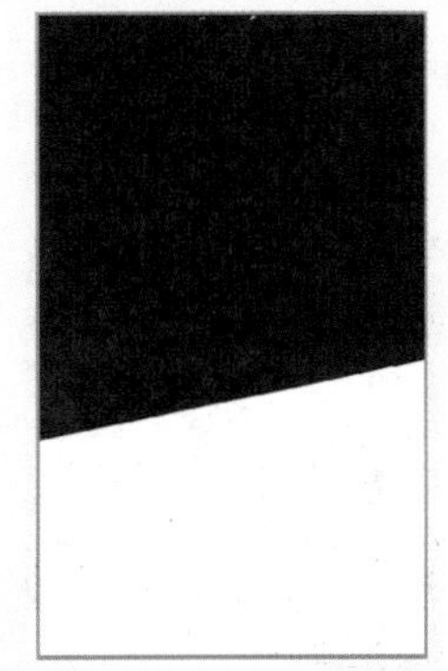

图 8-183

（4）按 Ctrl+O 组合键，打开云盘中的“Ch08 > 素材 > 制作运动健身公众号宣传海报 > 01”文件。选择“移动”工具 ，将 01 图像拖曳到新建的图像窗口中适当的位置，效果如图 8-184 所示。在“图层”控制面板中生成新的图层并将其命名为“图片”。按 Alt+Ctrl+G 组合键，为“图片”图层创建剪贴蒙版，如图 8-185 所示，效果如图 8-186 所示。

图 8-184

图 8-185

图 8-186

（5）将“图片”图层拖曳到控制面板下方的“创建新图层”按钮上进行复制，生成新的图层“图片 拷贝”。单击图层左侧的眼睛图标，隐藏该图层，并选中“图片”图层，如图 8-187 所示。

（6）选择“滤镜 > 杂色 > 添加杂色”命令，在弹出的对话框中进行设置，如图 8-188 所示。单击“确定”按钮，效果如图 8-189 所示。

图 8-187

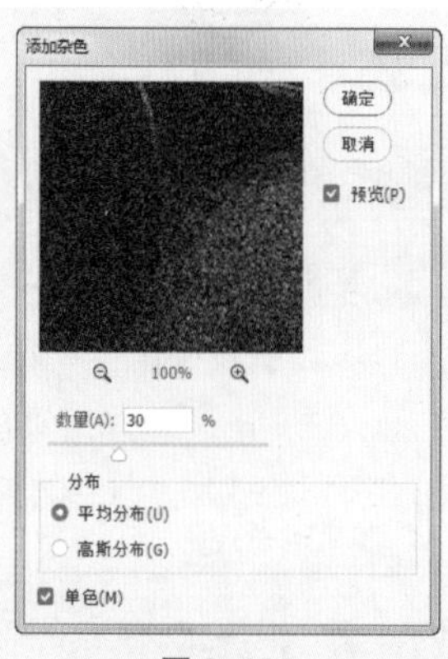

图 8-188

图 8-189

（7）单击“图片 拷贝”图层左侧的空白图标，显示该图层。在“图层”控制面板上方，将“图片 拷贝”图层的混合模式选项设为“柔光”，效果如图 8-190 所示。选择“滤镜 > 其他 > 高反差保留”命令，在弹出的对话框中进行设置，如图 8-191 所示。单击“确定”按钮，效果如图 8-192 所示。

图 8-190

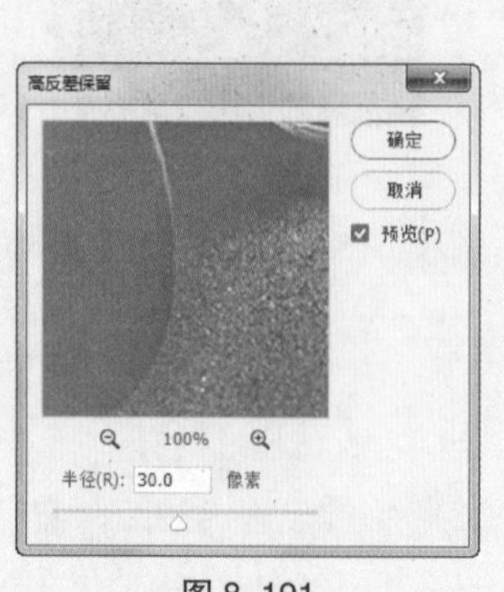

图 8-191

图 8-192

（8）单击“图层”控制面板下方的“创建新的填充或调整图层”按钮 ◐.，在弹出的菜单中选择“照片滤镜”命令。在“图层”控制面板中生成“照片滤镜 1”图层，同时在弹出的“照片滤镜”面板中将颜色选项设为蓝色（0、145、236），其他选项的设置如图 8-193 所示。按 Enter 键确定操作，效果如图 8-194 所示。

（9）选择“矩形”工具 □.，在属性栏中将“填充”颜色设为深蓝色（45、63、89），“描边”颜色设为无。在图像窗口中适当的位置绘制矩形，如图 8-195 所示。在“图层”控制面板中生成新的形状图层“矩形 2”。

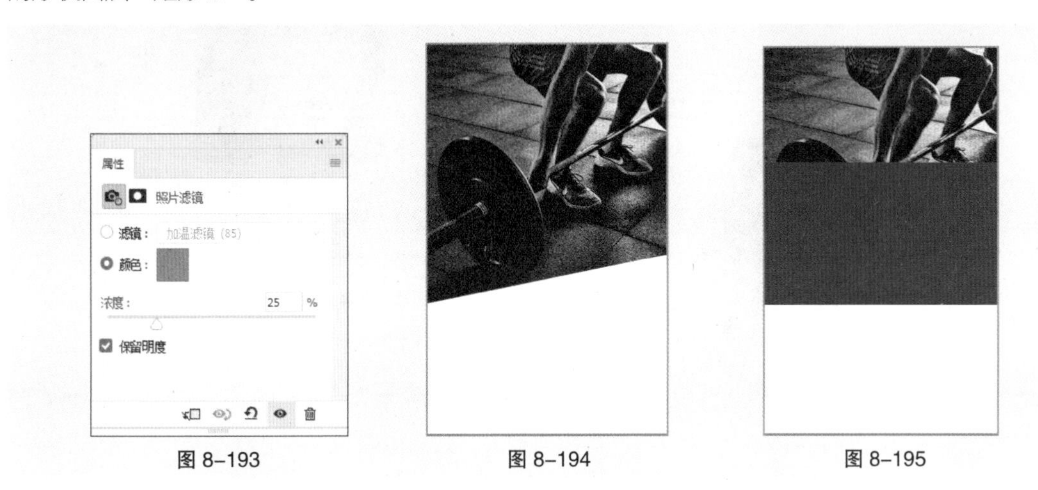

图 8-193　　图 8-194　　图 8-195

（10）选择“直接选择”工具 ▷.，选取需要的锚点，如图 8-196 所示。按住 Shift 键的同时，拖曳锚点到适当的位置。用相同的方法调整其他锚点，效果如图 8-197 所示。

（11）在“图层”控制面板上方，将“矩形 2”图层的混合模式选项设为“正片叠底”，图像效果如图 8-198 所示。

（12）按 Ctrl+O 组合键，打开云盘中的“Ch08 > 素材 > 制作运动健身公众号宣传海报 > 02”文件。选择“移动”工具 ✛.，将 02 图像拖曳到新建的图像窗口中适当的位置，如图 8-199 所示。在“图层”控制面板中生成新的图层并将其命名为“文字和图片”。运动健身公众号宣传海报制作完成。

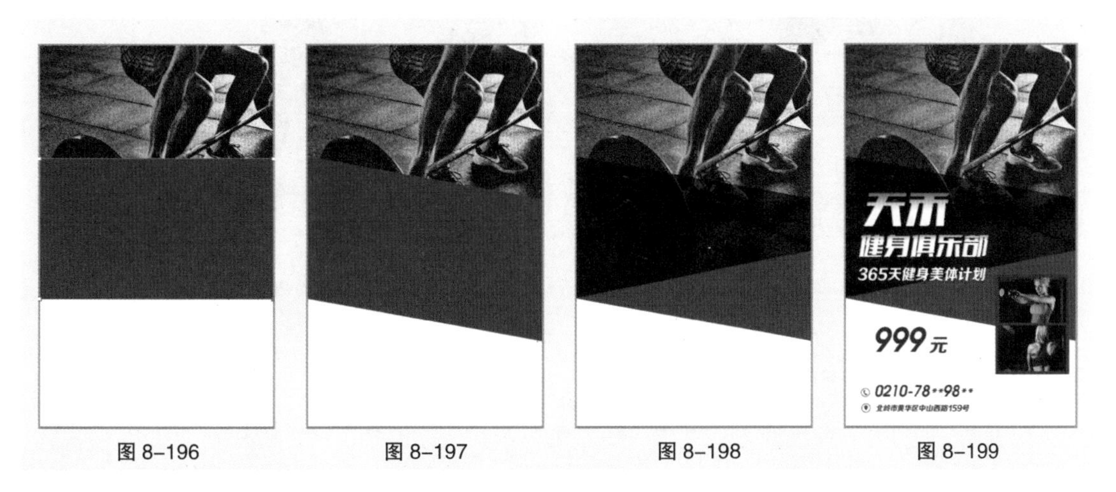

图 8-196　　图 8-197　　图 8-198　　图 8-199

8.3.18 添加杂色

使用添加杂色滤镜可以在处理的图像中增加一些细小的颗粒状像素。

打开一幅图像，如图 8-200 所示。选择“滤镜 > 杂色 > 添加杂色”命令，弹出如图 8-201 所示的对话框。

图 8-200　图 8-201

“数量”项用于控制增加噪波的数量，参数值越大，效果越明显。“分布”选项组用于选择干扰属性，“平均分布”项为统一属性，“高斯分布”项为高斯模式。“单色”选项用于控制单色噪波的色素。

对话框的设置如图 8-202 所示。单击“确定”按钮，效果如图 8-203 所示。

图 8-202　图 8-203

8.3.19 高反差保留

使用高反差保留滤镜可以删除图像中亮度逐渐变化的部分，并保留色彩变化最大的部分。

8.4 课堂练习——制作家电类网站主页 Banner

【练习知识要点】使用圆角矩形工具绘制装饰图形，使用图层样式修饰图形和文字，使用横排文字工具添加文字信息。效果如图 8-204 所示。

【效果所在位置】云盘 /Ch08/ 效果 / 制作家电类网站主页 Banner.psd。

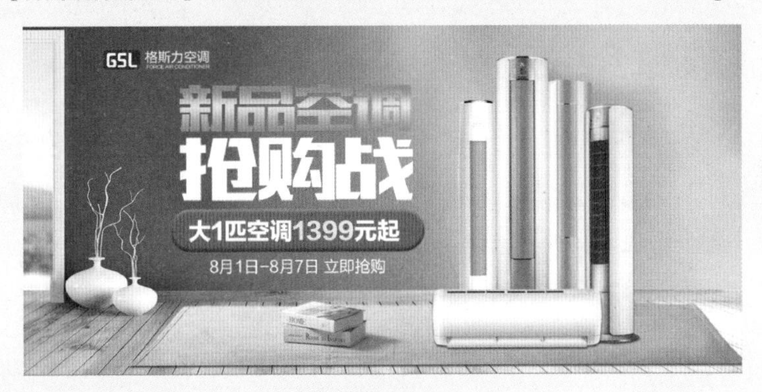

图 8-204

8.5 课后习题——制作音乐类 App 引导页

【习题知识要点】使用椭圆工具绘制装饰图形，使用添加智能锐化命令和高斯模糊命令调整图片，使用剪贴蒙版命令调整图片显示区域，使用横排文字工具添加文字信息。效果如图 8-205 所示。

【效果所在位置】云盘 /Ch08/ 效果 / 制作音乐类 App 引导页 .psd。

图 8-205

第 9 章

09

商业案例实战

本章介绍

本章将结合多个新媒体应用领域商业案例的实际应用，通过项目背景、项目要求、项目设计和项目制作的步骤进一步详解 Photoshop 强大的应用功能和制作技巧。通过本章的学习，读者可以快速掌握商业案例设计的理念和 Photoshop 的技术要点，设计制作出具有专业水平的案例。

学习目标

- 了解 Photoshop 的常用设计领域。
- 掌握 Photoshop 在不同设计领域的应用技巧。

技能目标

- 掌握“生活家具类网站详情页”的制作方法。
- 掌握“生活家具类网站 Banner”的制作方法。
- 掌握“社交类 App 引导页”的制作方法。
- 掌握“服装饰品类 App 首页 Banner”的制作方法。
- 掌握“旅游出行公众号推广海报”的制作方法。
- 掌握“金融理财行业推广 H5 页面”的制作方法。
- 掌握“食品餐饮行业产品营销 H5 页面”的制作方法。

9.1 制作生活家具类网站详情页

9.1.1 项目背景

1. 客户名称

装饰家具公司。

2. 客户需求

装饰家具公司是一家集研发、生产销售、服务于一体的综合型家具装饰企业，得到众多客户的一致好评。公司现阶段需要设计一款销售详情网页介绍公司的产品。要求网页使用简洁的形式表达出产品特点，使大众萌发具有购买的欲望。

9.1.2 项目要求

（1）使用浅色的背景突出产品，醒目直观。

（2）展示主产品的同时，推送相关的其他产品，促进销售。

（3）设计风格简约，颜色的运用搭配合理，给人以品质感。

（4）设计规格均为 1920 像素（宽）×3156 像素（高），分辨率为 72 像素 / 英寸。

9.1.3 项目设计

本案例设计流程如图 9-1 所示。

装饰.　首页　商品购买　活动专题　品牌介绍　联系我们　售后服务

绘制页眉

绘制内容区

图 9-1

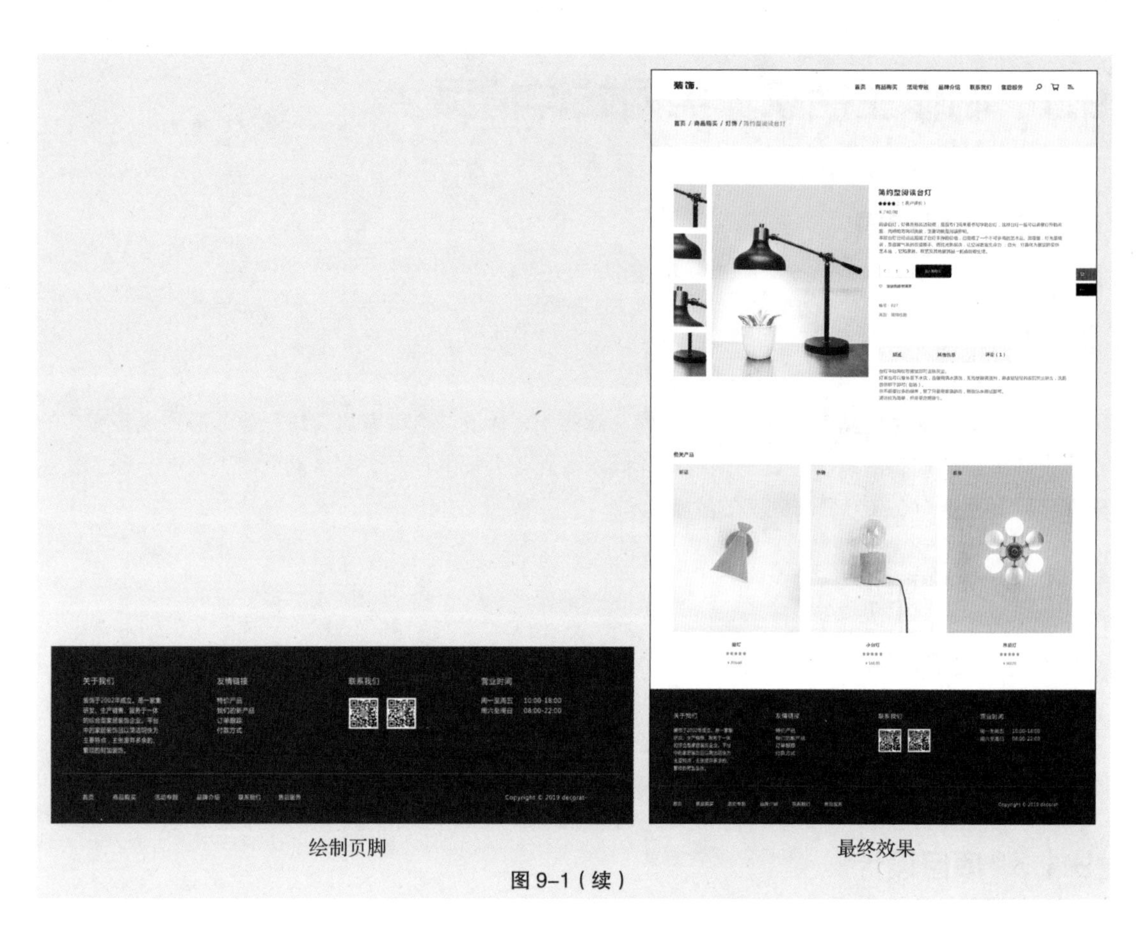
绘制页脚　　最终效果

图 9–1（续）

9.1.4 项目要点

使用置入命令置入图片，使用圆角矩形工具、矩形工具和直线工具绘制基本形状，使用横排文字工具添加文字，使用剪切蒙版命令调整图片显示区域。

9.1.5 项目制作

扫码查看
本案例步骤

扫码观看
本案例视频

扫码查看
扩展案例

9.2 制作生活家具类网站 Banner

9.2.1 项目背景

1. 客户名称

克莱米尔家居商城。

2. 客户需求

克莱米尔家居商城是一家销售家具及生活用品的公司，深受广大客户的喜爱和信任。公司最近要设计一款网站 Banner，要求主题突出、活动信息介绍全面。

9.2.2 项目要求

（1）设计要求美观精致，跳转按钮齐全。

（2）使用深色背景搭配浅色文字，观看舒适。

（3）画面以家具用品为主体，效果直观。

（4）设计规格为 1920 像素（宽）× 800 像素（高），分辨率为 72 像素 / 英寸。

9.2.3 项目设计

本案例设计流程如图 9-2 所示。

图 9-2

9.2.4 项目要点

使用添加杂色命令制作底图，使用置入命令置入图片，使用图层样式为图形添加特殊效果，使用调整图层命令调整图像。

9.2.5 项目制作

9.3 制作社交类 App 引导页

9.3.1 项目背景

1. 客户名称

米小聊信息技术公司。

2. 客户需求

米小聊信息技术公司是一家提供 App 开发、运营、推广等一系列服务的专业团队。本例是为该公司一款社交类 App 制作的引导页，要求能突出体现 App 的功能，设计风格简洁明快。

9.3.2 项目要求

（1）使用绿色的背景色，营造出舒适、轻松的氛围。

（2）元素和文字相互搭配，展示出 App 中各项功能的特点。

（3）整体设计简单大方，颜色搭配清爽明快。

（4）设计规格均为 750 像素（宽）×1334 像素（高），分辨率为 72 像素 / 英寸。

9.3.3 项目设计

本案例设计流程如图 9-3 所示。

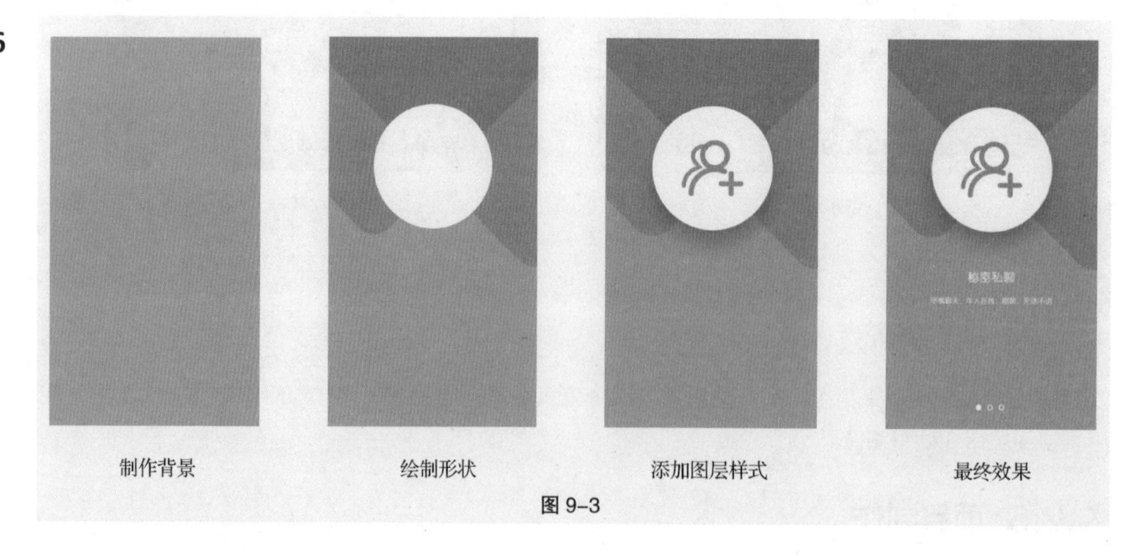

图 9-3

9.3.4 项目要点

使用圆角矩形工具和椭圆形工具绘制图形，使用图层样式制作图形效果，使用横排文字工具和字符面板输入并调整文字。

9.3.5 项目制作

9.4 制作服装饰品类 App 首页 Banner

9.4.1 项目背景

1. 客户名称

ELEGANCE 服饰店。

2. 客户需求

ELEGANCE 服饰店是一家专业出售女士服饰的专卖店，一直深受崇尚时尚的女性顾客的喜爱。现该服饰店要为春季新款服饰制作网页焦点广告，要求风格典雅时尚，体现出店铺的特点。

9.4.2 项目要求

（1）设计要求以服装模特相关的图片为主要内容。

（2）设计要体现出本店时尚、简约的风格，色彩淡雅，给人活泼清雅的视觉信息。

（3）要求文字排版简洁明快，使消费者快速了解店铺信息。

（4）设计规格为 750 像素（宽）×200 像素（高），分辨率为 72 像素 / 英寸。

9.4.3 项目设计

本案例设计流程如图 9-4 所示。

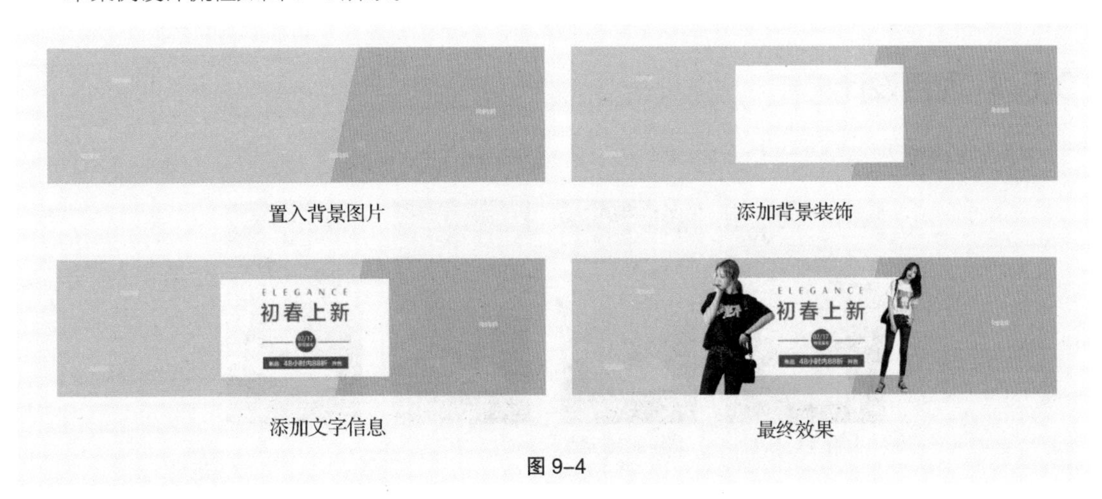

图 9-4

9.4.4 项目要点

使用横排文字工具添加文字信息，使用椭圆工具、矩形工具和直线工具添加装饰图形。使用置入命令置入图像。

9.4.5 项目制作

9.5 制作旅游出行公众号推广海报

9.5.1 项目背景

1. 客户名称

红阳阳旅行社。

2. 客户需求

红阳阳旅行社是一家经营各类旅行活动的旅游公司。包括车辆出租、带团旅行等活动。现该旅行社要为暑期旅游制作公众号推广海报，要求设计需加入公司经营内容及景区风景等元素，风格清新自然，主题突出。

9.5.2 项目要求

（1）本期公众号推广海报背景要求体现出旅行的特点。

（2）色彩搭配要求自然大气。

（3）画面以风景照片为主，效果独特、文字清晰，能达到吸引游客的目的。

（4）设计规格均为 750 像素（宽）×1181 像素（高），分辨率为 72 像素 / 英寸。

9.5.3 项目设计

本案例设计流程如图 9–5 所示。

编辑背景图片

制作杂志标题

添加文字信息

最终效果

图 9–5

9.5.4 项目要点

使用创建新的填充或调整图层按钮调整图像色调，使用横排文字工具添加文字信息，使用矩形工具和直线工具添加装饰图形，使用添加图层样式按钮给文字添加特殊效果。

9.5.5 项目制作

9.6 制作金融理财行业推广 H5 页面

9.6.1 项目背景

1. 客户名称

乐享投金融有限公司。

2. 客户需求

乐享投金融有限公司是一家收购企业发行的股票、债券，支持私人企业发展的投资管理公司。本例是为该公司最新推出的福利活动做一款 H5 页面，要求积极生动地体现出活动内容。

9.6.2 项目要求

（1）使用热烈时尚的颜色作为背景，营造活动氛围。

（2）文字的设计明快清晰，让人一目了然。

（3）颜色搭配能给人活泼、生动的印象。

（4）添加符合活动内容的元素，向客户传达需要表现的信息。

（5）设计规格均为 750 像素（宽）× 1850 像素（高），分辨率为 72 像素 / 英寸。

9.6.3 项目设计

本案例设计流程如图 9-6 所示 。

图 9–6

9.6.4 项目要点

使用矩形工具、圆角矩形工具、椭圆工具、直线工具和钢笔工具绘制图形，使用图层样式添加描边效果，使用剪贴蒙版命令调整图形显示区域，使用横排文字工具添加活动信息。

9.6.5 项目制作

9.7 制作食品餐饮行业产品营销 H5 页面

9.7.1 项目背景

1. 客户名称

玫极客比萨店。

2. 客户需求

玫极客比萨店是一家中小型西餐厅，主打菜品为种类丰富的披萨，搭配各类意面、小食、汤类、甜品和饮品。本例要为该批萨店设计制作一款 H5 页面，要求画面主题明确，风格时尚简约，符合行业特性，能够突出招牌菜品。

9.7.2 项目要求

（1）风格要求简洁大方，图文有序结合。

（2）配色经典，运用多种装饰元素，使人充满食欲。

（3）菜品表现明确，注重细节的修饰。

（4）设计规格均为 750 像素（宽）×1206 像素（高），分辨率为 72 像素 / 英寸。

9.7.3 项目设计

本案例设计流程如图 9-7 所示。

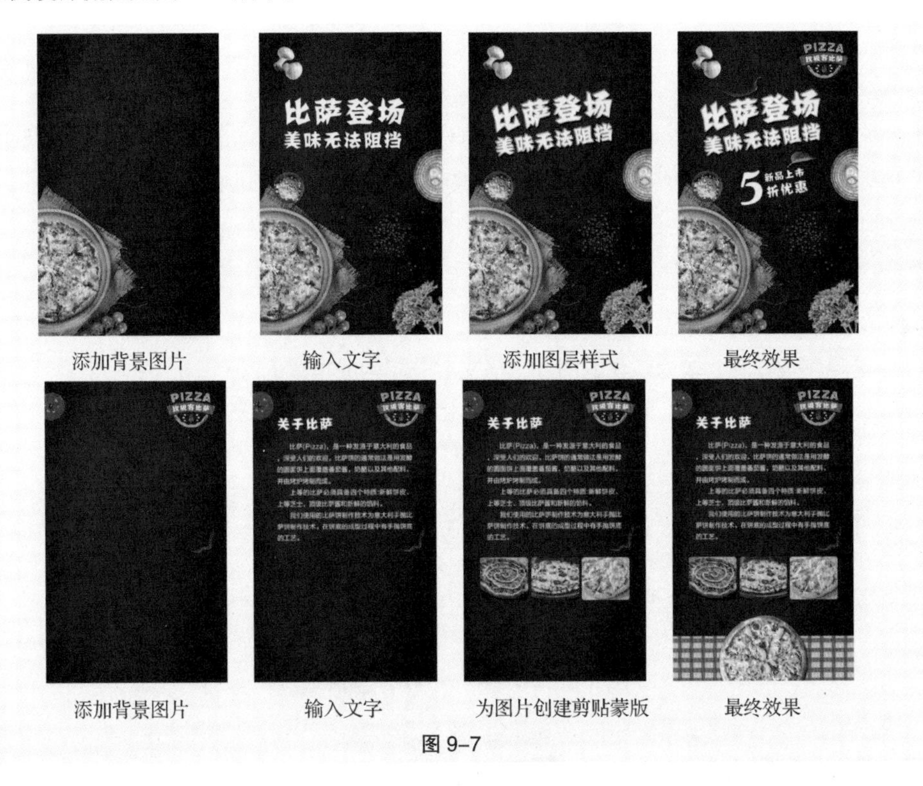

图 9-7

9.7.4 项目要点

使用横排文字工具添加文字，使用图层样式添加文字效果，使用圆角矩形工具绘制图形，使用创建剪贴蒙版命令调整图片显示区域。

9.7.5 项目制作

9.8 课堂练习——制作家居装修行业杂志介绍 H5 页面

9.8.1 项目背景

1. 客户名称

凯勒斯家居公司。

2. 客户需求

凯勒斯家居公司是一家专业出售家居用品的专卖店，其商品一直是崇尚品质生活家庭的首选。公司现阶段要制作一款 H5 介绍页面，要求风格典雅时尚，体现店铺的特点。

9.8.2 项目要求

（1）以家居图片为背景图。

（2）运用颜色鲜明、较为现代的图片，与文字一起构成丰富的画面。

（3）设计要求体现时尚、简约的风格，色彩搭配合理，给人舒适自然的视觉感。

（4）设计规格为 750 像素（宽）×1206 像素（高），分辨率 72 像素 / 英寸。

9.8.3 项目设计

本案例设计效果如图 9-8 所示。

图 9-8

9.8.4 项目要点

使用创建新的填充或调整图层按钮调整图像色调，使用横排文字工具添加文字信息，使用椭圆工具和矩形工具添加装饰图形，使用置入命令置入图像。

9.9 课后习题——制作 IT 互联网 App 闪屏页

9.9.1 项目背景

1. 客户名称

海鲸商城。

2. 客户需求

海鲸商城是一家专业的网络购物商城。本例即为海鲸商城的购物型 App 制作闪屏页，要求设计能突出体现 App 的功能，风格新颖简洁。

9.9.2 项目要求

（1）设计要求体现出网购的特点。

（2）以实景照片作为占据画面主体的元素，标志与图片搭配合理，具有美感。

（3）色彩要围绕产品进行搭配，达到舒适自然的效果。

（4）设计规格均为 750 像素（宽）×1334 像素（高），分辨率为 72 像素 / 英寸。

9.9.3 项目设计

本案例设计效果如图 9-9 所示。

图 9-9

9.9.4 项目要点

使用椭圆工具和矩形工具绘制图形，使用“置入”命令置入图像，使用横排文字工具添加文字信息。

扩展知识扫码阅读

设计基础知识

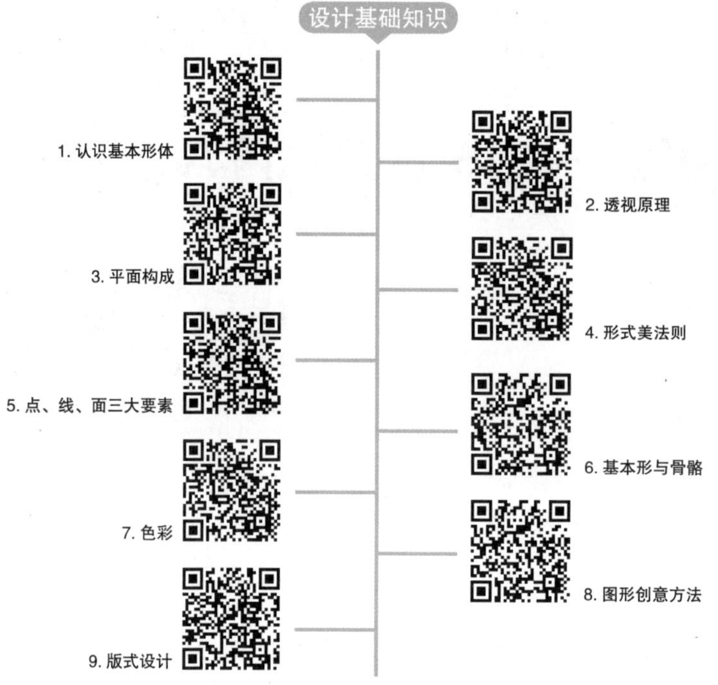

设计应用知识

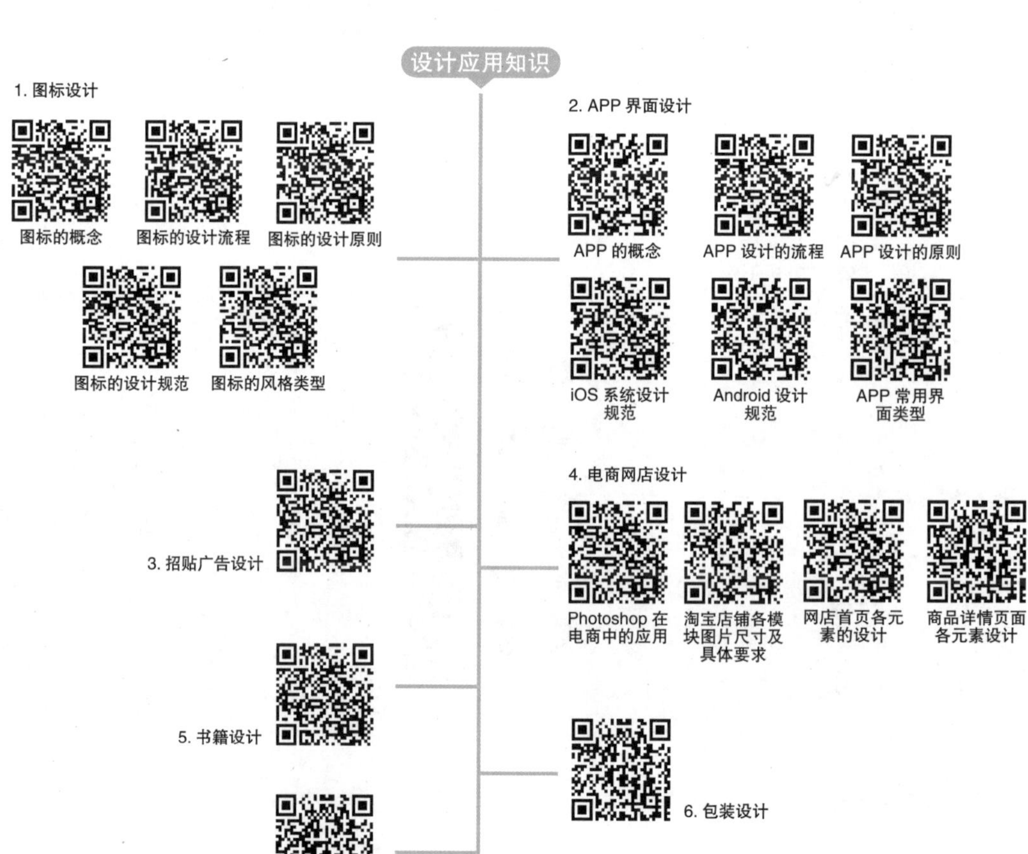